应用物理基础实验

张 丽 主编

西北工业大学出版社

西 安

【内容简介】 本书共 5 章:第一章为测量误差及数据处理,主要介绍物理实验的程式,包括实验流程和行为规范、误差分析以及数据处理等内容,是规范实验的基础;第二章为基本实验方法和技能,主要介绍基本物理量的测量、基本实验方法、仪器调整方法与操作技术和常用实验仪器等知识;第三章为基础性实验,主要涉及基本物理量的测量、基本实验仪器的使用、基本实验技能和基本测量方法、数据处理的理论和方法,重点训练学生的基本实验能力;第四章为综合性实验,重点培养学生综合运用所学理论知识、实验方法和实验技能,提高分析问题和解决问题的能力;第五章为设计性实验,重点培养学生的创新能力、组织管理能力、自主实验能力和解决实际问题的能力。

本书可作为高等职业技术院校理工科专业学生的物理实验教材,也可供其他专业学生参考使用。

图书在版编目(CIP)数据

应用物理基础实验 / 张丽主编. — 西安 :西北工业大学出版社,2024.4

ISBN 978 - 7 - 5612 - 9239 - 6

Ⅰ. ①应… Ⅱ. ①张… Ⅲ. ①应用物理-实验-高等职业教育-教材 Ⅳ. ①O59 - 33

中国国家版本馆 CIP 数据核字(2024)第 061825 号

YINGYONG WULI JICHU SHIYAN

应 用 物 理 基 础 实 验

张丽 主编

责任编辑:朱晓娟 董珊珊		策划编辑:张 炜	
责任校对:高茸茸		装帧设计:董晓伟	

出版发行:西北工业大学出版社

通信地址:西安市友谊西路 127 号　　　　邮编:710072

电　　话:(029)88491757,88493844

网　　址:www.nwpup.com

印 刷 者:陕西向阳印务有限公司

开　　本:787 mm×1 092 mm　　　　1/16

印　　张:18.625

字　　数:465 千字

版　　次:2024 年 4 月第 1 版　　　2024 年 4 月第 1 次印刷

书　　号:ISBN 978 - 7 - 5612 - 9239 - 6

定　　价:78.00 元

《应用物理基础实验》编写组

主　编　张　丽
副主编　周　娴　胡建伟　冯蒙丽　刘　进
编　者　张　丽　周　娴　胡建伟　冯蒙丽
　　　　刘　进

前　言

高等职业技术教育作为我国高等教育的重要组成部分,对综合国力的提升起着巨大的推动作用。物理是一门以实验为基础的学科,如何使物理实验在职业技术教育中充分发挥其功能,是物理教育工作者的重要研究内容。遵循高等职业技术教育教学规律,同时配合物理课程体系化改造,笔者在本书内容设置上以"强基础、重应用、拓能力"为原则,重新构建实验教学内容体系,力求打造一本能适应高等职业教育发展规律的物理实验教材。

本书具有如下特点:

(1)着眼学生特点,重视固本强基。本书充分尊重职业技术教育学生的特点,在实验内容的选取上更加注重对实验基础知识、基本技能及基本方法的训练,以便为其后续专业实践课程和走上工作岗位打下良好的实验基础。

(2)内容层次明晰,有序提高能力。本书在实验项目设置上充分体现生本教育理念,以学生的能力和素质培养为主线,充分考虑实验项目特点,设置"基础性实验""综合性实验""设计性实验",以逐步有序提高学生实验能力,培养学生实验素养。

(3)课堂前延后拓,提兴趣,拓思维。本书各个实验内容设置"预习要求"环节,旨在提高学生自主预习的意识和能力;设置"思考与讨论""拓展训练"环节,体现因材施教,突出个性化发展,旨在培养学生的物理思维;设置"课堂延伸"环节,展示物理在工程技术中的应用,提高学生的学习兴趣,培养其工程应用意识。

(4)加入阅读材料,强化人文熏陶。除基本实验内容外,本书还加入"十大"阅读材料,如"十大著名物理实验室""十大物理实验的意外发现""十大物理学中的最美实验"等。物理学家事迹、物理学历史发展、物理实验室变迁等内容有利于学生拓宽视野,提高人文素养,培养科学精神,树立正确的世界观。

本书由张丽担任主编,周娴、胡建伟、冯蒙丽、刘进担任副主编。具体编写分工如下:第一章由张丽和胡建伟编写,第二章由冯蒙丽和胡建伟编写,第三至五章由张丽、周娴、胡建伟、冯蒙丽、刘进编写。全书由张丽统稿。

在编写本书的过程中,曾参阅了大量相关文献资料,获益良多,在此谨向其作者表示感谢!

由于水平有限,本书难免存在不足之处,恳请广大读者批评指正。

编　者
2023 年 10 月

目　　录

第一章　测量误差及数据处理 ················· 1

　第一节　物理实验的程式 ··················· 1

　第二节　测量与误差 ····················· 2

　第三节　直接测量量的误差估计 ··············· 13

　第四节　间接测量量的误差估计 ··············· 15

　第五节　实验数据处理方法 ················· 18

　阅读材料——十大著名物理实验室 ············· 24

第二章　基本实验方法和技能 ················· 30

　第一节　基本物理量的测量 ················· 30

　第二节　基本实验方法 ··················· 34

　第三节　仪器调整方法与操作技术 ············· 38

　第四节　常用实验仪器 ··················· 40

　阅读材料——十大物理实验的意外发现 ··········· 69

第三章　基础性实验 ····················· 76

　第一节　用单摆测重力加速度 ··············· 76

　第二节　气垫导轨上的实验 ················· 82

　第三节　刚体转动惯量的测量 ··············· 87

　第四节　线胀系数的测定 ·················· 92

　第五节　热敏电阻的温度特性研究 ············· 102

　第六节　伏安法测电阻 ··················· 106

　第七节　惠斯登电桥测量电阻 ··············· 111

　第八节　用示波器测量电信号频率 ············· 117

　第九节　用箱式电位差计测温差电动势 ··········· 123

　第十节　模拟法测绘静电场 ················· 127

第十一节　电子束实验 …………………………………………………… 135

第十二节　感应电流方向的研究 …………………………………………… 140

第十三节　薄透镜焦距的测定 ……………………………………………… 145

第十四节　光的衍射实验 …………………………………………………… 152

第十五节　用分光计测三棱镜顶角 ………………………………………… 157

阅读材料——十大物理学中的最美实验 …………………………………… 160

第四章　综合性实验 ………………………………………………………… 166

第一节　霍尔位移传感器测量杨氏模量 …………………………………… 166

第二节　霍尔效应法测螺线管轴向磁场 …………………………………… 177

第三节　磁滞回线和磁化曲线的测定 ……………………………………… 183

第四节　密立根油滴法测定电子电荷 ……………………………………… 190

第五节　迈克尔逊干涉仪的调整和使用 …………………………………… 199

第六节　利用光栅测光波波长 ……………………………………………… 205

第七节　微波单缝衍射和双缝干涉实验 …………………………………… 208

第八节　用牛顿环测透镜的曲率半径 ……………………………………… 213

第九节　声速的测量 ………………………………………………………… 217

第十节　电阻应变式传感器性能比较实验 ………………………………… 229

第十一节　转速测量 ………………………………………………………… 236

第十二节　万用表原理及简易万用表装配 ………………………………… 242

第十三节　热敏电阻温度计线性化实验 …………………………………… 252

第十四节　太阳能电池特性测量 …………………………………………… 257

第十五节　音频信号光纤传输技术 ………………………………………… 261

阅读材料——十大著名实验物理学家 ……………………………………… 274

第五章　设计性实验 ………………………………………………………… 280

第一节　规则形状固体密度的测量 ………………………………………… 280

第二节　凹透镜焦距的测量 ………………………………………………… 280

第三节　速度、加速度测量 ………………………………………………… 281

第四节　霍尔效应法测双线圈磁场 ………………………………………… 281

第五节　简易电路设计及焊接实验 ………………………………………… 282

第六节　光照强度对太阳能电池参数的影响研究 ………………………… 283

第七节　贝塞尔法测量透镜焦距 …………………………………………… 283

阅读材料——十大著名的思想实验 ………………………………………… 284

参考文献 ……………………………………………………………………… 290

第一章　测量误差及数据处理

物理学从本质上来说是一门实验科学,对物理规律的研究都是以严格的实验为基础的,并且不断受到实验的检验。应用物理基础实验课对培养学生的实践能力起着重要作用,它是学生入学后接受系统实验训练的开端,也是后续专业实践课程的基础,对学生以后走向工作岗位,适应任职需求意义重大。

第一节　物理实验的程式

应用物理基础实验教学的主要任务,是使学生通过对实验现象的观察和分析、对物理量的测量和处理,加深对物理理论知识的认识和理解,掌握物理实验的基本知识、基本方法和基本技能,培养科学的思维方式,认真严谨、实事求是的科学态度,以及勇于探索、团结协作的科学精神,提高综合运用所学知识和技能解决实际问题的能力,提升适应时代发展和科技进步的创新能力。物理实验教学要求必须保持严谨、认真的科学态度,遵守正确、规范的实验程序。教学主要分为以下三个环节。

(一)课前预习

为了能在课堂有限的时间内高质量地顺利完成实验,要求学生必须在课前做好预习,通过阅读实验教材和相关参考资料,明确实验目的、实验步骤,理解实验方案,了解仪器使用方法和注意事项等。要求学生在预习的基础上完成预习报告,即完成实验报告的实验目的、实验仪器、实验原理、实验步骤部分,画好数据记录表格,同时列出预习过程产生的疑问。

(二)课堂实验

进入实验室后,学生按照分组编号在对应实验台就座。学生在实验室内的一切活动必须遵守实验室规章制度和教师的要求。实验开始之前,教师会简要介绍实验内容、实验仪器、实验步骤等,学生在听讲过程中应注意做好笔记。实验开始之后,学生不要急于动手,要养成先动脑再动手的习惯。首先,要对整个实验方案和流程做到心中有数,熟悉操作步骤和仪器使用方法;其次,要认真检查并核对自己所使用的实验仪器,发现缺损要及时向教师报告,不得擅自调换仪器。实验过程中,学生必须按照仪器使用说明和操作要求进行操作,仔细观察实验现象,对产生的疑问要积极动脑、认真分析。同时,学生要特别关注实验注意事项和出现的异常现象,注意仪器和人身安全,如出现烧焦味、异常声音等不正常或危险的情况,要及时报告教师,分析并排除实验故障。

数据记录要清晰、规范,要用钢笔、圆珠笔或签字笔等书写,不能用可涂抹的铅笔书写;数据书写错误需要更改时,需将原数据划掉,将正确的数据写在旁边,不要在原数据上直接涂改。实验测量必须尊重事实,保持实事求是、严肃认真的态度,严禁抄袭、伪造或窜改数据。读取数据要按照规定进行估读,正确保留有效数字。数据测量完毕后,由教师进行检查并签字,若数据有误,则需在教师的指导下分析原因,重新进行测量。实验完毕,学生要按规定和要求自觉整理仪器,并在仪器使用记录本上做好记录,打扫实验室卫生后方可离开。

(三)课后总结

学生在课后需对实验测量的原始数据进行处理,分析实验结果,撰写实验报告。实验报告要求使用统一印制的实验报告单书写。实验报告主要包括以下内容。

(1)实验题目:写明实验项目名称。

(2)实验目的:包括基本要求、拓展训练等内容。

(3)实验仪器:包括仪器名称、规格型号、数量。

(4)实验原理:简明扼要地叙述实验的理论依据,包括公式、原理图等。

(5)实验步骤:叙述实验的主要步骤和注意事项。

(6)数据处理:包括数据表、数据计算、作图、误差计算等。数据表格要信息完整,作图要规范,有效数字要保留正确;作图需在专用的坐标纸上绘制。

(7)误差分析:分析误差产生的原因。

(8)课后思考:主要针对实验过程和结果进行小结和讨论,如对实验中异常现象进行分析,对实验方案或实验仪器提出改进性建议,讨论实验中的体会,提出自己的见解,等等。

实验报告中的前5项需在课前预习时完成,课后再对这些内容进行必要的补充和修改,并完成实验报告的剩余部分内容。书写实验报告必须实事求是、仔细认真,做到字迹工整、图表规范,叙述简明扼要、用词准确。坚决杜绝抄袭他人实验报告的现象。

第二节 测量与误差

物理实验是研究者根据研究目的,创造一定的条件,使物理过程在实验场所再现,并运用科学仪器、方法,探究其变化规律的实践活动。物理实验一般包括定性分析与定量研究两个层面。物理实验的任务不仅是定性观察各种物理现象,更重要的是寻找有关物理量之间的定量关系,因此定量研究、定量测量就显得尤为重要。然而,测量不可避免地存在误差,这时就需要对测量结果的可靠性进行分析,对其误差范围进行评估。

一、测量

(一)测量的概念

测量是物理实验的主要工作之一。所谓测量,就是按照某种规律,用数据来描述观察到的现象,即对事物量化描述的过程。具体来说,测量就是将反映被测对象某些特征的物理量与规定的选作标准单位的同类物理量(或称为标准量),通过一定的方法进行比较,得出比较倍数,即比值关系的过程。得到的比值即为被测对象的量值。显然,这个量值的大小与所选择的标准量的单位有关。单位越大,量值越小;单位越小,量值越大。因此,测量结果应包括量值和单位两部分。

选作比较用的标准量必须是国际公认的、唯一的和稳定不变的。各种测量仪器,比如米尺、秒表、天平等,都要有符合一定标准的单位和与单位成倍数的标度。物理学中各物理量的单位,均采用 1960 年第十一届国际计量大会所确定的国际单位制(SI)。它以米(m,长度)、千克(kg,质量)、秒(s,时间)、安培(A,电流)、开尔文(K,热力学温度)和坎德拉(cd,发光强度)为基本单位。1974 年,第十四届国际计量大会决定:增加摩尔(mol,物质的量)作为基本单位。至此,国际单位制就有 7 个物理量的单位为基本单位。其他物理量的单位均可由这些基本单位导出,称为国际单位制的导出单位。

(二)测量的分类

(1)根据获得测量结果方法的不同,测量分为直接测量和间接测量。可以由仪器量具直接进行读数的测量量,称为直接测量量,例如用米尺测量的物体长度、用温度计测量的物体温度、用天平称量的物体质量、用电压表测量的元件两端电压等。

在大多数情况下,有些物理量无法进行直接测量,而需要依据待测物理量与若干直接测量量之间的函数关系求出,这样的测量量称为间接测量量。例如,用伏安法测量一段电路的电阻 R 时,可通过测量这段电路的电流 I 和加在这段电路两端的电压 U,再用公式 $R=U/I$ 计算求得,这里的 U、I 为直接测量量,R 为间接测量量。再如,用单摆法测重力加速度 g 时,T(周期)、L(摆长)是直接测量量,而 g 是间接测量量。

(2)根据物理实验测量条件的不同,测量分为等精度测量和非等精度测量。在对某一物理量进行多次重复测量的过程中,每次测量条件都相同的一系列测量称为等精度测量。比如同一个测量者,选用同一台仪器,采用相同的测量方法,在相同的实验环境下(测量时的环境、气温、照明情况等均未发生变化)所进行的多次重复测量,每次测量的可靠程度都相同,这些测量就属于等精度测量。

当对同一物理量进行多次测量时,测量条件完全不同或是部分相同,各测量结果的可靠程度自然也不相同的一系列测量称为非等精度测量。例如,对某一物理量进行多次测量时,所选用的仪器不同,或测量方法、人员不同等,这些测量都属于非等精度测量。

实验中,一般来说,保持相同测量条件是极其困难的,因此,等精度测量往往只是一个近似概念。例如,当实验中某些条件的改变对测量结果影响不大时,仍可视这些测量为等精度测量。等精度测量的数据处理起来比较简单,常为大多数实验采用,本书只讨论等精度测量方面的问题。

二、误差

(一)误差的定义

任何被测对象都具有各种各样的特性,反映这些特性的物理量都有其客观存在值,称为被测物理量的真值。测量的目的就是力图得到该真值。但是,由于测量仪器、实验条件、人为因素、环境影响等种种不确定因素伴随实验过程,所以测量结果具有一定程度的不确定性。也就是说,测量值和真值之间总是存在一定的差异,二者之间的差值称为测量误差或误差。

若用 $x_{测}$ 表示测量值,用 x_0 表示被测量的真值,则测量误差为

$$\Delta x = x_{测} - x_0$$

测量误差反映了测量值偏离被测量真值的大小和方向,因此又称为绝对误差。

一般来说,真值只是一个理想概念,只有完善的测量才能获得。但是,严格的完善测量难以做到,因此被测量的真值是不能通过测量得出的。实际测量中,一般只能够根据测量值给出被测量的近真值或最佳值。真值无法精确得到,因此误差不仅不能完全避免,而且也不能完全确定,误差只能通过各种方法加以估计。

绝对误差可以表示某一测量结果的优劣,但是比较不同测量结果时不再适用。比如,用同一把尺子测量两个物体的长度,测量结果分别为 25.0 cm 相差 1 mm、250.0 cm 相差 1 mm,此时两者的绝对误差相同,都是 1 mm,仅用绝对误差就不能再对测量结果的优劣进行比较了,为此,可以引入相对误差的概念。相对误差定义为绝对误差与测量(最佳)值(或理论值)的比值,一般用百分数表示,即

$$E_x = \frac{\Delta x}{\bar{x}} \times 100\%$$

式中:$\bar{x}$ 为被测物理量的最佳值。

实际测量中通常取多次重复测量的平均值作为最佳值。有时被测量有公认值或理论值,此时相对误差为

$$E_x = \frac{\Delta x}{x_{理}} \times 100\%$$

相对误差描述绝对误差对测量结果的影响程度。比如上面例子中,相对误差分别为

$$E_x = \frac{\Delta l}{\bar{l}} \times 100\% = \frac{1}{25} \times 100\% = 4\%$$

$$E'_x = \frac{\Delta l}{\bar{l}} \times 100\% = \frac{1}{250} \times 100\% = 0.4\%$$

显然,后者的测量结果要优于前者。

相对误差是没有单位的,可用来比较不同单位的几个物理量的相对精度。

(二)误差的分类

误差存在于一切测量之中,并贯穿测量过程的始终。从实验的设计到仪器的使用,再到测量过程,每一个物理量的每一次测量都会给实验结果带来误差。误差按照基本性质和产生原因的不同可以分为系统误差、随机误差和粗大误差三类。

1. 系统误差

系统误差是由实验系统内在因素引起的,表现为测量结果总是向着一个方向偏离。它的大小几乎不变或者是呈现某种变化规律。例如,某尺子刻度偏大,那么用它测量物体长度时,测量值总是会偏小,而且偏小的百分比每次都几乎一样。

产生系统误差的原因大体来自以下几个方面。

(1)仪器误差。其指仪器的结构和标准不完善或仪器使用不当引起的误差。例如,天平

不等臂、分光计读数装置的偏心差、电表的示值与实际值不符等仪器缺陷引起的误差均称为仪器误差,在使用时可采取适当的测量方法加以消除。仪器设备安装调整不妥,不满足规定的使用状态,如不水平、不垂直、偏心、零点不准等使用不当的情况,应尽量避免。

(2)理论和方法误差。其指实验所依据的理论公式的近似性,实验条件或测量方法不能满足理论公式所要求的条件等引起的误差。例如,实验中忽略了摩擦、散热、电表的内阻等引起的误差都属于这类误差,单摆测重力加速度时所用公式的近似性引起的误差也属于这类误差。

(3)环境误差。其指由外部环境如温度、湿度、光照等仪器使用要求的环境条件不一致引起的误差。

(4)人员误差。其指由测量者本身的生理特点或者习惯所带来的误差。例如,反应速度的快慢、分辨能力的高低、读数的习惯等引起的误差都属于这类误差。

由于系统误差总是偏向一侧的,所以不能通过多次测量取平均值来消除。但是产生系统误差的原因通常是可以被发现的,并能通过修正改进加以排除或减小。分析、排除和修正误差需要测量者具有丰富的实践经验。

系统误差的发现通常可以借助以下方法。

(1)数据分析法。当随机误差较小时,将待测量的绝对误差按照测量次序排列,观察其变化情况。若绝对误差不是随机变化的,而是呈某种规律性变化,比如线性增大或减小、周期性变化等,则证明测量中一定存在系统误差。

(2)理论分析法。分析实验依据的理论公式所要求的条件在实验测量过程中是否得到满足,分析仪器要求的使用条件是否得到满足等,如果不满足,就将产生系统误差。例如,气垫导轨实验中,滑块在导轨上的运动要受到周围空气及气垫层的黏性摩擦阻力作用,因此其速度会减小。实验中作无摩擦的理想情况来处理,就会引入与摩擦力有关的系统误差。又如,单摆测重力加速度实验中,所依据的理论公式为 $g = \dfrac{4\pi^2 l}{T^2}$,该公式是将摆球理想化为一个质点,并假定摆球很小以及忽略空气阻力和浮力作用而得到的,因此测量必然也存在系统误差。

(3)实践对比法。用不同的方法测量同一物理量,在随机误差允许的范围内观察结果是否一致。如果不一致,那么其中某种方法存在系统误差。

1)仪器对比。例如,用两个电表接入同一电路,对比两个表的读数,如果其中一个是标准表,那么可以得出另一个表的修正值。

2)改变测量条件进行对比。例如,电流正向和电流反向读数,在增加砝码的过程中与减少砝码的过程中读数,观察结果是否一致。如果不一致,那么证明存在系统误差。

明确系统误差产生的原因后,实验前就应该采取相应的方法进行消除。例如:若系统误差是由于仪器使用不当引起的,则应该把仪器调整好,并按照规定进行使用;若系统误差来源于环境因素的影响,则应当排除这种环境因素影响以消除系统误差。若有些系统误差在实验前不能消除,则可在实验过程中采取相应的合适方法消除系统误差。

(1)恒定误差的消除可以借助交换法、替代法和补偿法等。

1)交换法。在测量中将某些条件(如被测物的位置)相互交换,使产生系统误差的原因对测量结果起到相反作用,从而达到抵消系统误差的目的。例如,为了消除天平不等臂而带来的系统误差,可将被测物与砝码相互交换位置再测一次。

2)替代法。替代法要求进行两次测量,第一次对被测量进行测量,达到平衡后,在不改变测量条件的情况下,立即用一个已知标准值代替被测量:若测量装置还能够达到平衡,则被测量就等于已知的标准量;若不能达到平衡,则修整,使之平衡,这时可得被测量与标准值的差值,即被测量=标准量±差值。例如,用电桥测电阻实验中,将电桥调节平衡后,用一标准电阻接入电阻,再调节电桥达到平衡,读数的标准电阻值即为被测电阻值。

3)补偿法。补偿法要求进行两次测量。实验过程中,改变测量中的某些条件,如测量方向等,使两次测量结果中误差大小相等、符号相反,通过取这两次测量的算术平均值作为测量结果,来抵消系统误差。例如,在用霍尔元件测磁场的实验中,分别改变通过霍尔元件的电流和外加的磁场方向,就可以消除由于不等位等因素而带来的附加电压。

(2)对于周期性系统误差,可以采用半周期偶数观测法进行有效消除。所谓半周期偶数观测法,即测得一个数据后,相隔半个周期再测量一个数据,只要观测次数为偶数,取其平均值,就可以有效消除周期性系统误差对测量结果的影响。例如,在光学实验中,用分光计测角度,采用相隔180°的一对游标读数,就是为了消除轴偏心所带来的系统误差。

(3)系统误差的修正和估计。对于在实验前和实验过程中没有得到消除的已定系统误差,应在测量结果中加以修正。例如,用伏安法测电阻时,如图1-1所示,测量值为 $R_x = \dfrac{U}{I}$。若考虑电流表的内阻 R_A,则被测电阻的客观实际值为

$$R_{x0} = R_x - R_A = \frac{U}{I} - R_A$$

式中:R_{x0} 为利用图1-1电路测量电阻时的修正值。

对一些残留的未确定系统误差,应估算出误差极限,以便了解它对于测量结果的影响。

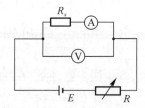

图1-1 伏安法测电阻示意图

2.随机误差

在测量过程中,即使尽力消除或是减小一切明显的系统误差后,在相同条件下重复测量同一物理量时,仍然不会得到完全相同的结果。它表现为测量结果相对于真值呈现无规则的涨落,即在相同条件下,对同一物理量做多次测量,其测量值有时偏大,有时偏小,当测量次数足够多时,这种偏离引起的误差服从统计学规律:在多次测量数据中,离真值近的出现的次数多,离真值远的出现的次数少,这种误差就是随机误差。随机误差是实验中某些不确定性因素引起的,又叫偶然误差。当测量次数趋于无限多时,随机误差的算数平均和趋于零。因此,增加测量次数对减小随机误差是有利的。

要注意的是,随机误差和系统误差并不存在严格的界限,在一定条件下它们可以相互转化。例如,按一定尺寸制造的量块,制造过程中存在误差,对某一具体量块而言,制造误差是一确定值,可以认为是系统误差,但是对于一批量块而言,此时制造误差又变为了随机误差。又如,被测量对象为小球直径或是细丝直径时,被测对象的不均匀性产生的误差,既可以当作系统误差,又可以看作随机误差。有时系统误差和随机误差混在一起,难以严格加以区分。再比如,测量者使用仪器时的估读误差往往既包含系统误差,又包含随机误差。前者主要是指测量者读数习惯所产生的误差,比如总是偏大或偏小的误差,而后者则是指测量者每次读数时偏大或偏小的程度互不相同的误差。

3. 粗大误差

粗大误差简称粗差,是指明显歪曲测量结果的误差。粗大误差产生的原因既有主观因素,也有客观因素,例如,实验者使用仪器方法不正确,粗心大意读错、记错数据,实验条件突变等因素。含有粗大误差的测量值称为坏值或异常值,它不属于正常结果范畴,因此在实验中要极力避免出现粗大误差。处理数据时也要先检出含有粗大误差的测量值,并将其剔除。

(三)测量结果的定性评价

测量结果的好坏通常可以用正确度、精密度和准确度三个术语来描述,但是它们的含义各不相同。

测量结果的正确度是指测量值和真值的接近程度。正确度越高,说明测量值接近真值的程度越好,即系统误差越小。可见,正确度是反映测量结果系统误差大小的术语。

测量结果的精密度是指重复测量所得结果相互接近的程度。精密度越高,说明重复性越好,各次测量误差的分布越密集,即随机误差越小。可见,精密度是反映测量结果随机误差大小的术语。

测量结果的准确度是指综合评定测量结果重复性与接近真值的程度。准确度高,说明正确度和精密度都高。可见,准确度反映随机误差和系统误差的综合效果。

图 1-2 以打靶时弹着点的情况为例说明以上三个术语的意义。其中:图 1-2(a)表示射击的正确度较高,但是精密度较差;图 1-2(b)表示射击的精密度较高,但是正确度较差;图1-2(c)表示射击的正确度和精密度都高,即准确度高。

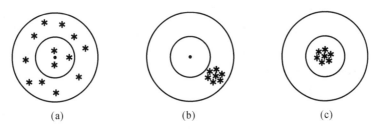

(a)　　　　　　　　(b)　　　　　　　　(c)

图 1-2　关于正确度、精密度和准确度的示意图

由于在实验中,要求尽可能地消除或减小系统误差,误差计算主要是估算随机误差,所以往往不再严格区分精密度和准确度,而泛称为精度。要对测量结果做定量评价,就必须定量地估算各误差的分量。

三、有效数字

(一)有效数字的概念

任何一个物理测量量,其测量或多或少地存在误差,对于一个物理量的测量值不可能想写多少位就写多少位。测量值的位数写多了没有实际意义,写少了又不能反映该物理量的测量属性,因此,需要引入有效数字的概念。

图 1-3 所示的电流表表头中,可以读取电流为 18.6 A。重复测量或是换一个人读数可能会得到不同的结果,而且这种结果的差异只能出现在最后一位上,例如可能为 18.5 A 或者 18.7 A。测量结果前两位数字"18",从表头上直接准确读出,可认为是准确的,称为可靠数字;而末位的"6""5""7"是估计出来的,是不准确的,叫作欠准(可疑)数字。要注意的是,虽然末位数字为估读而来,但是它能使测量值更加接近真实情况。因此,测量结果应当保留到这一位,而且一般只能保留到这一位,再往下保留没有意义。

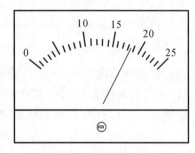

图 1-3 电流表示数

所谓有效数字,就是测量结果当中由若干可靠数字加上一位可疑数字组成的数字。

注意:在表示测量结果时,必须采用正确的有效数字,不能多取,也不能少取。多取了会夸大测量的精度,少取了则又损害测量的精度。图 1-3 中表示的测量结果为 18.6 A,有三位有效数字。

关于有效数字的几点说明如下:

(1)"0"的位置。测量结果中"0"在非零数字中间或最末一位都"有效",因此不能随意添加或删减末位"0",而表示小数点位置的"0"不是有效数字。例如,测量结果 60 200 kg 和 602.00 g 都是五位有效数字,而 0.612 kg 和 0.061 2 kg 则均为三位有效数字。要注意:测量结果 602.00 g,不能随意写为 602 g。

(2)有效数字的位数和十进制单位的变换无关。例如,对于测量结果 0.602 0 kg,如果要表示成 g 为单位的量,就应该是 0.602 0 kg=602.0 g。此时要注意对于结果 602.0 g,末尾的"0"表示的是估读值,不能删去,结果仍然应该保证是四位有效数字。

(3)单位变换时,如果数值很大或很小,那么可以采用科学记数法。比如图 1-3 中,对于测量结果 18.6 A,如果将其表示成以 mA 为单位的量,写成 18 600 mA 就是错误的。这是因为按测量值有效数字的含义,认为最后一位"0"是估计值,前面几位都是精确得到的,显然这与事实不符。正确的写法应当是采用科学记数法,写为 18.6×10^3 mA。其中,乘号前面的数字表示测量值的有效位数,后面的 10 的次方表示测量值的数量级。而若将这一结果表示成以 kA 为单位的量,正确的写法还是得保证有效数字的位数不变,即 18.6 A=0.018 6 kA,最后一位数字"6"仍然是估计值,前面两个"0"则不是有效数字。较好的表示还可以采用科学记数法,表示为 18.6×10^{-3} kA。

(4)参与计算的常数,如 π、e、$\sqrt{2}$、1/3 等,其有效数字位数可以认为是无限多位,计算时可以根据需求选取其位数。

(二)仪器的估计读数

1. 有效数字与仪器的关系

仪器测量的准确度与有效数字的位数密切相关,有效数字的位数反映的是测量值本身的大小以及仪器的精确程度。例如,用钢尺测量一长度为 L 的直棒,钢直尺给出的读数为 $L=2.56$ cm,其中最后一位的"6"便是估计值,是近似值中的不确定数字,为误差所在位,钢直尺给出了三位有效数字的结果。同样的一段长度,如果换作用 50 分度的游标卡尺,那么读出的结果为 $L=25.54$ cm,这个测量结果中末位的"4"是估读值,测量给出了四位有效数字的结果;如果换作螺旋测微计,那么测得 $L=25.542$ cm,为五位有效数字。有效数字的位数不同,误差不同,测量的准确程度也是不同的。

可见,有效数字位数的多少,直接反映的是实验测量的准确程度。在正确读数的前提条件下,有效数字位数越多,测量的准确度越高。

2. 直接测量有效数字的确定

直接测量的有效数字涉及仪器的读数问题,一般规则就是读至仪器误差所在位。估计读数的方法要视仪器类型灵活掌握。

若仪器标尺刻度是十进制的,如图 1-3 所示,电流表的指针位于 18~19 mA 的中段,此时由于受到视力等因素影响,结果取 18.5 mA、18.6 mA 甚至 18.7 mA 都不能算错,都是正确的读数。特殊情况下,如果指针正好位于 18 mA 处,正确的读数就应该是 18.0 mA。

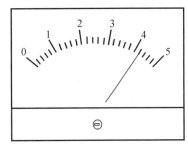

如果标尺刻度不是十进制的,比如图 1-4 中的电压表,那么此时仪器的最小分度值为 0.2 V,为二进制,应将最小格分为两份来读。此时指针恰好指在 4.2 V 刻度上,测量结果只能记为 4.2 V。因为指针只要稍微偏离一点,如 4.1 V 或 4.3 V,这里的"1""3"都是估计值,且均在小数点后一位,所以 4.2 V 记到小数点后一位即可,不必再往下估读。对于这类仪器,指针靠近刻线读偶数,靠近半格读奇数。所谓靠近,包括稍欠和稍超。电学仪表也有类似情况。此外,对于游标卡尺、机械秒表等量具不必估读,其读数的

图 1-4 电流表示数

末位虽然表示整格数,但给出的也是不确定数字。因此,使用不同规格的仪器时,都要明确其量程及其分度值,并做好记录,学会正确估读。

(三)有效数字尾数的修约

实际测量中,通常需要一系列的函数运算才能得到最终的测量结果。在有效数字的运算过程中,准确数字与准确数字进行运算,结果仍然为准确数字,可疑数字与可疑数字进行运算,结果为可疑数字,但是运算的进位数认为是准确数字。在运算中,不能因取位过少而丢失有效数字,也不能凭空增加有效位,这就用到了有效数字尾数的修约规则。测量值的数字舍入,首先要确定需要保留的有效数字和位数,保留数字的位数确定以后,后面多余的数字就应予以修约,其规则为"四舍六入五凑偶",具体规则如下:

(1)若拟舍弃数字的最左一位数字小于 5,则舍去,即保留的各位数字不变。

(2)若拟舍弃数字的最左一位数字大于 5,而其后跟有并非为 0 的数字,则进一,即保留

的末位数字加一。

(3)若拟舍弃数字的最左一位数字为 5,而 5 后面无数字或者是数字皆为 0,则取"单进双不进"原则,即若保留的末位数字为奇数则进一,若为偶数或 0 则舍弃。

根据上述规则,要将下列各数据保留 4 位有效数字,有效数字尾数修约后为

$$3.141\ 29 \rightarrow 3.141 \qquad 3.141\ 89 \rightarrow 3.142$$
$$3.141\ 501 \rightarrow 3.142 \qquad 3.141\ 50 \rightarrow 3.142$$
$$3.141\ 5 \rightarrow 3.142 \qquad 3.142\ 5 \rightarrow 3.142$$

由于对于测量结果的误差估计要采取宁大勿小的原则,所以修约最后结果的误差时,为确保其可信度,往往需要根据实际情况采取只进不舍的原则。

(四)有效数字的运算法则

1. 和差的有效数字

假定实验中有几个测量值相加或相减,例如:

$$
\begin{array}{r}
3\,2\,1.8\underline{3} \\
4\,1.\underline{1} \\
+\quad 5.5\,4\underline{6} \\
\hline
3\,6\,8.4\,7\underline{6}
\end{array}
\qquad\qquad
\begin{array}{r}
4\,7\,\underline{7} \\
-\quad 9\,3.6\,\underline{1} \\
\hline
3\,8\,3.3\,\underline{9}
\end{array}
$$

其中每个测量值的最后一位是估计位,该数字为可疑数字,数字下面用一横线标明。因为可疑数字和可靠数字相加,其结果仍为可疑数字,并且估计数最后一般取一位,所以上述运算结果应分别记为 368.5 和 383。

由此可以得出结论:在加减运算中,结果的最后一位与参加运算的各测量值中可疑数字位数最高的取齐。上面两个例子中,它们分别是 41.1 和 477。

为了保证不因各测量的数值运算而影响实验结果,同时避免取位过多的运算,在运算过程中,可以以尾数最高的测量值为标准,如上面两个例子中的 41.1 和 477,其他测量值可多保留一位进行运算,最后结果再与其取齐。这样,上面的运算又可以写为

$$
\begin{array}{r}
3\,2\,1.8\,3 \\
4\,1.\underline{1} \\
+\quad 5.5\,\underline{5} \\
\hline
3\,6\,8.4\,\underline{8}
\end{array}
\qquad\qquad
\begin{array}{r}
4\,7\,7 \\
-\quad 9\,3.\underline{6} \\
\hline
3\,8\,3.\underline{4}
\end{array}
$$

最后结果记为 368.5 和 383。

2. 积商的有效数字

先看一个乘法的例子:

$$
\begin{array}{r}
6.4\,2\underline{8} \\
\times\quad 2\,1.\underline{7} \\
\hline
4\,\underline{4}\,9\,9\,\underline{6} \\
6\,4\,2\,\underline{8} \\
1\,2\,8\,5\,\underline{6} \\
\hline
1\,3\,9.4\,\underline{8}\,7\,\underline{6}
\end{array}
$$

在这个例子中,乘数中"7"是可疑数字,因此它与其他数相乘仍然是可疑数字。可疑数字与可靠数字相加仍是可疑数字,再考虑到结果中一般只保留一位可疑数字,根据有效数字尾数的修约法则,最后结果为139。除法运算与此类似,读者不妨自己推导。

由此可见,在乘除法运算中,一般情况下,结果的有效数字与参与运算的各测量值中有效数字位数最少的取齐。而在运算过程中,各测量值可以多保留一位。

【例1-1】 求 $y = 6\dfrac{AB^2}{\sqrt{C}}$,其中 $A = 325.12$ m,$B = 0.282$ kg,$C = 4.025$ m^2。

解:在各量中有效数字位数最少的是 B(三位),其余各数可根据有效数字尾数修约法则取到四位,然后再进行运算。

$$y = \frac{6 \times 325.1 \times (0.282)^2}{\sqrt{4.025}} \text{ kg}^2 = 77.32 \text{ kg}^2$$

最后结果取三位有效数字,即 $y = 77.3$ kg^2。

这里有两点要说明:

(1)式中的常数"6"可以认为是有无穷多位有效数字,即常数的有效数字为无穷多。

(2)这种计算方法是相当粗略的。

3.常见函数运算的有效数字

(1)对数函数运算后的尾数(其小数点后的位数)取与真数相同的位数。例如:

$$y = \ln 1.983 = 0.684\,610\,849 \approx 0.684\,6$$

$$y = \ln 1\,983 = 7.592\,366 \approx 7.592\,4$$

(2)指数函数运算后的有效数字可与指数的小数点后的位数相同(包括紧接小数点后的零)。例如:

$$10^{6.25} \approx 1\,778\,279.41 \approx 1.8 \times 10^6$$

$$10^{0.0035} \approx 1.008\,091\,61 \approx 1.008$$

(3)三角函数取位由角度的有效位数而定。例如:

$$y = \sin 30°00' = 0.5 = 0.500\,0$$

$$y = \cos 20°16' = 0.938\,070\,461 = 0.938\,1$$

四、结果表示

在测量中误差是不可避免的,也就是说真值是无法测出的。因此实验的任务之一就是尽可能地减少影响测量的各种因素,以测出在该条件下被测量的最佳值(最可信赖值)。同时对这一测量值与真值的偏离程度做出估计,即给出测量的误差。

在大多数情况下,这种偏离可能是正的,也有可能是负的,测量结果记为

$$x = \bar{x} \pm \Delta x \tag{1-1}$$

式(1-1)表示:可以相当有把握地说,真值 x_0 在 $\bar{x} - \Delta x$ 和 $\bar{x} + \Delta x$ 之间,且 Δx 越小,测量值与真值越接近,测量的准确度也就越高。

需要特别强调的是,测量结果必须标明物理量的单位,没有单位的物理量是无意义的。

测量值(最佳值)、误差和单位是表示测量结果的三要素。

下面讨论误差和测量的有效数字之间是什么关系。

【例 1-2】 某物体体积的测量值为 21.683 2 cm³,测量误差为 0.062 7 cm³,请正确书写测量结果。

分析:该误差标明小数点后的第二位"6"已经是不确定的了,没有必要保留更多位数,可把它写为 0.07 cm³,测量值中"8"后面的数值也没有必要保留,测量结果表示为 21.68±0.07 cm³,详见下述规定。

规定一 测量结果的误差取一位(首位是 1 或是 2 时可取两位),测量值的最末一位与误差位对齐。

说明 1 在计算过程中,为减少计算中引起的累积误差,测量值和误差可根据情况多保留一位。

说明 2 在多次直接测量中,测量结果的误差取位由测量值的最末一位确定。若误差就在该位,则误差取一位;若误差比它大,则误差取到该位;若误差比它小,则误差按单次直接测量估算。为简化也常一律按此规定。

这里有一个数字截取问题,这个问题比较复杂,不同的情况有不同的取位,为简单起见,做如下规定。

规定二 尾数舍入规则——测量值四舍五入。

　　　　误差估计规则——宁大勿小。

说明 1 在多次测量取平均值时,对于大量尾数分布概率相同的数据,采用四舍五入会使入的概率大于舍的概率,采用"四舍六入五凑偶"更为合理。但是,当测量次数为 3～5 次时,可以采用四舍五入的方法。

说明 2 测量误差估计宁大勿小。

例 1-2 中,如果测量结果误差按照四舍五入估计为 0.06 m³ 就是错误的。为了较合理地给出测量结果,误差应当取最坏的情况,坚持宁大勿小的原则,应当使测量值的误差等于影响测量值的各独立因素误差绝对值之和。

其实,误差更严格的合成方法应当是按照"方和根合成"的,读者可参阅其他教材测量结果不确定度的估算。

有了这些规定,测量结果就可以由绝对误差表示,但是绝对误差不能明显反映出测量的相对精度,如对比不同物理量的测量精度时,就得借助相对误差的概念。

为了全面反映测量的精确度,物理量的测量结果必须包括测量(最佳)值 $\bar{x}$、绝对误差 Δx 和相对误差 E_x 三部分,测量结果完整的表达式为

$$\left.\begin{array}{l} x = \bar{x} \pm \Delta x \\ E_x = \dfrac{\Delta x}{\bar{x}} \times 100\% \end{array}\right\} \tag{1-2}$$

如果待测量有理论值或是公认值,那么也可用测量值和百分差来表示,即

$$\left\{\begin{array}{l} x = \bar{x} \\ E_x = \dfrac{|\bar{x} - x_{理}|}{x_{理}} \times 100\% \end{array}\right.$$

注意:绝对误差、相对误差通常只取 1～2 位有效数字。

第三节　直接测量量的误差估计

本节讨论如何对直接测量量的误差进行估计和计算。如果没有特别声明,那么均假设已消除或是修正了系统误差。

一、多次测量的误差估计

在相同条件下,对被测量 x 进行 n 次独立的直接测量,其测量结果分别为 $x_1,x_2,\cdots,$ x_n。设测量真值为 A,则单次测量值的绝对误差可以分别计算为

$$\Delta x_1 = x_1 - A, \Delta x_2 = x_2 - A, \cdots, \Delta x_n = x_n - A$$

上面各式也可以写为

$$x_1 = A + \Delta x_1, x_2 = A + \Delta x_2, \cdots, x_n = A + \Delta x_n$$

则可计算 n 次测量的算术平均值为

$$\bar{x} = \frac{1}{n}\sum_{i=1}^{n} x_i = \frac{1}{n}\sum_{i=1}^{n}(A + \Delta x_i) = A + \frac{1}{n}\sum_{i=1}^{n}\Delta x_i$$

在不考虑系统误差的条件下,当测量次数 $n \to \infty$ 时,有

$$\lim_{n\to\infty}\frac{1}{n}\sum_{i=1}^{n}\Delta x_i = 0$$

因此 $\bar{x} = A$。这是因为偶然误差服从统计规律,在测量条件相同的情况下,随着测量次数的增多,测量值的算术平均趋近于真值,所以在多次测量中算术平均值最好地代表了真值。实际测量中,针对有限次测量,只要测量次数足够多,算术平均值就是真值的最佳近似值,是多次测量的最佳值。

规定三　测量条件相同的情况下,用多次测量的算术平均值作为测量结果的最佳值。

【例 1-3】　对某长度进行了 6 次测量,结果如下,请给出测量的最佳值。

$$l_1 = 4.37 \text{ cm}, l_2 = 4.35 \text{ cm}, l_3 = 4.35 \text{ cm}$$
$$l_4 = 4.33 \text{ cm}, l_5 = 4.34 \text{ cm}, l_6 = 4.36 \text{ cm}$$

测量最佳值即算术平均值为

$$l = \frac{1}{6}(l_1 + l_2 + \cdots + l_6) = 4.35 \text{ cm}$$

算术平均值的普遍表达式为

$$\bar{x} = \frac{1}{n}\sum_{i=1}^{n} x_i = \frac{1}{n}(x_1 + x_2 + \cdots + x_n) \tag{1-3}$$

规定四　在测量条件相同的情况下,多次测量结果的偶然误差取算术平均偏差。

因为实际测量的次数总是有限的,所以不能得到测量的真值,只能求出测量的算术平均值。测量值与算术平均值之间的差异可以用算术平均偏差来估计。它反映了测量结果的可靠程度,算术平均偏差简称平均误差。

设各测量值 x_i 与算术平均值 $\bar{x}$ 的偏差为 Δx_i,即

$$\Delta x_i = |x_i - \bar{x}|, \quad i = 1, 2, 3, \cdots, n$$

则算术平均偏差定义为

$$\Delta x = \frac{1}{n}\sum_{i=1}^{n} |x_i - \bar{x}| = \frac{1}{n}(|x_1 - \bar{x}| + |x_2 - \bar{x}| + \cdots + |x_n - \bar{x}|) \quad (1-4)$$

这样，测量结果应表示为

$$\left.\begin{array}{l} x = \bar{x} \pm \Delta x \\ E_x = \dfrac{\Delta x}{\bar{x}} \times 100\% \end{array}\right\} \quad (1-5)$$

其意义为：被测量量 x 的最佳值是 $\bar{x}$，误差区间 $\bar{x} - \Delta x \rightarrow \bar{x} + \Delta x$ 最大可能地包含了真值，测量的相对精度为 E_x。

对于例 1-3 来说，有

$$\Delta l = \frac{1}{6}[|l_1 - \bar{l}| + |l_2 - \bar{l}| + \cdots + |l_6 - \bar{l}|] = 0.01 \text{ cm}$$

测量结果表示为

$$\left\{\begin{array}{l} l = (4.35 \pm 0.01) \text{ cm} \\ E_l = 0.2\% \end{array}\right.$$

二、单次测量的误差估计

在许多情况下，多次测量是不可能的（如一瞬即逝的现象），有时多次测量也无必要。这时可用一次测量作为测量结果的最佳值，取仪器误差作为测量误差。

规定五 单次测量的误差取仪器误差。

单次测量结果表示为

$$\left.\begin{array}{l} x = x_{测} \pm \Delta x_{仪} \\ E_x = \dfrac{\Delta x_{仪}}{x_{测}} \times 100\% \end{array}\right\} \quad (1-6)$$

前面的讨论已指出，这一规定的前提是对仪器的正确读数。

说明 1 仪器误差通常标在仪器的铭牌上，有时用仪器的准确度级别表示。不同仪器的准确度级别的含义是不相同的。例如，电表的准确度等级是这样定义的：用被校电表和标准电表同时测同一物理量，由校准结果可得被校电表各个刻度的绝对误差，其中误差最大者即为最大绝对误差，它与量程之比称为标准误差，即

$$标准误差 = \frac{最大绝对误差}{量程} \times 100\%$$

其中标准误差不大于 0.1% 者，精度为 0.1 级，面板上用 0.1 表示。电表精度等级有 0.1、0.2、0.5、1.0、1.5、2.5 和 4.0 七级。因此对于电表来说，知道了精度等级，也就相当于知道了测量的仪器误差 $\Delta x_{仪}$。读者应该养成良好的习惯，在实验前仔细观察仪器的铭牌、说明书等，并将有用的信息（型号、量程、级别等）记录下来。

在电表和电路都正常的情况下，多次测量的电表示值应基本不变，一般只要正确测量一次即可。$\Delta x_{仪}$ 为 $x_{测}$ 所在量程的最大绝对误差，即 $\Delta x_{仪} =$ 电表精确度的百分数 × 量程。例如，量程为 100 μA，精度为 0.5 级的电流表，若示值读数为 62.8 μA，则它的测量结果为

$$I = I_测 \pm \Delta I_仪 = (62.8 \pm 0.5\% \times 100)\ \mu A = (62.8 \pm 0.5)\ \mu A$$

说明 2 若没有给出仪器误差,则可按照下述方法进行估计:数字式仪表,取分度值;刻度式仪表,取分度值的一半。

例如,电子秒表如图 1-5 所示,表示的时间为 (23.06 ± 0.01) s。这是因为电子秒表为数字式仪表,它的最小分度为 0.01 s。

图 1-5 电子秒表

第四节 间接测量量的误差估计

一、多次测量的误差估计

间接测量量是由直接测量量计算得到的。直接测量量有误差,间接测量量必然也有误差,这称为误差的传递。由直接测量量的误差通过误差传递公式可以求出间接测量量的误差。

(一)和差的误差传递

设间接测量量为 N,直接测量量分别为 $x \pm \Delta x$ 和 $y \pm \Delta y$,N 与 x、y 的函数关系为 $N = x \pm y$。由这一关系式可直接确定间接测量的测量值 N,其绝对误差应当是 $\Delta N = \pm \Delta x \pm \Delta y$。按照误差宁大勿小的原则,应当按最不利的情况取值,因此间接测量量 N 的误差为

$$\Delta N = \Delta x + \Delta y \tag{1-7}$$

式(1-7)表明:在和与差的运算中,间接测量量的绝对误差等于各直接测量量因子的绝对误差绝对值之和。

【例 1-4】 设函数关系 $C = A - B$,其中

$$A = (100.6 \pm 0.1)\ cm$$
$$B = (2.34 \pm 0.07)\ cm$$

则

$$C = A - B = (100.6 - 2.34)\ cm = 98.26\ cm$$
$$\Delta C = \Delta A + \Delta B = (0.1 + 0.07)\ cm = 0.17\ cm$$

最后测量结果记为

$$C = (98.3 \pm 0.2)\ cm$$

(二)积商的误差传递

设间接测量量为 N,直接测量量分别为 $x \pm \Delta x$ 和 $y \pm \Delta y$,N 与 x、y 的函数关系为 $N = xy$。由这一关系式可直接确定间接测量量的测量值 N。

设间接测量量的绝对误差为 ΔN,则应有

$$N \pm \Delta N = (x \pm \Delta x)(y \pm \Delta y) = xy \pm x\Delta y \pm y\Delta x \pm \Delta x \Delta y$$

略去二阶小量 $\Delta x \Delta y$,有

$$\Delta N = \pm x\Delta y \pm y\Delta x$$

按照误差宁大勿小原则,有

$$\Delta N = x\Delta y + y\Delta x \qquad (1-8)$$

两边除以 N，得

$$E_N = \frac{\Delta N}{N} = \frac{x\Delta y + y\Delta x}{xy} = \frac{\Delta x}{x} + \frac{\Delta y}{y} = E_x + E_y \qquad (1-9)$$

这就是积的误差传递公式的两种表示，式(1-8)为绝对误差，式(1-9)为相对误差。不难证明，对于函数关系 $N = \dfrac{x}{y}$，在忽略高阶小量后同样可得到式(1-9)。

式(1-9)表明，在积与商的运算中，间接测量量的相对误差等于各直接测量量因子的相对误差绝对值之和。

(三)误差传递的一般方法

设有函数 $N = f(x, y)$，按照微分学知识，当自变量 x 和 y 有改变量 Δx 和 Δy 时，函数 N 相应的改变量为

$$\Delta N \approx \frac{\partial f}{\partial x}\Delta x + \frac{\partial f}{\partial y}\Delta y$$

由于 Δx 和 Δy 为有限改变量，因此可得到误差传递的一般公式。

设 x 和 y 为直接测量量，N 为间接测量量。考虑到误差宁大勿小的原则，应将各误差项取绝对值再相加。因为误差本身就是一个估计值，所以近似号通常用等号代替。由此得到

$$\Delta N = \left|\frac{\partial f}{\partial x}\Delta x\right| + \left|\frac{\partial f}{\partial y}\Delta y\right| \qquad (1-10)$$

若先对 y 取自然对数，再求全微分，则得到

$$\frac{\Delta N}{N} = \left|\frac{\partial \ln f}{\partial x}\Delta x\right| + \left|\frac{\partial \ln f}{\partial y}\Delta y\right| \qquad (1-11)$$

式(1-10)和式(1-11)表明，间接测量量的绝对误差可由该量的全微分得到。其相对误差可由该函数自然对数的全微分得到。在计算时应将每一个微分项取绝对值再相加。由这两个式子不难得到式(1-8)和式(1-9)。

表1-1给出的一些常用函数关系的误差传递公式，也是由式(1-10)和式(1-11)推导出来的。

表1-1 常用误差公式(误差的算术合成)

数学运算公式	误 差	
	绝对误差 ΔN	相对误差 $E_N = \dfrac{\Delta N}{N}$
$N = A + B + C + \cdots$	$\Delta A + \Delta B + \Delta C + \cdots$	$\dfrac{\Delta A + \Delta B + \Delta C + \cdots}{A + B + C + \cdots}$
$N = A - B$	$\Delta A + \Delta B$	$\dfrac{\Delta A + \Delta B}{A - B}$
$N = A \cdot B$	$A\Delta B + B\Delta A$	$\dfrac{\Delta A}{A} + \dfrac{\Delta B}{B}$

续表

数学运算公式	误　差	
	绝对误差 ΔN	相对误差 $E_N = \dfrac{\Delta N}{N}$
$N = A \cdot B \cdot C$	$BC\Delta A + CA\Delta B + AB\Delta C$	$\dfrac{\Delta A}{A} + \dfrac{\Delta B}{B} + \dfrac{\Delta C}{C}$
$N = \dfrac{A}{B}$	$\dfrac{A\Delta B + B\Delta A}{B^2}$	$\dfrac{\Delta A}{A} + \dfrac{\Delta B}{B}$
$N = aA$	$a\Delta A$	$\dfrac{\Delta A}{A}$（a 是任意数）
$N = A^n$	$nA^{n-1}\Delta A$	$\dfrac{n\Delta A}{A}$
$N = \sqrt[n]{A}$	$\dfrac{1}{n}A^{\frac{1}{n}-1}\Delta A$	$\dfrac{n\Delta A}{A}$
$N = \sin A$	$\cos A\,\Delta A$	$\cot A\,\Delta A$
$N = \cos A$	$\sin A\,\Delta A$	$\tan A\,\Delta A$
$N = \tan A$	$\dfrac{1}{\cos^2 A}\Delta A$	$\dfrac{2\Delta A}{\sin 2A}$
$N = \ln A$	$\dfrac{1}{A}\Delta A$	$\dfrac{\Delta A}{A\ln A}$

【例 1-5】 测得圆柱体的直径 $D = (3.608 \pm 0.003)$ cm，高 $H = (1.703 \pm 0.004)$ cm，求体积。

解： 圆柱体的体积为 $V = \dfrac{1}{4}\pi D^2 H$。

将已知值代入得

$$V = \left(\dfrac{1}{4} \times 3.141\ 6 \times 3.608^2 \times 1.703\right) \text{cm}^3 = 17.412 \text{ cm}^3$$

对 V 取自然对数，得

$$\ln V = \ln\dfrac{\pi}{4} + 2\ln D + \ln H$$

求其全微分可以得到

$$\dfrac{\mathrm{d}V}{V} = 2\dfrac{\mathrm{d}D}{D} + \dfrac{\mathrm{d}H}{H}$$

将微分号改为误差号，各项取绝对值相加，得到相对误差为

$$\dfrac{\Delta V}{V} = 2\left|\dfrac{\Delta D}{D}\right| + \left|\dfrac{\Delta H}{H}\right| = \left(2 \times \dfrac{3}{3\ 608} + \dfrac{4}{1\ 703}\right) \times 100\% = 0.4\%$$

绝对误差为

$$\Delta V = \left(\frac{\Delta V}{V}\right) \times V = 0.4\% \times 17.412 \text{ cm}^3 = 0.07 \text{ cm}^3$$

最后结果为

$$V = (17.41 \pm 0.07) \text{ cm}^3$$

第五节　实验数据处理方法

物理实验是人为地创造出一种条件,按照预定的计划,以确定的顺序,重现一系列物理过程或物理现象,其目的是不仅要让学生受到严格的、系统的物理实验技能训练,掌握物理实验的基本知识、方法和技术,培养学生理论联系实际、分析和解决问题的能力,还要提升学生严谨的科学思维能力,塑造创新精神。

数据处理是指从获得的数据中得出结果的加工过程,包括记录、整理、计算、分析等处理方法。用简明而严格的方法把实验数据所代表的事物内在的规律提炼出来,就是数据处理。正确处理实验数据是实验能力的基本训练之一。根据不同的实验内容,不同的要求,可采用不同的数据处理方法。本节仅介绍物理实验中较常用的数据处理方法。

实验数据及其处理方法是分析和讨论实验结果的依据。在物理实验中,常用的数据处理方法有列表法、作图法、图解法、逐差法和线性最小二乘法等。

一、列表法

获得数据后的第一项工作就是记录。欲使测量结果一目了然,避免混乱,避免数据丢失,便于查对和比较,列表法是最好的方法。

制作一份适当的表格,把被测量和测量的数据一一对应地排列在表中,就是列表法。

列表法是记录和处理数据的基本方法,也是其他数据处理方法的基础,即将实验中测量的数据、计算过程数据和最终结果等以一定的形式和顺序列成表格。这些数据既可以是同一个物理量的多次测量值及结果,也可以是相关量按一定格式有序排列的对应的数值。

数据列表后,可以简单明确、形式紧凑地表示出有关物理量之间的对应关系,便于随时检查结果是否合理,及时发现问题,减少和避免错误,也有助于找出有关物理量之间规律性的联系,进而求出经验公式,也为用其他方法处理数据创造了有利条件。

列表的要求如下:

(1)写出所列表的名称,列表要简单明了,能显示出有关量之间的关系,便于处理数据。

(2)列表要标明符号所代表物理量的意义(特别是自定的符号),并写明单位。单位及量值的数量级写在该符号的标题栏中,不要重复记在各个数值上。表中所列为物理量的数值(纯数),因此表的栏头也应是一纯数,如 $a/(\text{m} \cdot \text{s}^{-2})$、$I/(10^3 \text{ A})$,其中物理量的符号用斜体字,单位的符号用正体字。为避免手写时正、斜体混乱,也可规定手写时物理量用汉字表示,如加速度$/(\text{m} \cdot \text{s}^{-2})$、电流$/(10^3 \text{ A})$。

(3)列表的形式不限,根据具体情况,决定列出哪些项目。有些个别的或与其他项目联系不大的数据可以不列入表中。除原始数据外,计算过程中的一些中间结果和最后结果也可以列入表中。

（4）表中所列数据要正确反映测量结果的有效数字。

（5）提供必要的说明和参数，包括表格名称、主要测量仪器的规格（如型号、量程、准确度级别、最大允许误差等）、有关的环境参数（如温度、湿度等）、引用的常量和物理量等。

列表举例见表1-2、表1-3。

表1-2　铜丝电阻与温度关系

温度 $T/℃$	10.0	20.0	30.0	40.0	50.0	60.0	70.0
铜丝电阻 R/Ω	10.4	10.7	10.9	11.3	11.8	11.9	12.3

表1-3　用伏安法测量电阻

测量序号 k	电压 U_k/V	电流 I_k/mA
1	0	0
2	2.00	3.85
3	4.00	8.15
4	6.00	12.05
5	8.00	15.80
6	10.00	19.90

注：电压表1.0级，量程为15 V，内阻为15 kΩ；毫安级电流表1.0级，量程为20 mA，内阻为1.20 Ω。

列表法常出现以下错误，要加以注意：

（1）没有提供必要的说明或说明不完全，造成后续计算中数据来源不明，或丢失了某些条件，日后将难以重复实验。

（2）横排数据，不便于前后进行比较。采用纵排数据的好处是可以使数据趋势一目了然，还可以在首行之后仅记变化的尾数。

（3）栏头概念含糊或错误，如将"U_k／V"写成"U_k（V）"或"U_k，V"等。

（4）数据取位过少，丢失有效数字，给继续处理数据带来困难。

（5）表格断成两截，达不到一目了然。

因此，要按照列表规则养成良好的列表习惯，避免出现以上错误。

列表法是最基本的数据处理方法，一个好的数据处理表格，往往就是一份简明的实验报告。因此，在表格设计上要舍得下功夫。

二、作图法

在研究两个物理量之间的关系时，把测得的一系列相互对应的数据及变化的情况用曲线表示出来，这就是作图法。

实验产生的大量数据，其相互之间的关系不是很直观，仅仅通过这些数据的观察很难发现其中蕴涵的科学规律,通过作图可以形象地、有联系地"看到"这些数据,从而更有效地进行处理分析与推理,这就是数据的"可视化"。它把形象思维和逻辑思维有机地联系起来,达到启迪思维、促进科学创新的目的。

为了使图线能够清楚地反映出物理现象的变化规律,并能准确地确定有关物理量的量值或求出有关常数,在作图时必须遵守以下规则。

(1)列表。按照一定的规则将作图的有关数据列成完整的表格,注意名称、符号及有效数字的规范使用。

(2)选择坐标纸。根据物理量的函数关系选择合适的坐标纸,通常有直角坐标纸、对数坐标纸、半对数坐标纸和极坐标纸等。本节以直角坐标为例介绍作图法,其他坐标可参考本节的原则进行。

坐标纸的大小及坐标轴的比例,要根据测得值的有效数字和结果的需要来定。原则上讲,数据中的可靠数字在图中应为可靠的。

常以坐标纸中的小格对应可靠数字最后一位的一个单位,有时对应比例可适当放大些,但对应比例的选择要有利于标出实验数据点和读取数值。最小坐标值不必从零开始,以便作出的图线大体上能充满全图,使图形布局美观、合理。

(3)标出坐标轴的名称和标度。对于直角坐标系,通常以横轴代表自变量,纵轴代表因变量,在坐标轴上标明物理量的名称(或符号)和单位,标注方法与表的栏头相同,如 $a/(\mathrm{m \cdot s^{-2}})$、$I/(10^3\ \mathrm{A})$ 等。

横轴和纵轴的标度比例可以不同,其交点的标度值不一定是零。

选择原点的标度值来调整图形的位置,使曲线不偏于坐标的一边或一角;选择适当的分度比例来调整图形的大小。

使图形充满坐标纸。分度比例要便于换算和描点。不要用 4 个格代表 1(单位)或用 1 格代表 3(单位),一般取 1,2,5,10,…。标度值按整数等间距(间隔不要太稀或太密,以便读数)标在坐标纸上。

(4)描点和连线。根据测量数据,在坐标纸上,用削尖的铅笔以"+""×""⊙""△""□"等符号标出,各测量数据坐落在"+""×"等符号的交叉点上。同一图上的不同曲线应当用不同的符号表示。

用透明的直尺或曲线板把数据点连成直线或平滑曲线。连线应反映出两物理量关系的变化趋势,不强求通过每一个数据点,但应使在曲线两旁的点有较匀称的分布。若确信两物理量之间的关系是线性的,或所有的实验点都在某一直线附近时,则可将实验点连成一条直线。

把实验点连成平滑曲线(仪表的校正曲线除外),使大多数的实验点落在图线上,其他的点在图线两侧均匀分布,相当于在数据处理中取平均值。对于个别偏离图线很远的点,应重新审核,分析后再决定是否剔除。

用曲线板连线的要领如下:看准四个点,连中间两点间曲线,依次后移,完成整个曲线。

(5)标注。作完图后,在图的明显位置上标明完整的图名、绘图人姓名和绘图日期,有时还要附上简单的说明,如实验条件等,使读者能一目了然,最后要将图粘贴在实验报告上。例如,图 1-6 为铜丝电阻与温度之间的关系曲线。

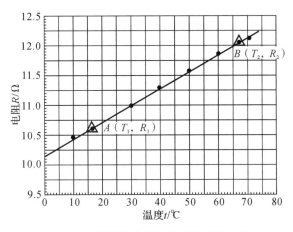

图 1 - 6　铜丝的电阻与温度的关系曲线

作图法适用于物理实验的全过程,对于物理思维、实验方法和技能的训练有着特殊的地位和作用,但作图法不是处理数据的唯一方法,不能在开始设计实验方案时就直接确定必须用作图法。

三、图解法

利用作好的图线,定量地求得待测量或得出经验公式的方法,称为图解法。例如:通过图中直线的斜率或截距求得待测量的值;通过内插或外推求得待测量的值;通过图线的渐近线,以及通过图线的叠加、相减、相乘、求导、积分、求极值等来得出某些待测量的值。

本节主要介绍直线图解法求斜率或截距,进而得出完整的直线方程,以及插值法求待测量的值。

实验中经常遇到的图线是直线、抛物线、双曲线、指数曲线、对数曲线。特别是当图线是直线时,采用此方法更为方便。

若在直角坐标纸上得到的图线为直线,并设直线的方程为 $y = kx + b$,则可用如下步骤求直线的斜率、截距和经验公式。

(1)在直线上选两点 $A(x_1, y_1)$ 和 $B(x_2, y_2)$。为了减小误差,A、B 两点应相隔远一些,但仍要在实验范围之内,并且 A、B 两点一般不选实验点。用与表示实验点不同的符号将 A、B 两点在直线上标出,并在旁边标明其坐标值。

(2)将 A、B 两点的坐标值分别代入直线方程 $y = kx + b$,可解得斜率为

$$k = \frac{y_2 - y_1}{x_2 - x_1}$$

(3)若横坐标的起点为零,则直线的截距可从图中直接读出;若横坐标的起点不为零,则可用下式计算直线的截距:

$$b = \frac{x_2 y_1 - x_1 y_2}{x_2 - x_1}$$

(4)将求得的 k、b 的数值代入方程 $y = kx + b$ 中,就得到经验公式。

下面介绍用图解法求两个物理量线性的关系,并用直角坐标纸作图验证欧姆定律。给

定电阻为 $R=500\ \Omega$，所得数据见表 1-4，电流与电压关系如图 1-7 所示。

表 1-4　验证欧姆定律数据表

次序	1	2	3	4	5	6	7	8	9	10
U/V	1.00	2.00	3.00	4.00	5.00	6.00	7.00	8.00	9.00	10.00
I/mA	2.12	4.10	6.05	7.85	9.70	11.83	13.78	16.02	17.86	19.94

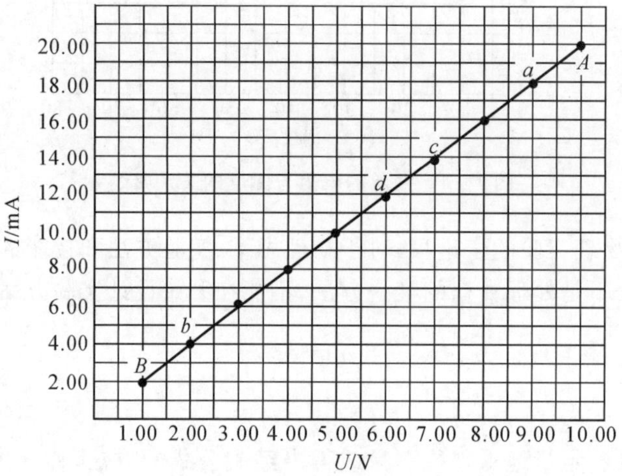

图 1-7　电流与电压关系

通过求直线斜率和截距得出经验公式时，应注意以下两点。

第一，计算点只能从直线上取，不能选用实验点的数据。从图 1-7 中不难看出，如用实验点 a、b 来计算斜率，所得结果必然小于直线的斜率。

第二，在直线上选取计算点时，应尽量从直线两端取，不应选用两个靠得很近的点。图 1-7 中若选 c、d 两点，则因 c、d 靠得很近，$(I_c-I_d)/(U_c-U_d)$ 的有效数字位数会比实测得到的数据少很多，这样会使斜率 k 的计算结果不精确。因此，必须用直线两端的 A、B 两点来计算，以保证较多的有效位数和尽可能高的精确度。

斜率计算公式为

$$k=\frac{I_A-I_B}{U_A-U_B}=\frac{(19.94-2.12)\ \text{mA}}{(10.00-1.00)\ \text{V}}=\frac{17.82\ \text{mA}}{9.00\ \text{V}}=1.98\times10^{-3}\ \frac{1}{\Omega}$$

因此，将 U_A-U_B 取为整数值可使斜率的计算方便得多。

在实际工作中，许多物理量之间的关系并不都是线性的，但仍可通过适当的变换而成为线性关系，即把曲线变换成直线，这种方法叫作曲线改直。作这样的变换不仅是由于直线容易描绘，更重要的是直线的斜率和截距所包含的物理内涵是我们所需要的，例如：

(1) $y=ax^b$，式中 a、b 为常量，可变换成 $\lg y=b\lg x+\lg a$，$\lg y$ 为 $\lg x$ 的线性函数，斜率为 b，截距为 $\lg a$。

(2) $y=ab^x$，式中 a、b 为常量，可变换成 $\lg y=(\lg b)x+\lg a$，$\lg y$ 为 x 的线性函数，斜率为 $\lg b$，截距为 $\lg a$。

（3）$pV=C$，式中 C 为常量，可变换成 $p=C(1/V)$，p 是 $1/V$ 的线性函数，斜率为 C。

（4）$y^2=2px$，式中 p 为常量，可变换成 $y=\pm\sqrt{2p}\,x^{\frac{1}{2}}$，$y$ 为 $x^{\frac{1}{2}}$ 的线性函数，斜率为 $\pm\sqrt{2p}$。

（5）$y=x/(a+bx)$，式中 a、b 为常量，可变换成 $1/y=a(1/x)+b$，$1/y$ 为 $1/x$ 的线性函数，斜率为 a，截距为 b。

（6）$s=v_0t+at^2/2$，式中 v_0、a 为常量，可变换成 $s/t=(a/2)t+v_0$，s/t 为 t 的线性函数，斜率为 $a/2$，截距为 v_0。

四、逐差法

若一物理量作等间距改变时测得另一物理量（看成函数）一系列的对应值，两物理量之间呈线性关系，为求得它们的函数关系，可以采用逐差法。逐差法处理数据需满足下述两个条件。

（1）自变量等间距变化；

（2）函数为线性关系或者可以写成多项式的形式。

用逐差法处理数据的方法如下。

（1）对应自变量的等间距变化，经过测量得到因变量 y 变化的 $2n$ 个数据，即

$$y_1,y_2,\cdots,y_n$$
$$y_{n+1},y_{n+2},\cdots,y_{2n}$$

（2）将两组数据的对应项相减，再求平均得

$$\bar{y}=\frac{(y_{n+1}-y_1)+(y_{n+2}-y_2)+\cdots+(y_{2n}-y_n)}{n}=\frac{1}{n}\sum_{i=1}^{n}(y_{n+i}-y_i)$$

式中：$\bar{y}$ 相当于间隔 n 项的平均值。

逐差法处理数据的优点：所测数据全部用上，相当于多次测量求平均值，从而减小了测量误差，提高了测量精度。

必须强调，用逐差法处理数据时，不能将相邻两项相减再求平均值。如果这样做，那么有

$$\bar{y}=\frac{(y_2-y_1)+(y_3-y_2)+\cdots+(y_{2n}-y_{2n-1})}{2n-1}=\frac{y_{2n}-y_1}{2n-1}$$

这时只有首位两个数据起作用，若这两个数据测得不准，则 $\bar{y}$ 的误差就会明显增大，同时白白损失了从 y_2 到 y_{2n-1} 的所有中间数据。

逐差法必须是隔几项等间距相差再求平均。当函数为线性关系时，利用相邻两项相差来随时检查测量数据是否合理十分方便，因为这时因变量也近等间距变化。逐差法应用广泛，在物理实验中经常用到。

【例 1-6】 用逐差法处理表 1-4 中的数据，求出电阻值，并建立 I 与 U 的函数关系。

解： 将表 1-4 中 I 的 10 个数据按大小分为两组，对应项相减，再求平均得

$$\bar{I}=\frac{1}{5}\sum_{i=1}^{5}(I_{5+i}-I_i)$$

$$=\{\frac{1}{5}[(11.83-2.12)+(13.78-4.10)+(16.02-6.05)$$

$$+(17.86-7.85)+(19.94-9.70)]\times10^{-3}\}\,\text{A}$$

$$=9.922\times10^{-3}\,\text{A}$$

五、线性最小二乘法（线性回归）

作图法在数据处理中很方便，但在图线的绘制上带有较大的任意性，所得的结果也常常因人而异，而且很难对它做进一步的误差分析。

从测量数据中寻求经验方程或提取参数，称为回归问题，是实验数据处理的重要内容。用作图法获得直线的斜率和截距、用逐差法求多项式的系数都是回归问题的处理方法，但作图连线受主观影响较大，逐差法又易受到自变量必须等间距变化的限制。

为了克服这些缺点，在数理统计中提出了直线拟合问题（或称一元线性回归问题），常用最小二乘法作为基础的实验数据处理方法。由于某些曲线型的函数可以通过适当的数学变换而改写成直线方程，因此这一方法也适用于某些曲线型的规律。

下面介绍用最小二乘法求经验公式中的常数的方法。

设在某一实验中，可控制的物理量取 $x_1, x_2, \cdots, x_m$ 值时，对应的物理量依次取 $y_1, y_2, \cdots, y_m$ 值。假定对 x_i 值的观测误差很小，而主要误差都出现在 y_i 的观测上。如果从 (x_i, y_i) 中任取两组实验数据，就可以得到一条直线，只不过这条直线的误差可能很大。直线拟合的任务便是用数学分析的方法从这些观测到的数据中求出最佳的经验公式 $y = kx + b$。按这一经验公式作出的图线不一定能通过每一个实验点，但是它是以最接近这些实验点的方式穿过它们的。

$$k = \frac{\bar{x}\,\bar{y} - \overline{xy}}{\bar{x}^2 - \overline{x}^2}$$

$$b = \bar{y} - k\bar{x}$$

式中：$\bar{x}$、$\bar{y}$ 分别是 x_i 的平均值和 y_i 的平均值。

将上式代入方程 $y = kx + b$ 中，得

$$y - \bar{y} = k(x - \bar{x})$$

由上式可以看出，最佳直线是通过 $(\bar{x}, \bar{y})$ 这一点的。因此，严格地说，在作图时应将点 $(\bar{x}, \bar{y})$ 在坐标纸上标出，作图的直尺以点 $(\bar{x}, \bar{y})$ 为轴心来回转动，使各实验点与直尺边线的距离最近而且两侧分布均匀，然后沿直尺的边线画一条直线，即为所求的直线。

必须指出，实际上只有当 x 和 y 之间存在线性关系时，拟合的直线才有意义。

注意：用最小二乘法处理前一定要先用作图法作图，以剔除异常数据；上面用这种方法计算出来的 k 和 b 是"最佳的"，但并不代表没有误差。

阅读材料——十大著名物理实验室

在物理学中，开展实验研究是重要的方式。物理实验室是进行物理教学和研究的场所，是科学的摇篮，是科学研究的基地，对科技发展起着十分重要的作用，是科技工作者向往和追随的地方。这些实验室往往代表了世界前沿基础研究的最高水平，诞生了一大批诺贝尔奖获得者和具有划时代意义的科技创新成果，是开展高层次学术交流的重要场所。下面介绍十个与物理学相关的具有代表性的实验室。

(一)卡文迪什实验室(Cavendish Laboratory)

卡文迪什实验室创建于 1871 年,1874 年建成,由当时的剑桥大学校长威廉·卡文迪什私人捐款建造,是世界上最有声望的物理学研究和教育中心之一,对物理学的发展起到了非常重要的作用,前后培养出 30 余位诺贝尔物理学奖、化学奖获得者,包括欧内斯特·卢瑟福、约瑟夫·汤姆逊、威廉·劳伦斯·布拉格、尼尔斯·玻尔、阿瑟·康普顿等。著名物理学家麦克斯韦(1831—1879 年)负责筹建这所实验室,1874 年实验室建成后他担任第一任实验室主任,直到他 1879 年因病去世。实验室的研究领域包括天体物理学、粒子物理学、固体物理学、生物物理学等。卡文迪什实验室是近代科学史上第一个社会化和专业化的科学实验室,催生了大量足以影响人类进步的重要科学成果,包括发现电子、中子,发现原子核的结构,发现脱氧核糖核酸(DeoxyriboNucleic Acid,DNA)的双螺旋结构等,为人类的科学发展做出了举足轻重的贡献。

(二)欧洲核子研究组织(European Organization for Nuclear Research,EONR)

欧洲核子研究组织创立于 1954 年,是规模最大的一个国际性的实验组织,位于瑞士日内瓦,为高能物理学研究提供了粒子加速器和其他基础设施,设立了资料处理能力很强的大型电脑中心,协助实验数据的分析,供全球其他地方的研究人员使用,形成了一个庞大的网络中枢。在联合国教科文组织的倡导下,其由欧洲 11 个国家从 1951 年开始筹划,现已有 26 个成员国。该研究组织建有两个国际研究所,供世界著名的科学家小组研究亚原子核的结构及其理论。除有许多先进而价格昂贵的试验设备外,该研究组织还有图书资料室,并出版《欧洲核研究组织信使》(月刊)和科学报告等。该研究组织先后建成质子同步回旋加速器、质子同步加速器、交叉储存环、超质子同步加速器、大型正负电子对撞机等,并拥有世界上最大的氢气泡室。

1983 年,在这里发现了 W 和 Z 玻色子,次年该研究组织的两位物理学家鲁比亚和范德梅尔获诺贝尔物理学奖。

(三)费米国家实验室(Fermi Laboratory)

费米国家实验室原名为国家加速器实验室,根据美国总统林登·贝恩斯·约翰逊于 1967 年 11 月 21 日签署的法案,由美国原子能委员会负责管理。为纪念 1938 年诺贝尔物理学奖得主恩利克·费米,该实验室于 1974 年 5 月 11 日被命名为费米国家实验室,是美国最重要的物理学研究中心之一,位于美国伊利诺伊州巴达维亚附近的草原上。该实验室隶属于芝加哥大学(University of Chicago)和大学研究协会(Universities Research Association,URA),并由这两个机构负责运作,其中 URA 由 90 所研究型大学组成。

1969 年 10 月 3 日,主环为 200 GeV(1 GeV=10 亿 eV)的质子加速器破土动工。1972 年 3 月 1 日,第一个能量为 200 GeV 的束流通过主环,使费米国家实验室产生了世界上最高能量的粒子。后来,费米国家实验室又开始建造质子-反质子对撞机——兆电子伏特加速器(Tevatron),其低温冷却系统在 1983 年投入运行时为当时世界上建造的最大的低温系统。Tevatron 先后产生了能量为 512 GeV、800 GeV、900 GeV 的束流。

费米实验室最为知名的也是 Tevatron,它是目前世界上能量输出第二高的粒子加速器,能将质子加速到接近光速,帮助科学家探索物质、空间和时间的奥秘。2001 年 7 月,物理学家在 Tevatron 上第一次直接观察到了 τ 中微子,从而开启了物理研究的一个新时代。

(四)贝尔实验室(Bell Laboratory)

贝尔实验室原名贝尔电话实验室,始建于 1925 年,总部在美国纽约(后迁至新泽西州的墨里黑尔),是一个在全球享有极高声誉的研究机构,主要宗旨是进行通信科学的研究。除了无线电电子学以外,贝尔实验室在固体物理学(其中包括磁学、半导体、表面物理学)、天体物理学、量子物理学和核物理学等方面都有很高水平。

自成立以来,贝尔实验室共获专利 26 000 多项,其中重大科研成果 50 多项,每年都要发表上千篇学术论文,造就了一大批优秀科学家。

贝尔实验室为全世界带来的创新技术与产品囊括了第一台传真机、按键电话、数字调制解调器、蜂窝电话、通信卫星、高速无线数据系统、太阳能电池、电荷耦合器件、数字信号处理器、单芯片、激光器和光纤、光放大器、密集波分复用系统、首次长途电视传输、高清晰度电视等,从 1939 年展示的 Ovodero 电子语音合成装置到现在最先进的语音合成及识别装置等都与贝尔实验室的研究相关。可以说贝尔实验室囊括了晶体管、激光器、太阳能电池、发光二极管、数字交换机、通信卫星、电子数字计算机、C 语言、UNIX 操作系统、蜂窝移动通信设备、长途电视传送、仿真语言、有声电影、立体声录音等成果,是许多重大发明的诞生地。

2000 年 3 月 23 日,贝尔实验室在北京成立了一个新的研究机构——贝尔实验室基础科学研究院(中国)。这是贝尔实验室有史以来第一次在美国本土之外建立研究院。其主要致力于应用技术领域的研究,通过发展应用创意,实现技术原型,将其应用技术向朗讯产品部门及朗讯全球服务部进行转移。在进行真正意义上的创新应用研究的同时,贝尔实验室基础科学研究院(中国)也关注互联网技术、软件、无线通信、光网络、计算机科学和应用数学等领域的基础研究,并与中国科学院大学、清华大学、复旦大学、上海交通大学等高校建立紧密联系。

(五)IBM 研究实验室(IBM Research Laboratory)

IBM 研究实验室也叫 IBM 研究部,它专门从事基础科学研究,并探索与产品有关的技术,其特点是将这两者结合在一起。

IBM 研究部下属四个研究中心:位于美国纽约的 Thomas J. Watson 研究中心、位于美国加州的 Almaden 研究中心、瑞士 Zurich 研究中心、日本东京研究中心。

瑞士 Zurich 研究中心建于 1956 年,是 IBM 在瑞士苏黎世建立的美国本土以外的首个实验室,其最大亮点就是拥有多元化和跨学科的研究团体,其中包括 330 名致力于长期研究的工作者,以及来自世界各地 30 多个国家的博士后和研究生。另外,该实验室还是行业解决方案实验室,是 IBM 整合多项领先技术和方案原型的试验场地,还诞生了不少重大的科学成果,获得了多项诺贝尔物理学奖,尤其是扫描隧道电子显微镜和高温超导的发现,具有重要意义。其他突出的创新成果有网格编码调制——彻底颠覆了通过电话线进行数据传输的方式、令牌——局域网标准的独创技术、安全电子交易(Secure Electronic Transaction, SET)——高安全的支付标准、智能 Java Card 技术等。

IBM 研究实验室诞生了两届诺贝尔物理学奖得主:一是发明扫描隧道显微镜的宾尼格与罗勒,二是发现金属氧化物的高温超导电性的贝德诺尔茨和缪勒。

(六)加州大学伯克利分校的劳伦斯·伯克利国家实验室(Lawrence Berkeley National Laboratory,LBNL)

劳伦斯·伯克利国家实验室是 1939 年诺贝尔物理学奖得主欧内斯特·奥兰多·劳伦斯于 1931 年建立的,是美国乃至世界核物理学的圣地,隶属美国能源部。

劳伦斯·伯克利国家实验室下设 18 个研究所和研究中心,研究的领域非常宽泛,涵盖生命科学、化学、物理学、工程学、数学、计算机科学等,在材料研究方面主要涉及纳米材料、磁性材料、薄膜材料、超导材料等。该实验室为美国第一颗原子弹及氢弹的研制提供了最原始、最基本的实验以及机械支持,对帮助判断什么是第二次世界大战的三个最有价值的技术开发项目(原子弹、低空爆炸信管和雷达)做出了贡献。

劳伦斯·伯克利国家实验室自建立以来,共培养了 5 位诺贝尔物理学奖得主和 4 位诺贝尔化学奖得主,成就包括发明了回旋加速器(欧内斯特·劳伦斯获得 1939 年诺贝尔物理学奖)、发现了锝元素(医学中最广泛应用的放射性同位素的第一个人造元素)、建造了 60 in (1 in=0.025 4 m)锝回旋加速器(诞生了克罗克辐射实验室和核医学)、发现了镎和钚(超铀元素,埃德温·麦克米伦和西博格获得 1951 年诺贝尔化学奖)、发现了碳 14(可用来测定人类史前古器物年代)、发明了第一台质子直线加速器(至今仍是肿瘤门诊用于治疗癌症的一种加速器)、发现了镥(一种放射性的稀土金属)、发现了反中子(使反物质或镜像物质扩大到包括电中性基本粒子)等。

特别是 2016 年 10 月,劳伦斯·伯克利国家实验室的一个研究团队打破了物理极限,将现有的最精尖的晶体管制程从 14 nm 缩减到了 1 nm,完成了计算技术界的一大突破。

(七)卢瑟福·阿普尔顿实验室(Rutherford Appleton Laboratory,RAL)

卢瑟福·阿普尔顿实验室是中心实验室理事会的成员之一,由多个实验室陆续合并而成,是一个国际著名的大型核物理、同步辐射光源、散裂中子源、空间科学、粒子天体物理、信息技术、大功率激光、多学科应用研究中心,位于英国的牛津郡。

该实验室现有雇员约 1 200 人,支持来自世界各地的约 10 000 名科学家和工程师们的工作。其主要设施用来从事新材料和结构的研究,如从电池电解质到涡轮叶片、X 射线激光器、基于空间的天体物理以及粒子物理和许多其他课题。

(八)北京正负电子对撞机国家实验室(BEPC)

北京正负电子对撞机国家实验室于 1988 年 10 月在中国科学院高能物理所建成,坐落于北京西郊八宝山东侧,占地 50 000 m²,由注入器(BEL)、输运线、储存环、北京谱仪(BES)和同步辐射装置(BSRF)等几部分组成。注入器是一台 200 m 长的直线加速器,可为储存环提供能量为 1.1~1.89 GeV 的正负电子束。输运线连接注入器和储存环,将注入器输出的正负电子分别传送到储存环里。储存环是一台周长为 240.4 m 的环形加速器,它将正负电子束流加速到光速,并加以储存。北京谱仪是对撞机的"心脏",在这里,正负电子束流按相反的方向以 125 万圈/s 的速度狂奔,并聚焦到大小只有头发丝 1/10 左右的空间内对撞,巨型机器犹如几万只眼睛,实时观测基本粒子对撞产生的"碎片"——次级粒子,并记录相关数据,对这些数据进一步分析、研究,探索这些粒子的性质和相互作用规律,便有可能观测到新现象和发现新粒子。同步辐射装置则位于储存环第三区和第四区,在这里,负电子经过弯转磁铁和扭摆器时发出的同步辐射光经前端区和光束线引至各个同步辐射实验站。

BEPC 的主要科学目标是开展 τ 轻子与粲物理和同步辐射研究。为此,BEPC 有两种运行模式:兼用模式用于高能物理对撞实验,同时也提供同步辐射光;专用模式专用于同步辐射研究。BEPC 凭借优异的表现和升级改造,打败了美国康奈尔大学,打造了目前陶-粲物理能区世界唯一也是最先进的正负电子对撞机。

北京正负电子对撞机国家实验室由 3 个前端区、9 条光束线和 11 个实验站组成,分别可开展形貌学实验、漫散射实验、小角散射、衍射、荧光分析、光电子谱学、光刻、生物谱学、高压衍射以及软 X 光应用等研究。BEPC/BES 是目前国际上工作在 J/Y 能区的唯一高亮度正负电子对撞机,因此 BEPC 也是重要的高能物理实验研究基地。

(九)超导国家重点实验室(中国科学院物理研究所)

超导国家重点实验室是我国超导研究的重要基地,也是国际国内超导学术合作与交流的重要窗口。该实验室承担着中国科学院、科技部和国家自然科学基金委员会等部门多个重大研究项目,在实验条件、研究水准、人才引进和培养等各个层面得到显著提高,已经发展成为具有一定规模和综合实力并具有国际影响力的实验室。多年来,超导国家重点实验室在高质量超导单晶制备、磁通动力学和机理问题研究中做出了卓越贡献。

2006 年年底,利用我国的自主知识产权和核心技术,超导国家重点实验室成功研制了国际首台超高能量分辨率真空紫外激光角分辨光电子能谱仪,并在对高温超导体的研究中取得重要成果。2008 年,新型铁基高温超导体的发现掀起了高温超导研究的另一波高潮,超导国家重点实验室在新型铁基超导材料的发现以及相关的物性研究中做出了举世瞩目的贡献。

该实验室研究涵盖前沿基础研究和应用基础研究两个方面。其研究方向包括新型超导材料的探索,超导机理和相关物理研究,以及薄膜制备和超导薄膜器件应用研究等。实验室现有 7 个研究方向:非常规超导体低能激发和混合态物理性质研究、微纳尺度超导体中物理现象的研究、新超导材料探索和相关机制研究、超导薄膜材料和器件的物理及应用、新型超导材料的电子谱学和光谱学研究、通过中子散射研究包括铁基和铜氧化合物高温超导体在内的强关联材料、利用核磁共振法研究超导功能和机制。

(十)强场激光物理国家重点实验室(中国科学院上海光学精密机械研究所)

强场激光物理国家重点实验室前身是中国科学院强光光学重点实验室,以中国科学院上海光学精密机械研究所为依托单位。2000 年,该实验室参加科技部组织的全国数理科学国家重点实验室、部门开放实验室评估,评估结果名列全国第二名,被评为优秀实验室。2005 年,其再次参加评估,又被评为优秀实验室,而且是全国评估参评实验室中唯一评出的优秀实验室。

该实验室主要从事激光物理,特别是强场激光物理及相关新前沿新方向的开拓研究,包括:新一代超强超短激光源物理与技术,强场超快极端条件激光物理的实验与理论,超强超短激光与物质的相互作用,量子相干操控原子与电子、强场高能量密度物理等新前沿新方向开拓,基于强场超快条件的超短波长相干辐射、激光核聚变等战略高技术的科学基础,相关探测新技术新方法及在材料、生命和信息科学中的交叉应用基础等。

该实验室致力于建成国际一流的著名激光物理研究中心之一,已经取得的重大研究进展包括:在超强超短激光的持续创新发展方面取得突破性进展,发明寄生振荡抑制等多项技术,研制成功世界最高峰值功率的飞秒拍瓦($1\ PW=10^{15}\ W$)级超强超快钛宝石激光系统,被《自然光子学》(*Nature Photonics*)杂志专栏报道,利用该装置在台式化激光核聚变等研究中取得国际领先水平重大实验成果;强场超快物理研究取得有重要国际影响的系统性原创成果,如周期量级超快强场极端条件的创立与时空新特性的发现、周期与亚周期时间尺度量子相干控制及阿秒($1\ as=10^{-18}\ s$)相干辐射新机制的发现等,为国际极端非线性光学等新领域的开拓与发展做出重要贡献;在可调谐中红外新波段强场相互作用新物理、新效应前沿研究领域的开拓探索中取得重要原创性发现,提出了相对论性超强激光场中高能电子与质子加速的新方案与新机制等;在国际顶尖物理学期刊上发表了一批高质量的论文,已得到广泛引用与高度评价,产生重要国际学术影响。

第二章 基本实验方法和技能

第一节 基本物理量的测量

物理学是一门高度定量化的实验科学,常常需要对各种物理量进行测量。对一个物理量的测量结果包括测得的数值和所用的单位,两者缺一不可。只有极少数的物理量是没有单位的纯数。物理量之间存在着各种联系,这些有规律的联系使我们不必对每个物理量的单位都独立地规定,只需选出一些最基本的物理量作为基本量,并为每一个基本量规定一个基本单位,其他物理量的单位则可以从它们与基本物理量之间的关系式(定义或者定律)导出。国际单位制(SI)规定了 7 个基本单位,它们是长度——米(m),时间——秒(s),质量——千克(kg),电流——安培(A),热力学温度——开尔文(K),发光强度——坎德拉(cd),物质的量——摩尔(mol)。除质量单位之外,其他基本单位的定义均建立在物理现象的基础之上。另外规定了 2 个辅助单位:平面角——弧度,立体角——球面度。其他一切物理量的单位都可以由这些基本单位和辅助单位导出。常用的导出单位可参阅中华人民共和国法定计量单位。本节主要介绍长度、时间、质量、温度、电流、发光强度 6 个基本量的定义、测量范围和方法。

一、长度

长度是最基本的物理量,是构成空间的最基本的要素。在 SI 中,长度的基准是米。一旦定义了米的长度,其他长度单位就可以用米来表示。

"米"制于 1791 年开创于法国,在法国天文学家捷梁布尔和密伸的领导下,对法国克尔克至西班牙的巴塞罗那进行了测量。1799 年,人们根据测量结果制成一根 3.5 mm × 25 mm 短形截面的铂制原器——铂杆。以此杆两端之间的距离定为 1 m,并交由法国档案局保管,所以也称"档案米",这就是米的最早定义。1889 年,在第一次国际计量大会国际计量大会(CGPM)上,把经国际计量局鉴定的第 6 号米原器(31 只临时制造的铂铱合金棒,其中有 90% 的铂,10% 的铱)在 0 ℃时最接近档案米的长度的一只选作国际米原器,并作为世界上最有权威的长度基准器保存在巴黎国际计量局的地下室中,其余的原器作为副尺分发给与会各国,成为各国的国家基准。

随着人们对客观世界认识的不断深入,科学技术的飞速发展,原有的长度标准已经无法满足人们的需求。实验证明光波波长是一种可取的长度自然基准,1960 年第十一届国际计量大会重新定义了米的标准:米的长度等于氪-86原子的$2p^{10}$和$5d^5$能级之间跃迁的辐射在真空中波长的1 650 763.73倍,其测量精度达到5×10^{-9} m,从而开创了以自然基准复现米基准的新纪元,中国也于1963年建立了氪-86同位素长度基准。

随着科学技术的发展,20世纪70年代以来,对时间和光速的测定都达到了很高的精度,以致米、秒无法相匹配。1983年,第十七届国际计量大会正式通过米的新定义:米是光在真空中1/299 792 458 s时间间隔内所经路径的长度。

这个新定义的特点是基本单位的定义本身与复现方法分开,这样有益于使复现方法随科学技术的发展而不断完善,其复现精度不断提高。

所谓长度测量,实际上是人们用尺子去度量空间。早期的量具和测量仪器都是机械式的,随着人们视野的扩大,对长度测量精度要求的提高,陆续创造出各种测量长度的仪器,其放大倍数愈来愈大,测量范围愈来愈广。20世纪初,除用机械构造来增加放大倍数以外,利用光学放大原理设计的光学测量仪器也逐步发展起来。从读数显微镜、投影仪开始发展到光学计、测长仪、万能工具显微镜以及各种干涉仪等。20世纪60年代以后,传感器、激光和电子技术的发展,使长度测量仪器和测量技术突飞猛进。例如,人造卫星激光测距仪(人造卫星激光雷达)的量程可达10^8 m以上,精确度可达1 cm。电子显微镜和扫描隧道显微镜等的分辨率为$10^{-1}\sim100$ nm,可测量原子、分子的几何尺寸。广义的长度测量,覆盖了整个物理学研究的尺度范围,小到微观粒子,大到宇宙深处($10^{-16}\sim10^{26}$ m),跨越了从微观粒子到现代天文学的整个研究领域。

长度测量包含了如此丰富的内容,人们根据被研究物体的尺寸划分了若干领域。对于不同研究领域的长度测量,可采用不同的实验方法和仪器装置。

二、时间

时间被定义为基本物理量之一,配以其他几个基本物理量可以推导出物理学中所有的物理量。时间测量在科学研究和日常生活中都有着极其重要的作用。

时间测量的基准经历了世界时、历书时,现已进入原子时。

1955年,英国皇家物理实验室研制成功了世界上第一台铯原子频率标准,此后每隔5年左右,时标的精确度就提高一个数量级,见表2-1。

表2-1　时标精确度

年份/年	1955	1960	1965	1970	1975
精确度/s	10^{-9}	10^{-10}	10^{-11}	10^{-12}	10^{-13}

原子钟的出现是时间计量史上的一次革命,它使时间计量标准由传统的天文学宏观领域过渡到一个崭新的物理学微观领域。

在1967年10月举行的第十三届国际计量大会上,通过国际单位制中秒的新定义:秒是铯-133原子基态的两个超精细能级间跃迁所对应辐射的9 192 631 770个周期的持续时间。

迄今为止,时间标准及其派生物——频率标准是被最精密定义和测量的量。近二三十年来,高精度时间或频率的测量方法和技术研究十分活跃,许多专门的测量仪器不断涌现,实用频标有铯原子钟、氢原子钟和铷原子钟。而光学频标、离子阱原子频标和铯原子喷泉频标等已成为时间测量研究的新热点。

20世纪80年代以来,我国成为世界八大先进授时国之一。我国采用的原子钟的精度为 3×10^{-13} s,已属国际先进行列,可为我国运载火箭、核潜艇、远程战略武器的发射、入轨、落区测控等提供高精度的时间频率信号,为电台和电视台提供标准时间,为卫星测距、定位、通信、导航和天文测量等许多方面做出贡献。原子钟不仅在上述领域得到广泛应用,而且在基础研究方面也大有用武之地,如用原子钟验证相对论和量子论,时间的精确确定导致长度标准的改变。1975年,第十五届国际计量大会决定,将光速定义为 $c = 299\ 792\ 456.2$ m·s^{-1};1983年,第十七届国际计量大会正式通过米的新定义:米是光在真空中 $1/299\ 792\ 458$ s 时间间隔内所经路径的长度,从此把时间和长度统一关联在原子上。根据定义,只要测量频率的精度提高,则长度单位的测量精度同时提高,无须另行定义,故具有划时代的意义。

随着时间测量方法和技术的改进,测量精度不断提高,新频标不断完善和实用化,原子钟将为人类和平与进步发挥更大的作用。

时间测量包含以下两个最基本的内容:

(1)时间间隔的测量。测量客观物质运动(或变化)的两个不同状态之间所经历的时间历程。

(2)时间的测量。测量客观物质在某一运动(或变化)状态的瞬间。

广义的时间测量指在 $10^{-24} \sim 10^{38}$ s 这一时间区域内的测量。因此,人们不可能用单一的物质运动来测量时间,而必须根据所要研究问题的实际情况,选用不同的时间测量仪器和方法。一般来说,最常用的时间测量在计时学和微计时学范围之内。

三、质量

质量是基本物理量之一。在SI中,质量的基准单位是千克(kg)。1889年,第一届国际计量大会决定,用铂铱合金制成直径为39 mm的正圆柱体国际千克原器(现保存在法国巴黎的国际计量局内),其他一切物体的质量均可与国际千克原器的质量进行比较而确定。

在原子物理中,还常用一种同位素——碳12(^{12}C)原子质量的1/12作为质量单位,称为原子质量单位(u),1 u = $1.665\ 402 \times 10^{-27}$ kg。

时空计量都已采用自然基准代替实物基准,自然基准取代实物基准将是科学发展的趋势。这是由于自然基准具有稳定性好、再现性好、易复制、不怕战争和自然灾害破坏等优越性,所以人们期待用原子质量基准代替实物基准(国际千克原器)。这个新基准可由一定数目的某一类型的原子组成,其集合质量为1 kg,但现在测量实物基准的测量精度高于测量给定质量中原子数目的精度,故仍以千克原器作为基准。

质量的范围很广,小到微观粒子,大到宇宙天体,大约横跨72个数量级。我们日常用的测量方法和手段,一般不超过 $10^{-7} \sim 10^{6}$ kg 的范围,最常用的仪器是各种称和天平。天平的测量原理基于引力平衡,因而测量的都是引力质量。

四、温度

温度是基本物理量之一。物体的各种宏观性质都与其冷热程度有关,即与温度有关。

温标是用以确定温度数值的规定。建立一种温标需要做三件事:选择一种物质(测温物质)的某一温度变化的属性(测温属性)以标志温度;选择参考点并赋予它指定的温度值;规定测温属性与温度的关系。用依照不同经验温标制成的不同温度计测量同一温度,除参考点外,所得数值多少会有些差别。理想气体温标和热力学温标是与测温物质无关的科学温标。

国际温标(ITS—90)是一种使用方便、容易实现,并与热力学温标高度一致的协议温标。1990 年,国际温标规定热力学温度(符号 T)的单位为开尔文(K)。开尔文定义为水的三相点热力学温度的 1/273.15。摄氏温度(符号为 t)定义为 $t(℃)＝T(K)－273.15$,摄氏温度的单位为摄氏度(℃)。

常用温度计有水银温度计、电阻温度计、温差电偶温度计、光学高温计等,使用时要确保它们对国际温标甚至热力学温标的偏差在允许的范围之内。

五、电流

电流是基本的物理量之一,以安培(A)为单位。国际计量标准定义电流为:在真空中截面积可忽略的两根相距 1 m 的无限长平行圆直导线内通过等量恒定电流时,若导线间相互作用在每米长度上为 $2×10^{-7}$ N,则每根导线中的电流为 1 A。实际上可以用电流天平法、磁共振法等所作的绝对测量复现电流单位。电流天平法是利用恒定电流通过标准尺寸线圈时所产生的力作用于天平一端,以标准砝码作用于另一端,求得线圈间作用力的数值,从而复现电流单位。磁共振法是在弱磁场中测量质子的旋磁比。

由于安培单位难以长期保持,且复现准确度不高,所以实际上使用复现准确度高的电压单位(V)和电阻单位(Ω)根据欧姆定律来保持电流单位。在世界各国的实验室中用标准电池组和标准电阻组来保持电压和电阻,作为体现电流单位的实物基础。

1962 年,国际计量委员会利用交流约瑟夫森效应建立了伏特的量子标准。1980 年,国际计量委员会发现在弱磁场、液氮温度下 n 沟道增强的 MOS 场效应管的表面反转层的霍尔电阻的量子化。国际计量委员会利用上面两项工作的结果和公式建立了国际电流单位的量子标准。实验室和工程技术中测量电流一般采用模拟式和数字式两大类仪表。

六、发光强度

发光强度是光度学中的基本物理量。光度学是研究可见光能量计量的科学,眼睛看不见的射线(X 射线、紫外线、红外线)和其他电磁辐射能量的计量称为辐射量度学,两者在研究方法和概念上的相同点很多。

早期发光强度的单位叫作"烛光",是以标准蜡烛的发光来定义的。1979 年,第十六届国际计量大会通过决议,规定发光强度的新定义——坎德拉(cd),是一光源在给定方向上的发光强度,该光源发出频率为 $540×10^{-12}$ Hz 的单色辐射,且在此方向上的辐射强度为 $1/683$ W · sr^{-1}。

测量发光强度的常用仪器有陆末-布洛洪光度计、本生油斑光度计以及浦耳弗里许光度计等。

第二节　基本实验方法

物理实验可分为三种类型:再现自然界的物理现象、寻找物理规律和对指定物理量的测量。其具体还可以细分为探索性实验与验证性实验、定性实验与定量实验、析因实验与判断实验、对比实验与模拟实验等。由此可以看出,物理实验与物理测量并非一回事,但任何物理实验几乎都离不开对物理量的测量,物理测量是物理实验的基础、关键和重点。因此,人们常把物理测量称为物理实验,而把归纳起来的有共性的测量方法称为物理实验方法。

物理实验方法是人们根据一定的目的和计划,利用仪器、设备等物质手段,在人为控制、变革或模拟自然现象的条件下,根据实验要求,尽可能地消除或减小系统误差以及减小随机误差,获得更为准确的测量值或结果的方法。而测量方法是指测量某一物理量时,根据测量要求,在给定条件下,尽可能地消除或减小系统误差以及减小随机误差,使测量值更为精确的方法。现代物理实验离不开定量测量,因此实验方法和测量方法两者相辅相成、相互依存,甚至无法严格区分。由于物理实验有许多类型,所以实验方法多种多样。本书仅就一些常见的实验方法做简单介绍。

一、比较法

比较法是测量方法中最基本、最常用的方法。它分为直接比较法和间接比较法。测量就是将待测物理量与规定的该物理量的标准单位进行比较,以确定待测量是标准单位的几倍,从而得到该待测量的测量值。

(一)直接比较法

(1)将待测量与标准量具进行直接比较测出其大小,称为直接比较法,如用米尺测量长度。直接比较法的测量精度受到测量仪器自身精度的限制,要提高测量精度就得提高量具的精度。有些物理量难以制成标准量具,就需要先制成与标准量值相关的仪器,再将这些仪器与待测物理量比较,这些仪器也可称为量具,如温度计、电表等。

(2)通过一定机械装置或电路使待测物理量与标准量具达到平衡、补偿或零示状态也可进行直接比较。在物理实验中常采用的有平衡比较(如物理天平等)、补偿比较(如电位差计等)、零示比较(如检流计等)。必须指出,要有效地运用直接比较法,应考虑下面两个问题:创造条件使待测量能与标准件直接对比;无法直接对比时,则视其能否用零示测量法比较,此时只要注意选择灵敏度足够高的平衡指示仪即可。

(二)间接比较法

许多物理量是无法通过直接比较而测出的,通常需要利用物理量之间的函数关系将待测物理量与同类标准量进行间接比较而得到待测物理量,这种方法称为间接比较法。间接比较法在测量中的应用是较为普遍的。例如:将待测电阻 R 与电源和电流表串接成一个回路,记下电流表的示数,用一可调标准电阻 R_0 替换待测电阻 R,调节 R_0 使电流表示数与接该电阻时相等,此时 R_0 的值即为待测电阻的阻值。磁电式电流表是利用通电线圈在磁场中受到的磁力矩与游丝的扭转力矩平衡时,电流与电流表指针的偏转角成正比制成的,通过电流表指针偏转角的间接比较,测出电路中的电流强度。

二、放大法

在实验中,常常会遇到一些微小量,此时若采取直接测量会带来很大误差,甚至无法进行。因此,需要把待测的物理量按一定规律加以放大再进行测量,这种方法称为放大法。放大法分为累计放大法、机械放大法、电磁放大法和光学放大法等。

(一)累计放大法

在待测物理量能够简单重叠的条件下,将它展延若干倍再进行测量的方法,称为累计放大法。例如,测单摆的周期时,先测出 100 次全振动的时间 t,则周期为 $t/100$。

(二)机械放大法

利用机械部件之间的集合关系,使标准单位量在测量过程中得到放大的方法,称为机械放大法。机械放大法可以提高测量仪器的分辨率,增加测量结果的有效数字位数。例如:螺旋测微器利用螺杆鼓轮机构,使仪器的最小刻度从 1 mm 变为 0.01 mm,从而提高测量精度。

(三)电磁放大法

在电磁学物理量的测量中,要对微弱的电信号进行有效的观察和测量,常需借助电子学中的放大电路以便于检测。另外,在非电学量测量中将被测量转换成电学量再进行放大,进而实现测量,几乎成为科技人员的惯用方法。例如:用霍尔效应法测磁场实验中,通过对放大的霍尔电压进行测量,以达到测量磁场的目的;用光电效应测普朗克常数时,将微弱的光电流通过微电流测量放大器放大后,再进行测量。

(四)光学放大法

光学放大法大体分两种:一种是使被测物体通过光学仪器(如微测目镜、读数显微镜等)形成放大的像,以便于观察判别;另一种是通过测量放大的物理量来获得本身较小的物理量。例如,光杠杆法就是一种常用的光学放大法。光学放大法不易受环境的干扰,它被广泛地应用于各个科技领域。

三、平衡法与补偿法

(一)平衡法

平衡状态是物理学中的一个重要概念。在平衡状态下,许多复杂的物理现象可以简单化,便于进行定性与定量研究。利于平衡状态测量待测物理量的方法,称为平衡法。例如,用等臂天平测量物体的质量,用惠斯登电桥测电阻,用的就是平衡法。

(二)补偿法

根据某一测量原理,提供一种可调的标准量来抵消所显现的作用进行测量的方法,称为补偿法。补偿法在实验中的应用比较广泛,例如:利用电位差计测电动势用的就是补偿法;在迈克尔逊干涉仪中,虽然两反光镜到半反射膜的距离相等,但由于两光路所经过的介质不完全相同,所以产生光程差。在加入补偿板后,将这一光程差补偿(抵消),使光路的光程对称。

由于补偿法可以减弱甚至消除某些测量状态产生的影响,可大大提高实验的精度,所以补偿法在精密测量和自动控制等方面得到广泛的应用。例如:用电压补偿法弥补因电压表在直接测量电压时引起被测支路电流的变化(电位差计);用温度补偿法弥补因某些物理量(如电阻)随温度变化而对测试状态带来的影响;用光程补偿法弥补光路中光程的不对称性,等等。

四、转换法

根据物理量之间的各种效应和定量函数关系,通过对相关物理量测量进而求出待测物理量的方法,称为转换法。转换法大致分为参量换测法与能量换测法两种。

(一)参量换测法

利用各种参量在一定条件下的相互关系及其变化规律来实现待测量的变换测量,称为参量换测法。例如,测定金属丝的杨氏弹性模量、用光栅测波长实验均属此种方法。

(二)能量换测法

电磁方法具有控制方便、反应速度快、灵敏度高并能进行自动记录和动态测量等优点,实验中可以利用物理学中物理量之间的各种效应与关系,把被测的非电量转化成电磁量进行测量,最后再求出非电量。这种利用能量变换将一种形式的能量转换成另一种形式的能量再进行测量的方法,称为能量换测法。此方法的核心是换能器。下面介绍几种典型的能量换测方法。

(1)热电换测。这是将热学量转换成电学量再进行测量的一种方法。例如,在导热系数的测定中,将温度的测量转换成热电偶温差电动势的测量。

(2)压电换测。通过压力和电压之间的变换进行测量。例如:产生超声波的探头(晶体换能器)具有压电效应,话筒能把声波的变化转换成相应的电压变化,扬声器则把电信号转换成声波;医用心电图是将心脏跳动对压电陶瓷(换能器)产生的压力转换成电压输出。

(3)光电换测。将光学量变化转换为电学量变化的测量称为光电换测。光电换测的变换原理是光电效应,光电效应可分为外光电效应、内光电效应和光生伏特效应。利用外光电效应做成的换能器有光电管、光电倍增管等。光电效应法测普朗克常量实验中用到的就是光电管。利用内光电效应做成的转换器有光敏电阻、光敏二极管和光敏三极管等。利用光生伏特效应做成的转换器就是光电池。光电池把光能直接转换成电能,因此可做电源用。

(4)磁电换测。这是磁学量与电学量之间的转换测量。磁感应强度直接测量很困难,利用磁电换测后,可使测量变得简便、快速。在具体测量中,可根据被测磁场的类型和强弱来选择合适的方法。例如:用霍尔元件测螺线管磁场实验中,利用霍尔效应把对磁感应强度的测量转换成对霍尔元件工作电流和电压的测量。此外,常用的方法还有冲击法和感应法。冲击法是将磁感应强度的测量转化为冲击电流计最大偏转角度的测量;感应法是将磁感应强度的测量转换为交变感应电动势有效值的测量。

五、模拟法

在科学研究中,很多课题不能实际地反复实验,或是受实验条件限制,许多物理过程难以真实再现或再现时很不经济,这时可以采用模拟法进行实验。如要设计一项水利工程,就不可能对设计的工程进行实地测试,只能先进行模拟。这种以相似理论为基础,不直接研究某物理现象或过程本身,而是用与该现象或过程相似的模型来进行研究的方法,称为模拟法。模拟法是弥补实验室有限条件的有效方法,可分为物理模拟、数学模拟和计算机模拟。

(一)物理模拟

保持同一物理本质的模拟方法即为物理模拟法。例如,用风洞(高速气流装置)中的飞机模型模拟实际飞机在大气中的飞行,用水泥造出河流的落差、弯道、河床的形状,一些不同形状的挡水状物,模拟河水流向、泥沙沉积、水坝对河流运动的影响等都属于物理模拟。

(二)数学模拟

两个不同本质的物理现象和过程,如果能用相同的数学表达式来反映它们的规律,就可以根据数学形式的相似而进行模拟,这种模拟方法称为数学模拟法。例如,在用模拟法描绘静电场实验中,由于反映稳恒电流场性质的场方程与反映静电场性质的场方程相似,所以用稳恒电流场来模拟静电场。

(三)计算机模拟

计算机模拟实验就是通过计算机控制仿真实验画面动作来模拟真实实验的过程。随着计算机多媒体功能的不断拓展,计算机模拟实验由单纯的过程模拟发展到具有很强真实感的仿真,因此也称为计算机仿真实验。计算机仿真实验利用计算机丰富了实验教学的思想、方法和手段,改变了传统的实验教学模式。

六、对称测量法

对称测量法是消除测量中出现的系统误差的重要方法。当系统误差的大小与方向确定(或按一定规律变化)时,在测量中就可以用对称测量法予以消除。例如,"正向"与"反向"测量,平衡情况下的待测量与标准量的位置互换,测量状态的"过度"与"不足"(如超过平衡位置与未达平衡位置的对称、过补偿与未补偿的对称)等,这类测量方法常常可以帮助测量人员消除部分系统误差。

(一)双向对称测量法

双向对称测量法对于大小及取向不变的系统误差,通过正、反两个方向测量,可起到加减相消的结果。例如:静态法测杨氏弹性模量实验中,通过对被测材料增加外力和减小外力的对称测量,可消除材料的弹性滞后效应引起的系统误差;霍尔效应法测磁场实验中,分别对霍尔片通过正向和反向电流的对称测量,可消除霍尔附加效应对测量结果的影响。

（二）平衡位置互易法

在应用平衡比较法测量时，将待测量与标准量位置互换，交换前后两次测得的数据，通过乘除来消除部分直接测量的系统误差。例如：天平称量时，对因天平两臂不等长而引起的系统误差，可通过交换被测物与砝码的位置来消除；电桥测量中，比较臂电阻的误差可通过交换比较臂电阻与被测电阻的位置来消除。

第三节 仪器调整方法与操作技术

实验仪器的基本调整方法和操作技术是一项重要的实验技能。很多实验仪器在使用之前都需要进行调整，以使其达到符合使用的状态，使仪器产生的系统误差减小到最低限度，从而保证测量结果的准确性和有效性；还有些精密加工的仪器易损坏，必须按照正确的操作方法使用；也有的仪器在使用时存在一定危险性，需要注意人身安全。实验仪器的基本调整方法和操作技术内容广泛，各种仪器有各自不同的使用方法和要求，但也有一些共同的操作规程。本节将介绍一些最基本的具有普遍性的调整方法和操作技术，对于一些具体仪器的使用方法将在后续章节中介绍。

一、水平或铅直调整

有些仪器在使用前必须进行水平或铅直调整，如平台的水平、物理天平底座调平、支柱的铅直等。水平调整通常借助水准仪，铅直的判断一般用悬锤。这类仪器通常在底座上装有2个或者3个调节螺丝，通过调节可调螺丝，借助观察水准仪或悬锤，使水准仪的气泡居中或悬锤的锤尖对准底座上的座尖，即可使仪器达到水平或铅直状态。

二、零位调整

由于搬运或长时间使用造成磨损等，易导致仪器的零位发生偏移，所以使用前需要进行零位检查和矫正，否则将给实验带来系统误差。一些本身有零位校准器的仪器，可直接进行调整，如电表；由于磨损原因，零位无法校准的仪器，如螺旋测微器、游标卡尺等，需要在使用前记下零点初读数，然后在测量结果中加以修正。

三、视差消除

使用某些仪器读取数据时，会遇到读数准线与标尺平面不重合的情况，如电表的指针。这时，当观察者的眼睛上下或左右移动时，标线与标尺刻度间会存在相对移动，读取的结果有所不同，即存在视差。正确的读数方法是：观察者的眼睛应正面垂直观测仪表进行读数。有的精密电表在刻度盘下装有平面反射镜，只有正面垂直观测时，指针和其平面镜中的像重合，才能读取正确数值。

消除视差在光学仪器的使用中尤为常见，如测微目镜、望远镜、读数显微镜等。观测物体时，像和叉丝存在视差，这时需要调节目镜与物镜的距离，边调节边移动眼睛观察，直到叉丝与像之间基本无相对移动时，即说明被测物体经物镜成像到叉丝所在的平面上，视差消除。

四、空程误差消除

有些仪器如测微目镜、读数显微镜等的读数装置是由丝杠和螺母的螺旋结构组成的,螺母和丝杠之间有螺纹间隙。开始测量或开始反向移动丝杠时,丝杠需要转动一定角度后才能和螺母啮合,这样一来,虽然与丝杠连在一起的鼓轮读数已经改变,但螺母带动的结构并未发生位移,从而引起读数误差,即空程误差。因此,在使用这类仪器时要注意消除空程误差。使用时,必须待螺母啮合后才能进行测量,并且整个读数过程中沿同一方向旋转,不可反转。

五、电学仪器调整方法和操作技术

电学实验需要用到电源、电表、电阻器等电学仪器,若操作不当,则不仅影响实验的正常进行,还会损坏仪器,甚至造成人身伤害。因此,使用电学仪器进行实验时,必须按照电学实验的基本操作规程和仪器调整方法进行实验,主要有以下几点:

(1)做好实验前的准备工作。①仪器初次使用或者相隔较长时间再使用时,应先将各旋钮开关旋动数次;②仪器仪表使用前,需明确使用的电源是交流电还是直流电,高压还是低压,明确仪器功率要求,仪表的正、负极;③接线前,各仪器应处于正确使用状态,如电源输出和分压器输出电压均置于最小位置,限流器阻值置于最大处,电表选择合适的量程挡位,电阻箱阻值不能为零,等等。

(2)合理布局、正确接线。①各仪器位置安放合理,便于接线和实验操作,将经常控制和读数的仪器置于操作者面前,开关放在易操作的地方;②接线时,要看清楚电路图中有几个回路,一般从电源正极开始,按高电势到低电势的顺序连接。若有支路,则应把第一个回路完全接好后,再接另一个回路。

(3)认真检查,排除故障。电路接好后要认真检查,确认无误后,经教师复查同意,方可接通电源进行操作。实验过程中,若发生异常,如有不正常声响、局部升温或嗅到绝缘漆过热产生的焦味等,则应立即切断电源,并报告教师进行检查,待故障排除后方可继续实验。

(4)正确使用电表。电表应根据待测量的大小选择合理量程挡位,若待测量大小不明确,则应先置于最大量程。测量时使被测量示值在量程的 1/2 到 2/3 范围内,此时测量准确度较高。刻盘式仪表读数时,眼睛应垂直正视指针。

(5)注意人身安全。实验中的电源通常是 220 V 的交流电或 0~24 V 的直流电,但也可能会用到一万伏以上的高压电源。人体一般接触 36 V 以上的电压时就会有危险。因此,实验过程中一定要注意用电安全,谨防触电事故发生。为此,实验中必须做到:①接线和拆线必须在断电状态下进行;②人体不能触摸仪器的高压带电部分;③不能用潮湿的手接触仪器、导线,仪器严禁水淋;④线路中各节点连接应牢固,电路元件两端不能直接接触,以防短路。

(6)实验完毕,归整仪器。实验完毕后,将电源电压调回零位,关闭各仪器开关。实验测量结果经教师检查无误后,即可拆除电路,并将仪器按要求放置整齐。

六、光学仪器调整方法和操作技术

光学仪器调节有一定难度,需要认真观察、分析,对实验步骤做到心中有数,按照科学的方法耐心细致地进行操作,不能盲目地乱调乱动。具体操作时经常会遇到以下问题:

（1）像的亮度调节。光经过玻璃、空气、液体等介质时，由于反射、吸收、散射，光能量受损失使光强减弱或成像模糊。如果成像不易看清，可从三个方面加以改善。①增加光源亮度，改善聚光情况，尽量消除或减小像差；②降低背景亮度，尽可能消除杂散光的影响，如增加光栏、改善暗室遮光条件等；③光源的电源电压是否稳定会影响光源发光的强度，因此当像的亮度有变化时，可考虑光源电源电压是否稳定。

（2）调焦。实验中当成像平面进退一段距离时，往往因看不出像的清晰度的明显变化而不易判断像的准确位置。这时可以将成像平面或透镜进退几次，找出像开始出现模糊的两个极限位置，然后取其中点，多调节几次即可得到较准确的结果。

（3）共轴调节。由多个透镜等元件组成的光路，必须使各个透镜的主光轴重合，透镜的主光轴与带有刻度的导轨平行，并使物体位于透镜的主光轴附近。一般共轴调节分为粗调和细调两个步骤。

另外，光学仪器一般均为精密测量仪器，机械部分装配较为精密，而光学系统部分一般是易损坏的玻璃部件。若使用不当，则会降低其光学性能甚至损坏报废。造成损坏的原因主要有破坏、磨损、污损、发霉、腐蚀等，为此，进行光学实验时要特别注意仪器的维护，必须严格遵守相关操作规则，做到以下几点。

（1）保护光学表面。光学表面是指仪器中光线透射、折射、反射的表面，一般均经过精细抛光或镀有薄膜。光学表面应严加保护，避免磕碰、磨损、沾污及化学腐蚀。为了加以区别，一般非光学表面均被磨成毛面。使用光学仪器时，应做到：①勿用手触摸光学表面，拿取时只能触及毛面，如透镜的侧面、棱镜的上下底面等。②注意保持光学表面的清洁，不要对着光学元件说话、打喷嚏、咳嗽等，不允许任何液体接触光学表面；使用完毕应加罩隔离，以免沾污灰尘。③光学表面有污渍或灰尘时，应先了解其是否有镀膜。若光学表面无镀膜，可在教师指导下用洁净的专用擦镜纸轻轻拂拭，有严重的污渍时，可用乙醚与酒精混合溶液清洗；若光学表面有镀膜，不宜清洗，应以擦拭为主。

（2）耐心操作，动作轻缓。使用光学仪器前，一定要了解仪器的正确使用方法和操作注意事项。使用时要有耐心，动作要轻、缓，严禁盲目、随意和粗鲁地进行操作，以免造成不必要的磨损。旋转螺杆等可动部件时切忌用力过大、速度过快。对于狭缝等精密零件要注意保护刀口，保证刀刃不被损坏（防止刀刃损坏）。

（3）合理摆放仪器。实验前，要熟悉各仪器的安放位置，尤其在暗室中进行实验时，应养成手贴桌面、动作轻缓的习惯，避免撞倒或带落仪器和光学元件。暂时不用的元件，应及时放回原处。

（4）正确使用光源。①光源均有各自所需的额定电压值，有的光源使用时还必须在电路中串联符合灯管要求的镇流器，因此使用前必须了解相关要求。②光源均有一定的使用寿命，燃灭次数对寿命有一定影响，因此使用时不可过早点燃，使用中要抓紧时间操作，用完及时熄灭。③为保护灯丝，使用中要防止震动，切断电源后不要立即拔下灯管。

第四节　常用实验仪器

一、MUJ－6B型电脑通用计数器

本机采用单片微处理器，程序化控制，是一种智能化仪器，可广泛应用于各种计时、计数、测频、测速实验中。本仪器具有记忆存储功能,可记忆多组实验数据,有四个操作键,设置可转换的十种功能。

(一)结构组成

(1)功能键:用于十种功能的选择或清除显示数据。按动功能键,仪器将进行功能选择,按住功能键不放,可进行循环选择。双击取数键,再单击功能键,可实现数据清零复位。

(2)转换键:用于测量单位的转换,挡光片宽度的设定及简谐运动周期值的设定。在计时、加速度、碰撞功能时:按转换键小于 1 s,测量值在时间或速度之间转换;按转换键大于 1 s,可重新选择所用的挡光片宽度为 1.0 cm、3.0 cm、5.0 cm、10.0 cm。

(3)取数键:使用计时 1、计时 2、周期功能时,仪器可自动存储前 20 个测量值;使用加速度、碰撞、重力加速度功能时,仪器可自动存储前 5 个测量值。取出存储数据:单击取数键,可依次显示数据存储顺序及相应值。清除存储数据:双击取数键,再单击功能键,可对存储数据的清除。

(4)电磁铁键:按此键可以控制电磁铁的通、断。

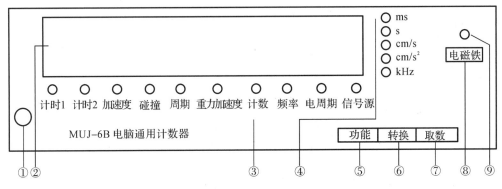

图 2 - 1　面板示意图

①—测频输入口;②—LED 显示屏;③—功能转换指示灯;④—测量单位指示灯;⑤—功能键;
⑥—转换键;⑦—取数键;⑧—电磁铁键;⑨—电磁铁通断指示灯

(二)使用方法

每次开机,挡光片宽度自动设定为 1.0 cm,使用的挡光片与用转换键设定的挡光片宽度应一致。(仅显示时间可忽略此项)

1.计时 1

测量对任一光电门的挡光时间。

2.计时 2

测量 P1 口或 P2 口光电门两次挡光的间隔时间(不是 P1 口、P2 口各挡光一次)及凹形挡光片通过 P1 口或 P2 口光电门的速度,可连续测量。

提示:测量时间应使用凹形挡光片。

3.加速度

测量凹形挡光片通过每个光电门的速度及通过相邻光电门之间距离的时间或这段路程

的加速度,光电门可随意接入 P1 口、P2 口。

做完实验,会循环显示下列数据:

1	第 1 个光电门
××××××	第 1 个光电门测量值
2	第 2 个光电门
××××××	第 2 个光电门测量值
1—2	第 1 至第 2 光电门
××××××	第 1 至第 2 光电门测量值

如连接 3 个或 4 个光电门时,将继续显示 3,2—3,4,3—4 段的测量值。

按下功能键可清零,进行新的测量。

4. 碰撞

进行等质量、不等质量碰撞实验。

在 P1 口、P2 口各接一个光电门,两个滑行器上安装相同宽度的凹形挡光片及碰撞弹簧,滑行器从气垫导轨两端向中间运动,各自通过一个光电门后碰撞。

做完实验,会循环显示下列数据:

P 1.1	P1 口光电门第 1 次通过
××××××	P1 口光电门第 1 次测量值
P 1.2	P1 口光电门第 2 次通过
××××××	P1 口光电门第 2 次测量值
P 2.1	P2 口光电门第 1 次通过
××××××	P2 口光电门第 1 次测量值
P 2.2	P2 口光电门第 2 次通过
××××××	P2 口光电门第 2 次测量值

如滑块 3 次通过 P1 口光电门,一次通过 P2 口光电门,本机将不显示 P2.2,而显示 P1.3,表示 P1 口光电门进行了 3 次测量。

如滑块 3 次通过 P2 口光电门,一次通过 P1 口光电门,本机将不显示 P1.2,而显示 P2.3,表示 P2 口光电门进行了 3 次测量。

按下功能键可清零,进行下一次测量。

5. 周期

接入一个光电门,测量简谐运动 1~9 999 周期的时间,可选用以下两种方法。

(1)不设定周期数:开机仪器会自动设定周期数为 0。完成一个周期,显示周期数加 1。按转换键即可停止测量。显示最后一个周期数约 1 s 后,显示累计时间值。按取数键,可提取每个周期的时间值。

(2)设定周期数:按住转换键,确认设定周期数时放开此键(只能设定 100 以内的周期数)。每完成一个周期,显示周期数会自动减 1。当完成最后一次周期测量时,会显示累计时间值。

显示累计时间值时,按取数键可显示本次实验每个周期的测量值。

待运动平稳后,按功能键,开始测量。

提示:此仪器只能记录前20个周期时间值。

6. 重力加速度

将电磁铁插头插入电磁插口,两个光电门接入 P2 光电门插口,按动电磁铁键,电磁指示灯亮,吸上钢球;再按动电磁铁键,电磁指示灯灭,钢球下落计时开始,钢球下部遮住光电门,计时器计时。

显示结果:

1	第1光电门
×××××	t_1 值
2	第二光电门
×××××	t_2 值

第3个光电门插在 P1 口光电门内侧插口,还可测到第3个数值。按功能键或电磁铁键,仪器可清零。

7. 计数

测量光电门的遮光次数。

8. 测频

可测量正弦波、方波、三角波。

将本机附带的测频输入线连接在前面板测频输入口上,另一端的红黑两色夹子分别夹在被测信号的输出端及公共地线上。

在周期功能时,按转换键可转换到测频功能。

当被测信号大于 1 MHz,如显示 5 628.86 kHz,需查看尾数时,按取数键将会在显示屏左端显示×。则此次测量值应为 5 628.86×kHz。

9. 电周期

$TD=1/f$,频率较低时,用电周期测量频率较准确。

连接方法见测频。

10. 信号源

将信号源输出插头,插入信号源输出插口,可输出频率为 10.000、1.000、0.100、0.010、0.001 单位为 kHz 的方波信号,按转换键可改变电信号的频率。

如果测试信号误差较大,请检查本仪器地线与测试仪器地线是否相连接。

二、物理天平

物理天平是利用杠杆原理通过与标准砝码比较来测量质量的仪器。

(一)结构组成

物理天平的外形如图 2-2 所示,它主要由横梁、底座、带有标尺的支柱以及两个秤盘组成。天平的横梁上有 3 个刀口,中间的刀口安放在支柱顶端的刀垫上,刀垫用玛瑙或硬质合金钢制成。左右两端的刀口用来安装秤盘,横梁下面固定一根指针,当横梁摆动时,指针的尖端在支柱下方的标尺前左右摆动。标尺下方有一制动旋钮,可使横梁上升或下降。横梁下降时制动架将它托住,以免磨损刀口,横梁两端有两个平衡螺母,用于天平空载时调整平衡。横梁上装有游码,用于 1 g 以下的称衡。支柱左边有一托盘,用来托住不需称衡的物体。底座上的水准仪用来显示底座是否处于水平状态,底座螺丝用来调节底座水平。

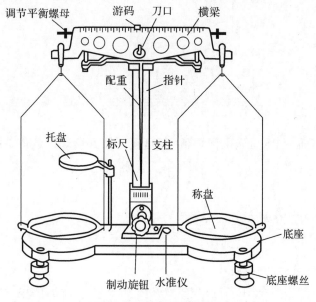

图 2－2　物理天平构造

天平的规格由以下两个参量来表示:

(1)感量:指天平平衡时,为使指针产生可觉察的偏转在一端需加的最小质量。感量越小,天平越灵敏,感量也就是天平的最小分度值。

(2)称量:指允许称衡的最大质量,即最大载荷。

(二)使用方法

(1)调底座水平:使用前必须调整天平底座上的两个底座螺丝,使底座上水准仪中的水泡居中。

(2)预置:将秤盘挂放在刀口上,游码置于零位置。

(3)调零:顺时针转动制动旋钮支起横梁,指针应停在标尺中央或相对中央刻度线作对称摆动。若指针偏向某一边,则应先逆时针转动制动旋钮降下横梁,再调节横梁两端的平衡螺母,直到支起横梁时指针指向标尺中央或在中央作对称摆动,这时天平就达到了空载平衡。

(4)称衡:在天平制动状态下,左盘中放置待测物体,右盘中放置砝码。轻轻启动天平,根据天平横梁两端的倾斜情况,酌情增减砝码(注意增减砝码时,要先降下横梁),直到天平横梁两端上下摆动幅度接近。再通过观察指针在标尺中央刻度左右摆动的幅度,判断天平的平衡情况。通过增减砝码,调节游码,直到天平达到平衡(指针指向标尺中央或在中央作对称摆动)。当天平平衡时,待测物质量就等于砝码的质量加上游码所对应的刻度。

(5)归位:全部称衡完毕,将秤盘摘离刀口并置于刀口里侧。

(三)注意事项

(1)待测物体质量不得超过量程。

(2)取放砝码和拨动游码只准用镊子,严禁手拿砝码、手拖动游码;从秤盘中取下砝码,应立即放回砝码盒中。

(3)在取放物体、砝码、调节平衡螺母、游码及不使用天平时,都必须将天平处于制动状态,只有在判断天平是否平衡时才启动天平;启动、制动天平时,动作要轻,尽量使天平保持平稳,最好在天平指针摆到接近刻度尺中间时制动。

(4)天平的砝码及各个部分都要防锈、防蚀,高温物体、液体及带腐蚀性的化学药品不得直接放在秤盘中称量。

三、气垫导轨

气垫导轨是应用气垫进行力学实验的装置,它可以消除导轨对运动物体(滑行器)的直接摩擦。

(一)结构组成

气垫导轨由导轨、滑行器、光电门等主要部件组成,其全貌如图 2-3 所示。

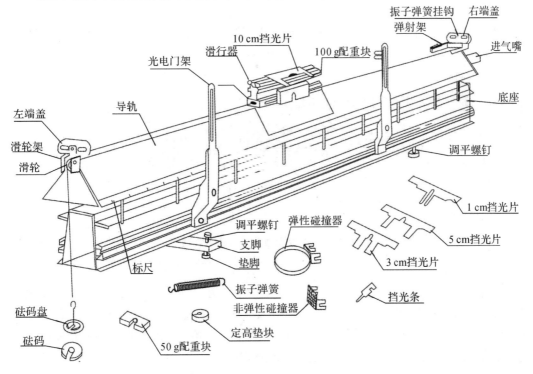

图 2-3 气垫导轨构造及其配件示图

气垫导轨的主体是一根水平放置的空心三棱柱形铝导轨。一端密封，另一端通入压缩空气。在气垫导轨的两个上表面上钻有很多排列整齐的小孔，通入的压缩空气由小孔喷出，在滑行器和气垫导轨之间形成薄薄的空气层(气垫)，滑行器就浮在气垫上。滑行器的下表面与导轨的上面是经过精密加工严密吻合的。由于气垫的存在，滑行器可在导轨上作近乎无摩擦的运动。滑行器的两端和导轨两端的挡块上都可以装上弹性碰撞器，滑行器便可在两端弹性碰撞器间沿导轨来回运动。导轨底部装有调节螺钉，用以调节导轨水平。

(二)注意事项

气垫导轨是精密实验仪器，使用时应注意以下几点：

(1)未通气时，不允许将滑行器放在导轨上滑动；

(2)改变滑行器在导轨上的位置时，严禁直接拖拽滑行器，应该轻轻拿起，再放到需要放的位置；

(3)往滑行器上连接细线，调整挡光片在滑行器上的位置，或调整滑行器质量时，必须把滑行器从导轨上取下，待调整好后再放上去；

(4)导轨表面与其接触的滑行器内表面都是经过精加工的，两者配套使用，不得任意更换；

(5)在实验中严防敲、碰、划伤导轨，以免破坏导轨表面的光洁度和平直度；

(6)使用完毕，应先取下滑行器再关掉气源；

(7)实验完毕，将导轨擦净，罩上防尘罩。

四、螺旋测微器

螺旋测微器又称千分尺(Micrometer)、螺旋测微仪、分厘卡，是比游标卡尺更精密的测量长度的工具，用它测长度可以准确到 0.01 mm，测量范围为几个厘米。

(一)结构组成

图 2-4 为螺旋测微器的结构示意图。

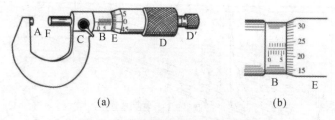

(a)　　　　　　　　　　(b)

图 2-4　螺旋测微器的结构示意图

A—测砧；B—固定刻度；C—尺架；D—旋钮；D′—微调旋钮；E—可动刻度；F—测微螺

如图 2-4 所示，图中 F 为测微螺杆，它的活动部分加工成螺距为 0.5 mm 的螺杆，当它在固定套管的螺套中转动一周时，螺杆将前进或后退 0.5 mm，尺架 C 和螺杆连成一体，螺套周边有 50 个分格。螺杆转动的整圈数由固定套管上间隔 0.5 mm 的刻线去测量，由主尺上直接读出，不足 0.5 mm 的部分由活动套管周边的刻线去测量，最终测量结果需估读一位小数。因此用螺旋测微器测量长度时，读数也分为两步，即

(1)从活动套管的前沿在固定套管的位置，读出主尺数(注意 0.5 mm 的短线是否露出)。

（2）从固定套管上的横线所对活动套管上的分格数，读出不到一圈的小数，二者相加就是测量值。

螺旋测微器的尾端有一微调旋钮 D'，拧动微调旋钮可使测杆移动，在测杆和被测物相接后的压力达到某一数值时，棘轮将滑动并有咔咔的响声，活动套管不再转动，测杆也停止前进，这时就可以读数了。

（二）工作原理

螺旋测微器是依据螺旋放大的原理制成的，即螺杆在螺母中旋转一周，螺杆便沿着旋转轴线方向前进或后退一个螺距的距离。因此，沿轴线方向移动的微小距离，就能用圆周上的读数表示出来。

螺旋测微器的精密螺纹的螺距是 0.5 mm，可动刻度有 50 个等分刻度，可动刻度旋转一周，测微螺杆可前进或后退 0.5 mm，因此旋转每个小分度，相当于测微螺杆前进或后退 0.5/50 mm＝0.01 mm。可见，可动刻度每一小分度表示 0.01 mm，因此螺旋测微器可准确到 0.01 mm。由于还能再估读一位，可读到毫米的千分位，所以又名千分尺。

（三）使用方法

（1）使用前应先检查零点。缓缓转动微调旋钮 D'，使测微螺杆 F 和测砧 A 接触，到棘轮发出"咔咔咔"三声为止，此时可动尺（活动套筒）上的零刻线应当和固定套筒上的基准线（长横线）对正，否则有零误差。

（2）左手持尺架 C，右手转动粗调旋钮 D 使测微螺杆 F 与测砧 A 间距稍大于被测物，放入被测物，转动微调旋钮 D' 到夹住被测物，直到棘轮发出"咔咔咔"三声为止，拨动固定旋钮 G 使测杆固定后读数。

（四）读数方法

（1）先读固定刻度；

（2）再读半刻度，若半刻度线已露出，则记作 0.5 mm；若半刻度线未露出，则记作 0.0 mm；

（3）再读可动刻度（注意估读），记作 $n \times 0.01$ mm；

（4）最终读数结果为固定刻度＋半刻度＋可动刻度。

（五）注意事项

（1）测量时，要在测微螺杆 F 快靠近被测物体时应停止使用旋钮 D，而改用微调旋钮 D'，避免产生过大压力，既可使测量结果精确，又能保护螺旋测微器。

（2）读数时，要注意固定刻度尺上表示半毫米的刻线是否已经露出。

（3）读数时，千分位有一位估读数字，不能随便舍去，即使固定刻度的零点正好与可动刻度的某一刻度线对齐，千分位上也应读取为"0"。

（4）当小砧和测微螺杆并拢时，可动刻度的零点与固定刻度的零点不相重合，将出现零误差，应加以修正，即在最后测长度的读数上去掉零误差的数值。

（六）使用和保养

（1）检查零位线是否准确；

（2）测量时需把工件被测量面擦干净；

（3）工件较大时应放在 V 形铁或平板上测量；

（4）测量前将测量杆和砧座擦干净；

（5）拧活动套筒时需用棘轮装置；

（6）不要拧松后盖，以免造成零位线改变；

（7）不要在固定套筒和活动套筒间加入普通机油；

（8）用后擦净上油，放入专用盒内，置于干燥处。

五、游标卡尺

使用米尺测量长度时，虽然可以读到 1/10 mm 位，但这一位是估读的。

为了提高测量的精度，在主尺（毫米分度尺）上装一个可沿着主尺滑动的副尺（称为游标），构成游标卡尺。使用游标卡尺测量长度时，不用估读就可以准确地读出最小分度的 1/10、1/20、1/50 等。游标卡尺（Vernier Caliper）是一种常用的测量长度的精密仪器，除了可用来测量物体的长度 l，还可以用来测量深度 h、内外径 r 等。

（一）结构组成

游标卡尺的结构如图 2-5 所示。游标卡尺主要由主尺和附在主尺上能自由滑动的游标两部分组成，具体可分为主尺、钳口、卡口和深度尺。其中，主尺 D 为钢制毫米分度尺；一对钳口 A、B 可用来测量长度、外径，当钳口 A、B 靠拢时，游标零线刚好与主尺零线对齐，读数为"0"；一对刀口 A′、B′可用来测量内径、槽宽等；深度尺（尾尺 C）可测量孔或槽的深度。

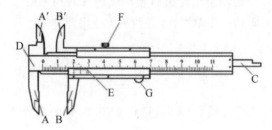

图 2-5 游标卡尺结构示意图

A,B—钳口；A′,B′—刀口；C—深度尺；D—主尺；E—游标；F—紧固螺钉

游标卡尺是最常用的精密量具，使用时应注意保护，推游标时不要用力过大。使用游标卡尺时用左手拿待测物体，右手握尺，用拇指按着游标上突起部位 G，或推或拉，把物体轻轻卡在钳口或刀口间即可读数，如图 2-6 所示。不要把被夹紧的物体在钳口（或刀口）间扭动，以免磨损钳口（刀口）。

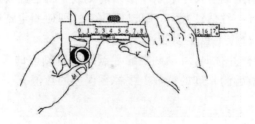

图 2-6 游标卡尺的使用方法

(二)工作原理

游标卡尺有 10 分度、20 分度和 50 分度之分。另外,还有弯弧状游标(分光计,其工作原理和读数方法是一样的)。如果用 a 表示主尺分度值,n 表示游标的分度数,b 表示游标分度值,则 n 个游标分度与主尺上 $Mn-1$ 个分度的长度相等,其中 M(称为游标系数)等于 1 或 2,因此,每一个游标分度值 b 为

$$b = \frac{(Mn-1)a}{n}$$

这样主尺上 M 个分度值 Ma 与游标上一个分度值 b 之差为

$$h = Ma - b = Ma - \frac{(Mn-1)a}{n} = \frac{a}{n}$$

式中:h 就是游标卡尺的分度值,它等于主尺分度值的 $1/n$。

表 2-2、表 2-3 分别列出了几种常见游标卡尺的规格及其示值误差。

表 2-2　几种常见游标卡尺的类型

游标卡尺分度数值 h/mm	主尺分度值 a/mm	游标分度值 b/mm	游标分度数 n	游标系数 M	游标总长度 nb/mm
0.1	1	0.9	10	1	9
	1	1.9	10	2	19
0.05	1	0.95	20	1	19
	1	1.95	20	2	39
	0.5	0.45	10	1	4.5
0.02	1	0.98	50	1	49
	0.5	0.48	25	1	12

表 2-3　游标卡尺的示值误差

测量范围/mm	分度值/mm		
	0.02	0.05	0.1
	示值误差/mm		
0~300	±0.02	±0.05	±0.1
300~500	±0.04	±0.05	±0.1
500~700	±0.05	±0.075	±0.1
700~900	±0.06	±0.10	±0.15
900~1 000	±0.07	±0.125	±0.15

游标卡尺的分度值一般都刻在副尺上,使用 10 分度、20 分度和 50 分度的游标卡尺,可分别读到 0.1 mm、0.05 mm 和 0.02 mm,不允许估读。在测量物体的长度时,应先读主尺,再读游标,找到游标上哪一根刻线与主尺上的刻线对齐,比如第 k 根游标刻线与主尺某刻

线对齐,那么 $\Delta L = kh$,二者相加为物体的长度,即

$$L = L_0 + \Delta L = L_0 + kh$$

图 2-7 是某 50 分度游标卡尺的读数实例。图中游标零线前主尺的毫米整数是 2 cm,也即 22 mm,游标第 44 刻线与主尺刻线正好对齐,因此被测物体的长度为

$$L = (22 + 44 \times 0.02) \text{ mm} = 22.88 \text{ mm}$$

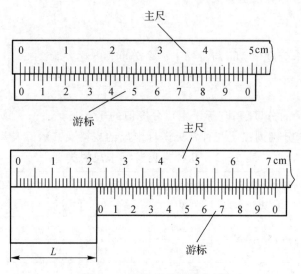

图 2-7 游标卡尺读数实例

六、分光仪

分光仪(又叫分光计)是一种测量角度的光学仪器,通过测量光线角度的变化,可以间接地获得折射率、光波波长、色散率等物理参数。分光仪是精密的测量工具,使用时必须严格按规则调整。

对初学者来说,由于调节的步骤较多,往往会感到困难,但只要在实验中注意观察现象、深入思考,并运用理论分析来指导操作,也可实现调节。

(一)结构组成

分光仪使用时涉及 3 种仪器和器件,包括 FGY-01 型分光仪、平行平面镜(调整辅助用)、GY-5 型钠光灯(光源)等。

1. 外部结构

分光仪由望远镜、平行光管、载物台、读数装置 4 个部分组成,如图 2-8 所示。

(1)望远镜。望远镜用于观察平行光线,其观察角度可以调整。其主要包括目镜、物镜、分划板套筒及其固定螺丝、倾角调节及其固定螺丝等。调整观察角度时,需松开望远镜固定螺丝;如果需要精确对准观察对象,就需拧紧望远镜固定螺丝,再调整望远镜微调螺丝。其外部结构如图 2-9 所示。

(2)平行光管。平行光管用于提供入射平行光线,其入射方向始终朝向中心,即平行光管不能转动。其主要包括物镜、狭缝套筒及其固定、缝宽调节、倾角调节及其固定等。其外部结构如图 2-10 所示。

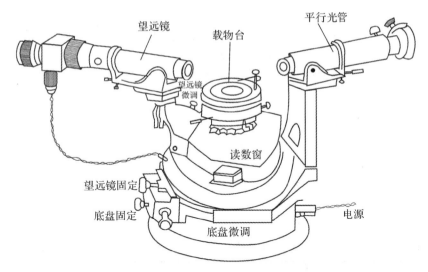

图 2 - 8　分光仪整体结构示意图

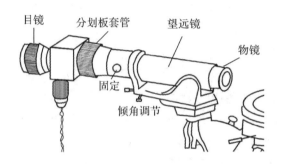

图 2 - 9　望远镜外部结构示意图

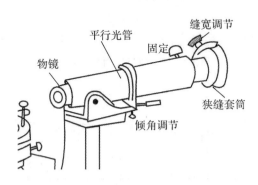

图 2 - 10　平行光管外部结构示意图

（3）载物台。其用于放置测量及调整用光学器件,主要包括载物台基座及台面、升降调节、水平调节、载物台锁紧、压杆及其锁紧等。其外部结构如图 2 - 11 所示。

（4）读数装置。其用于进行角度数据读取。本型号仪器读数盘封装在仪器内部,读数时需通过"读数窗"进行。

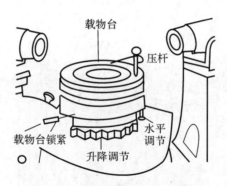

图 2-11 载物台外部结构示意图

2.内部结构

(1)望远镜内部结构。望远镜的内部部件如图 2-12 所示,主要由目镜、物镜、分划板、小棱镜和照明灯组成,分划板和小棱镜是望远镜中主要器件,如图 2-13 所示,"1"为分划板,上有双十字叉丝,OX、$O'X'$和OY,"2"为全反射小棱镜。它与分划板的接触面上有一层不透光的薄膜,薄膜上刻有一个透光的小十字窗称为亮十字,其中心点为 A,叉丝 $O'X'$ 与 OY 的交点为 O',并且 $AO=OO'$。

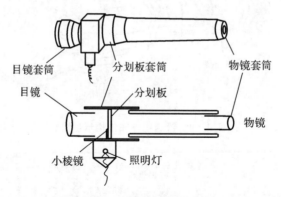

图 2-12 望远镜内部结构图

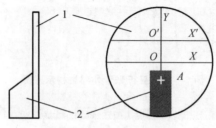

图 2-13 分划板结构图

（2）平行光管的内部结构。平行光管由透镜、透镜套筒、狭缝、狭缝套筒等部分组成，如图2-14所示。狭缝套筒上有"缝宽调节"旋钮。

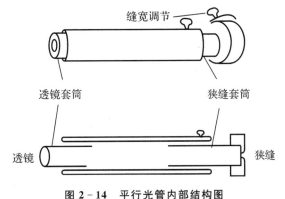

图2-14 平行光管内部结构图

(二)调整方法

分光仪是用来精密测量角度的仪器，测量角度的刻度盘与仪器转轴垂直，其调整目标为：

（1）平行光管透射平行光，望远镜接收平行光；

（2）平行光管和望远镜的光轴呈同轴状态；

（3）平行光管和望远镜的光轴垂直于仪器转轴；

（4）载物台台面垂直于仪器转轴。

调整步骤为：

（1）粗调。用目测的方法进行分光仪初步调节，这是确保分光仪调节顺利进行的重要步骤，具体操作按表2-4进行。

表2-4 操作表一

调节要求	调整部件图	操 作
①调节望远镜光轴与仪器轴基本垂直（注：仪器转轴是固有的，不可调）		松开望远镜的固定螺丝 W_1，调节望远镜上下倾斜度螺丝 W_2，使望远镜光轴和下方支架直边平行
②调节平行光管的光轴与仪器转轴基本垂直	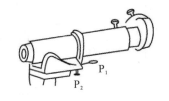	松开平行光管的固定螺丝 P_1，调节平行光管上下倾斜度螺丝 P_2，使平行光管的光轴和下方支架直边平行

续表

调节要求	调整部件图	操作
③调节载物台高度适宜,台面与仪器转轴基本垂直	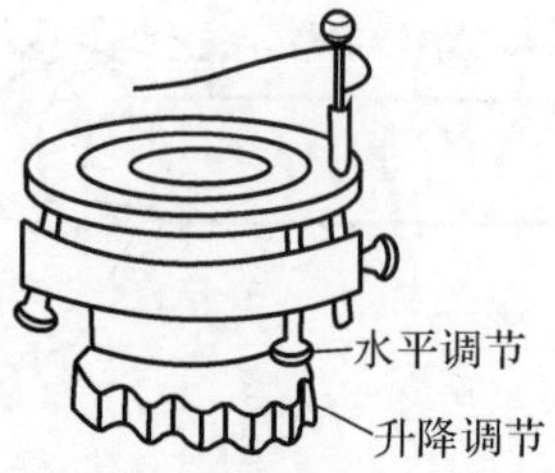 水平调节 升降调节	拧松载物台下面的升降调节螺母,上下移动载物台使其高度适宜后,再拧紧升降调节螺母即可。 调节三个水平调节螺丝,使它们露出平台的螺纹数大致相同
④调节望远镜光轴与平行光管光轴在一条直线上,并通过仪器转轴的中心(注:学生不需操作此步骤)	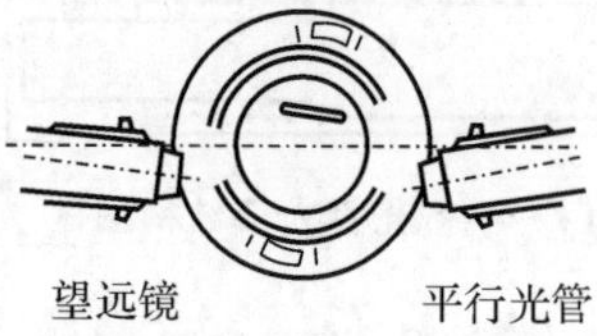 望远镜　　　平行光管	将望远镜转至对准平行光管的位置,然后调节望远镜的左右偏斜度和平行光管的左右偏斜度,使望远镜、平行光管的光轴在同一直线上,并通过仪器转轴中心

(2)细调。

1)望远镜调节的准备步骤。具体操作按表2-5进行。

表2-5　操作表二

操作	现象观察	操作
①接通电源,点亮照明灯	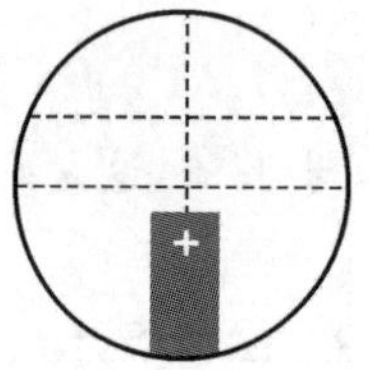 +	观察望远镜视野,照明灯泡使叉丝平面发亮,同时读数盘可以看到
②旋转目镜套筒,调节目镜和分划板间的相对位置	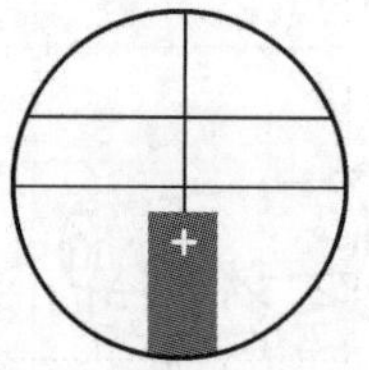 +	观察望远镜视野,调节到双十字叉丝由模糊变成清晰为止(这时分划板处在目镜的焦平面上)
③将平行平面镜F作为反射镜置于载物台上,要求镜面垂直于载物台水平调节螺丝a、b的连线	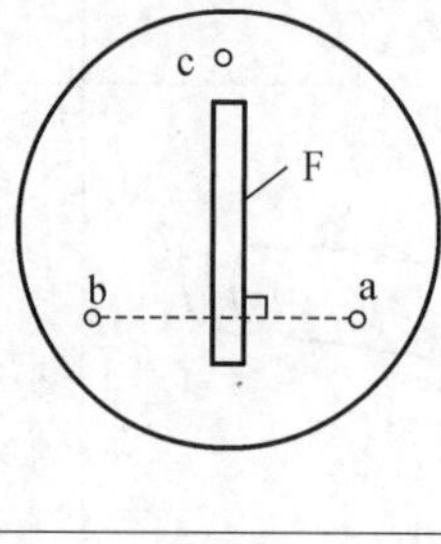 c○ ○ F b· ·a	观察载物台台面,参考台面上的刻线放置平面镜,平面镜要放置到载物台的中心

续表

操 作	现象观察	操 作
④转动载物台,平面镜随载物台一起转动,使平面镜垂直于望远镜,在望远镜视野中找到十字像,将载物台旋转180°,要求在望远镜中依然能看到十字像,即正反两面都能观察到十字像为止		十字像产生过程:分划板处的发光十字,发出的光线从物镜射出,遇到平面镜反射,再次回入望远镜筒,即可观察到。若找不到十字像,原因有两个:一是左右方向不垂直,需转动平面镜到镜面与望远镜基本垂直;二是上下方向不垂直,需要进行望远镜倾角和载物台水平调节螺丝 a 或 b 的调整,即粗调的 1 和 3 两步
⑤松开紧固螺丝,转动分划板套筒,调节物镜与分划板间的相对位置		调节到呈现清晰的十字像,并消除视差(当晃动眼睛时,看到十字像与叉丝之间无相对位移)为止

2)望远镜光轴与仪器转轴精确垂直调节。望远镜光轴与仪器转轴垂直调整是借助于所放置平面镜进行的,调整要求是:将望远镜光轴调至与平面镜平面达成垂直,并且转到平面镜的反面也要求达到垂直,即正反两面都达成垂直。此时,转轴一定平行于平面镜的平面,即可实现望远镜光轴与转轴的垂直。

判断望远镜光轴是否与平面镜镜面垂直时,需要利用"自准直"的原理。在望远镜叉丝板处有一个发光小十字体,所发出的光线经过望远镜物镜,照射到载物台上的平面镜,反射回来后,再经过物镜会聚成像,形成一个反射十字像。若望远镜光轴与平面镜垂直,则反射十字像将与发光小十字体处在关于望远镜光轴对称的位置上,如图 2-15 所示,这一状态称为"自准直"状态。

具体操作按表 2-6 进行。

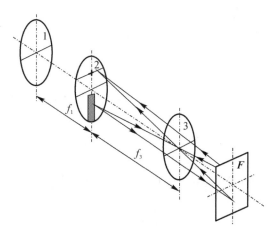

图 2-15 自准直成像示意图

表 2-6　操作表三

操　作	现象观察
①调整前反射十字像的中心 B 至 x' 刻线的距离为 d	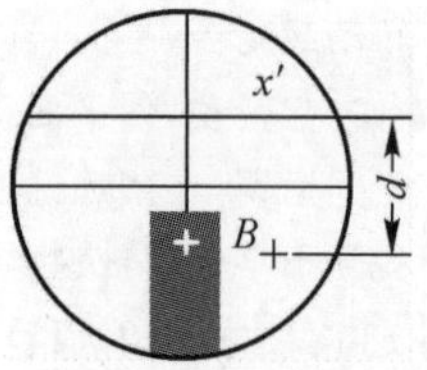
②调节望远镜上下倾斜度(转动螺丝 W_2),使十字像向 x' 刻线逼近 $d/2$	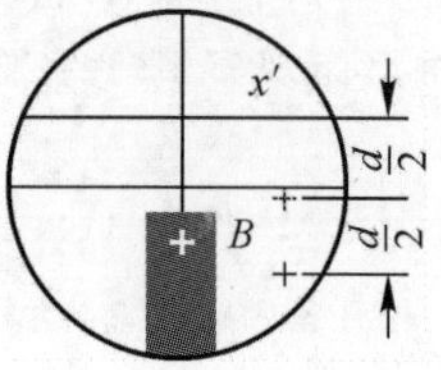
③调节载物台水平调节螺丝 a 或 b,使十字像再向 x' 刻线逼近 $d/2$,即落在 x' 上	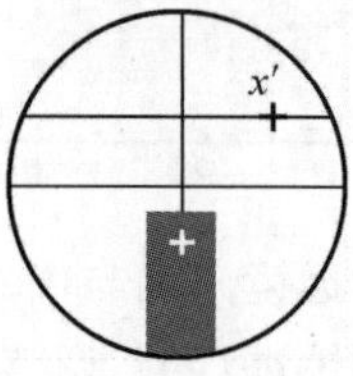
④将载物台旋转 $180°$,重复操作步骤②和步骤③,直到十字像在平面镜正反两面都达到自准直状态,即十字像都落在 x' 上为止	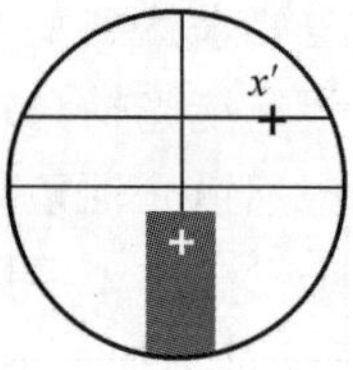

3)调节载物台平面与仪器转轴垂直(按表 2-7 进行)。

表 2-7　操作表四

操　作	现象观察
①将平面镜在载物台上的位置改成右图所示的位置,即镜面原来垂直 ab,现改成垂直 bc	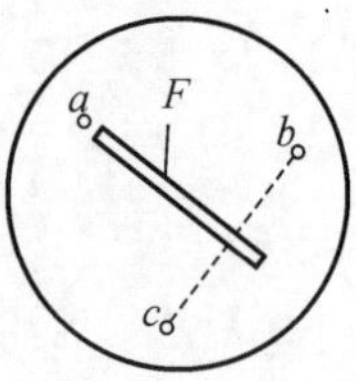
②旋转载物台。使望远镜的光轴对准平面镜,在视野中找到十字像,此时,它的位置没有在 x' 上	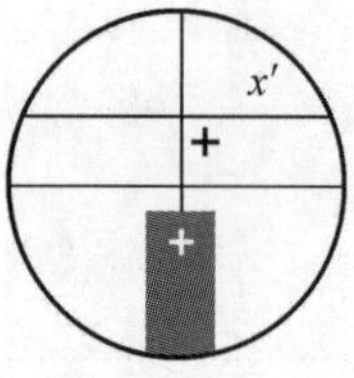

续表

操 作	现象观察
③调节载物台水平调节螺丝 c,使十字像重新回到 x' 上。使望远镜光轴与平面镜达到自准直状态,这时载物台平面与仪器转轴达成垂直。(注:此步骤只能调动 c 螺丝,其他螺丝不能调,而且 c 螺丝只需进行一次调整)	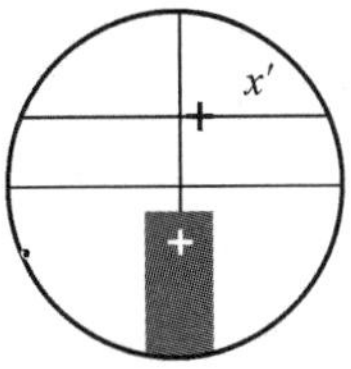

4)平行光管的调节(按表 2－8 进行)。

表 2－8 操作表五

操 作	现象观察	说 明
①用已经调好的望远镜,对准平行光管,观察狭缝的像	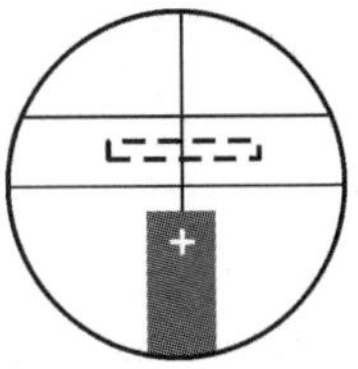	看到模糊的狭缝像说明这时平行光管透射的不是平行光
②松开狭缝套筒的固定螺丝,并前后移动狭缝套筒。调节缝宽调节旋钮,使狭缝宽度适中	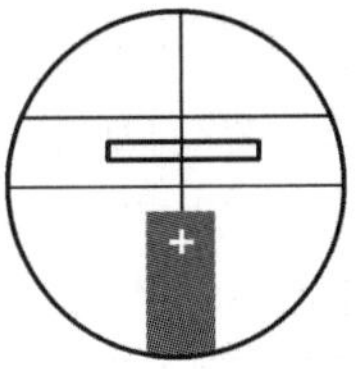	调节到看到清晰的狭缝像。缝像的宽度 1 mm 为宜
③转动狭缝套筒使狭缝横向放置。松开 P_1,调节 P_2,使 X 叉丝横向平分狭缝像	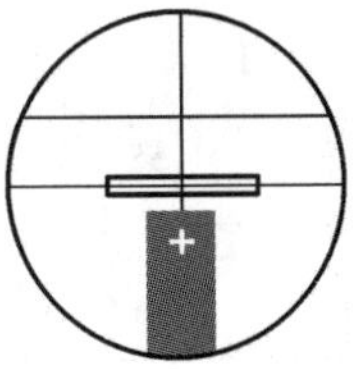	平行光管的光轴与望远镜的光轴在同一条直线上,达成同轴状态。此时望远镜和平行光管的光轴都与仪器转轴垂直
④转动狭缝套筒,将狭缝纵向放置	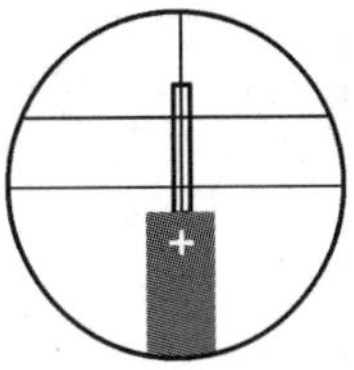	再次调节狭缝清晰,然后锁紧狭缝套筒紧固螺丝

至此分光仪调整完毕,可以用于测量。

(三)分光仪的读数方法

1.分光仪的读数装置

分光仪读数装置由与望远镜联动的游标、放大镜和度盘组成。为消除度盘与游标之间偏心引起的系统误差,在度盘上方有两个位置相差180°的读数窗口,从这两个读数窗口读出角度值表示望远镜所处位置的角坐标 θ。

2. 角坐标的读数方法

度盘表面镀金属薄膜,读数范围为360°,按圆周等分刻有1 080条透光线条,格值20′。游标盘表面亦镀有金属薄膜,在圆弧13°内等分刻有40条线,格值19′30″,游标格值与度盘格值相差30″,即游标的精确度 C 为30″。

度盘和游标盘的下方装置有照明光源。当接通照明灯泡电源时,光线便透过度盘和游标盘之重合线条,呈亮条纹。由于度盘刻线间距与游标盘间距不等,其他线条由于相互阻挡,光线无法透过而看不到,所以亮条纹对准的读数值即为实际的角坐标值。

因为度盘和游标表面镀铬,在读数窗中会同时有数字标记的反射像,所以在读数时要左右移动眼睛,当反射像和实际的数字标记重合时再进行读数,从而可避免读数误差。

从游标的零线所对的度盘示数读出20′以上的度值与分值,记为 A。20′以下的 B 值可以根据游标上第 k 条线与度盘某刻线对齐而求得,即 $B=kC$。望远镜在某位置角坐标 θ 读数按下式计算:

$$\theta=A+B=A+kC$$

由于度盘和游标格值不等,是一个"渐变"的关系,所以其重合数,即亮条纹数一般为一条或两条同时出现。

若出现一条,则以此线为准读数,如图2-16(a)所示,则有

$$A=250°40′$$
$$B=02′00″$$
$$\theta=A+B=250°40′+02′00″=250°42′00″$$

若两条同时出现,则取其中间值,如图2-16(b)所示,有

$$A=175°40′$$
$$B=06′15″$$
$$\theta=A+B=175°40′+06′15″=175°46′15″$$

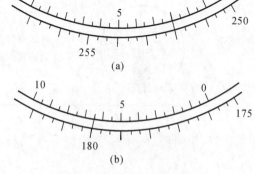

图2-16 分光仪读数示意图

3.望远镜转角的计算

如图2-17所示,望远镜从位置1转到位置2,转过的角度为φ_{12}。分别读出望远镜在位置1时两个窗口的读数$\theta_{1左}$和$\theta_{1右}$,在位置2时两个窗口的读数$\theta_{2左}$和$\theta_{2右}$。将数据列表,见表2-9。

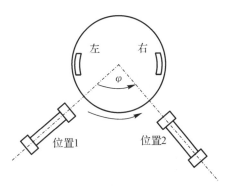

图 2-17 望远镜转角示意图

表 2-9 望远镜转角数据记录表

位　　置	窗　　口	
	左窗口读数	右窗口读数
1	$\theta_{1左}=155°142'00''$	$\theta_{1右}=335°14'00''$
2	$\theta_{2左}=275°16'00''$	$\theta_{2右}=95°16'30''$

设在左右窗口测得望远镜的转角分别为$\varphi_{12左}$和$\varphi_{12右}$,则有

$$\varphi_{12左}=|\theta_{2左}-\theta_{1左}|=|275°16'00''-155°14'00''|=120°2'00''$$

但在求$\varphi_{12右}$时,按$|\theta_{2右}-\theta_{1右}|$计算却大于180°,遇这种情况应按下式计算:

$$\varphi_{12右}=360°-|\theta_{2右}-\theta_{1右}|=360°-|95°16'30''-335°14'00''|=120°2'30''$$

最后取望远镜转角的平均值为

$$\varphi_{12}=\frac{1}{2}(\varphi_{12左}+\varphi_{12右})=\frac{1}{2}(120°2'00''+120°2'30'')=120°02'15''$$

七、读数显微镜

(一)结构组成

读数显微镜的结构如图2-18所示,整个装置由一个带十字叉丝的显微镜和一个螺旋测微装置组成。

(二)光学原理

待测物AB通过短焦距的物镜成一个放大的实像$A'B'$,使它处在作为测量准线的叉丝平面上,目镜又将$A'B'$放大成虚像$A''B''$,在人眼的明视距离内就能看清待测物AB。光路如图 2−19 所示。

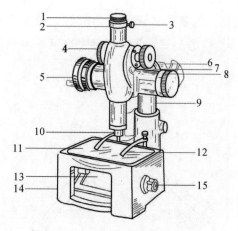

图 2−18　读数显微镜结构示意图

1—目镜；2—锁紧圈；3—锁紧螺钉；4—调焦手轮；5—测微鼓轮；6—横杆；7—标尺；
8—旋手；9—立柱；10—物镜；11—台面玻璃；12—弹簧压片；13—反光镜；14—底座；15—旋转手轮

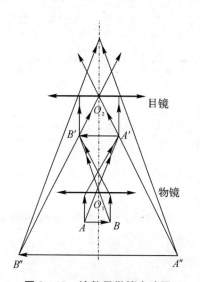

图 2−19　读数显微镜光路图

(三)调节方法

1. 照明调节

旋转手轮调节反光镜的角度,使反光镜将待测物照亮。

2. 调焦

(1)旋松锁紧螺钉,移动目镜,改变目镜与叉丝之间的距离,直到能看清叉丝为止。

(2)将读数显微镜的物镜靠近待测物,旋转调焦手轮,改变待测物与物镜之间的距离,使待测物通过物镜成的像恰好处在叉丝平面上,直到在目镜中能同时看清叉丝和放大的待测物的像为止。

3. 读数

标尺、读数准线及测微鼓轮组成了一个螺旋测微装置。测微鼓轮的圆周上刻有100格的分度。它旋转一周，读数准线就沿标尺前进或后退1 mm，故测微鼓轮的分度值为0.01 mm，在图2-20所示的情况中，读数为29.731 mm。

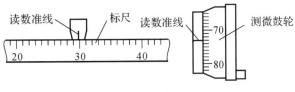

图2-20　标尺

八、示波器

阴极射线(即电子射线)示波器，简称示波器，是利用电子示波管的特性，将人眼无法直接观测的交变电信号转换成图像，显示在荧光屏上以便测量的电子测量仪器。用示波器可以直接观察电压波形，也能测定信号电压的大小和频率。因此，一切可转化为电压的电学量(如电流、电功率、阻抗等)、非电学量(如温度、位移、速度、压力、光强、磁场、频率等)以及它们随时间的变化过程都可用示波器来观察。由于电子射线的惯性小，又能在荧光屏上显示出可见的图像，所以示波器特别适用于观测瞬时变化过程，是一种用途广泛的现代电子测量仪器。

(一)工作原理

1. 示波器的组成

示波器由电子示波管、扫描整步装置、放大部分(包括 X 轴放大和 Y 轴放大两部分)和电源部分(供给以上三部分工作的各种电压)等四部分组成，如图2-21所示。

示波管由电子枪、偏转板和荧光屏三部分组成，如图2-22所示。电子枪是示波管的核心部件，它由阴极 C 和栅极 G、第一加速阳极 A_1、聚焦电极 FA 和第二加速阳极 A_2 等同轴金属圆筒组成。由于运动电子流受空间电荷的相互作用，有散开的趋势，所以在筒内膜片的中心有限制小孔。在加热电流从 H 通过钨丝，阴极 C 被加热后，筒端的钡与锶氧化物涂层内的自由电子获得较高的动能，从表面逸出。因为第二阳极 A_2 具有(相对于阴极C)很高的电压(如1 500 V)，在 C、G 和 A_2 之间形成强电场，所以从阴极逸出的电子在电场中被电场力加速，穿过 G 的小孔(直径约1 mm)，以高速度(10^6 m·s^{-1})穿入 A_1、FA 及 A_2 筒内的限制孔，形成一束电子射线。电子最后打击在屏的荧光物质上，发出可见光，在屏的背面可以看见一个亮点。

电子从电子枪"枪口"(A_2 的小孔)射出的速度 v_s，由以下能量关系式决定：

$$\frac{1}{2}mv_s^2 = eV_2$$

式中：V_2 为 A_2 对阴极 C 的电位差；e 为电子的电荷(绝对值)；m 为电子的质量。

因为电子从阴极 C 逸出时的动能近似为零，电子动能的增量就等于电场力所做的功，

其数值为 eV_2，所以从电子枪射出的电子具有相同的速度 v_s。

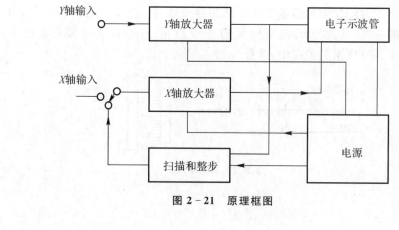

图 2 - 21　原理框图

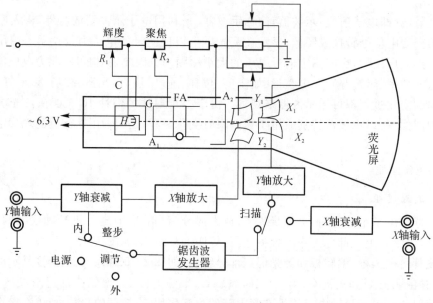

图 2 - 22　示波管的结构

栅极 G 相对阴极 C 为负电位（见图 2 - 22 中电路），两者相距很近（约十分之几毫米），其间形成的电场对电子有排斥作用，栅极 G 的电位负得不多（几十伏）时就足以把电子斥回，使电子束截止，用电位器 R_1 调节 G 对 C 的电位可以控制电子枪射出电子的数目，从而连续改变屏上光点的亮度。增大加速电极电压，电子获得更大的轰击动能，因此亮度和加速电压也有关。

在两对偏转板加有控制电压，则电子束穿过偏转板时，会受电场的作用而改变运动的轨迹，从而控制电子在荧光屏上的位置。

2.扫描与整步

如果在示波管的横偏转板（X 偏转板）上加一直流电压，电子束将随电压的大小和正负左右偏转,表现在荧光屏上为亮点沿 X 轴方向的左右位移,那么在横偏板上加一周期性变化的电压,荧光点将会怎样运动呢?

在横偏转板加上波形为锯齿形的电压,如图 2-23(a)所示。锯齿形电压的特点是:电压从负开始($t = t_0$)随时间成正比地增加到正($t_0 < t < t_1$),然后又突然返回负($t=t_1$),再从此开始与时间成正比地增加($t_1 < t < t_2$)……,重复前述过程,这时电子束在荧光屏上的亮点就会作相应的运动。亮点由左($t=t_0$)匀速地向右运动($t_0 < t < t_1$),到右端后马上回到左端($t = t_1$),然后再从左端匀速地向右运动($t_1 < t < t_2$)……,不断重复前述过程,亮点只在横方向运动,在荧光屏上可以看到的便是一条水平亮线,称为扫描线,如图 2-23(b)所示。

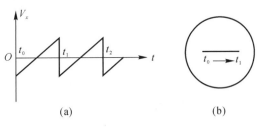

图 2-23　锯齿波

若在纵偏板(Y 偏转板)上加正弦电压,波形如图 2-24(a)所示,而横偏板不加任何电压,则电子束的亮点在纵方向作正弦式振荡,在横方向(X 轴方向)不动,看到的将是一条垂直亮线,如图 2-24(b)所示。

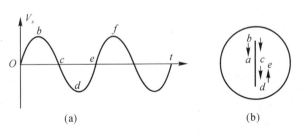

图 2-24　正弦波

若在纵偏板上加正弦电压,又在横偏板上加锯齿形电压,则荧光屏上的亮点将同时进行方向互相垂直的两种位移。亮点的合成位移形成正弦图形。其合成原理如图 2-25 所示。对于正弦电压的 a 点,锯齿波电压是负值 a′,亮点在荧光屏上 a″处,对应于 b 是 b′,亮点在 b″处,……,故亮点由 a″经 b″、c″、d″到 e″,描出了正弦图形。若正弦波与锯齿波的周期相同(即频率相同),则正弦波电压到 e 时锯齿波电压也刚好到 e′,从而亮点描完整个正弦曲线。由于锯齿形电压马上变负,因此亮点回到左边,重复前述过程,亮点第

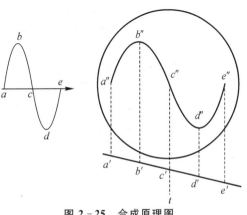

图 2-25　合成原理图

二次在同一位置描出同一条曲线,这时将看到这条曲线稳定地停在荧光屏上。但如果正弦波与锯齿波的周期稍有不同,那么第二次所描出的曲线将和第一次的曲线的位置稍微错开,在荧光屏上将看见不稳定的图形,或不断地移动的图形,甚至很复杂的图形。

由此可见,要想看到纵偏电压的图形,必须加上横偏电压,把纵偏电压产生的垂直亮线展开来,这个展开过程称为扫描。若扫描电压与时间成正比变化(锯齿波扫描)则称为线性扫描,线性扫描能把纵偏电压波形如实地描绘出来。若横偏加非锯齿波,则为非线性扫描,扫描出来的图形将不是原来的波形。

由此还可见,只有纵偏电压与横偏电压振动周期严格相同,或后者是前者的整数倍,图形才会简单而稳定。换言之,构成简单而稳定的示波图形的条件是纵偏电压频率与横偏电压频率的比值是整数,也可表示为

$$\frac{f_y}{f_x}=n,\quad n=1,2,3,\cdots \tag{2-1}$$

实际上,由于产生纵偏电压和产生横偏电压的振荡源互相独立,式(2-1)中的比值不会是简单整数比,所以,示波器中的锯齿扫描电压的频率必须连续可调。细调频率,可大体上满足式(2-1)。但要准确满足该式,光靠人工调节是不够的,特别是待测电压的频率越高,问题就越突出。为解决这一问题,示波器内部加装了自动频率跟踪装置,称为整步。在人工调节到接近满足式(2-1)时,再加上整步的作用,扫描电压的周期就能等于待测电压周期的整数倍,从而获得稳定波形。

(二)面板简介

GOS-620 示波器:各部功能如图 2-26 和图 2-27 所示,具体使用方法见表 2-10。

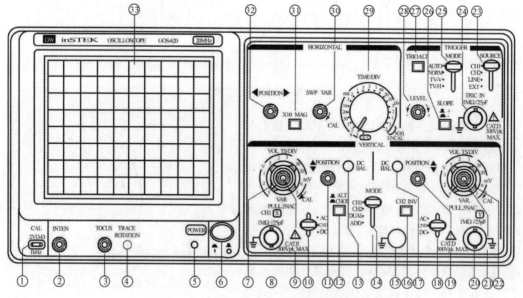

图 2-26　Gos-620 型示波器前面板图

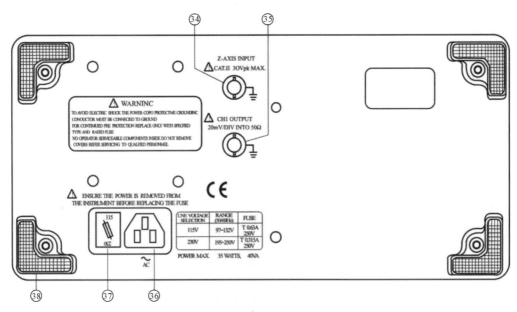

图 2 - 27　Gos - 620 型示波器后面板图

表 2 - 10　按钮功能表

序　号	控制件名称	功　能
1	校正信号（CAL）	提供幅度为 0.5 V,频率为 1 kHz 的方波信号,用于校正 10:1 探极的补偿电容器和检测示波器垂直与水平的偏转因数
5	电源指示灯	电源接通时,灯亮
6	电源开关（POWER）	接通或关闭电源
3	聚焦（FOCUS）	调节光迹的清晰度
2	亮度（INTEN）	调节光迹的亮度
4	迹线旋转（ROTATION）	调节扫线与水平刻度线平行
11/19	垂直位移 POSITON	调节光迹在屏幕上的垂直位置
14	垂直方式（MODE）	CH1 或 CH2:通道 1 或 2 的单独显示;DUAL:两个通道交替显示,用于扫速较慢时的双踪显示;ADD:用于两个通道的代数和或差
16	通道 2 倒相（CH2INV）	CH2 倒相开关,在 ADD 方式时使 CH1＋CH2 或 CH1－CH2
7/22	垂直衰减开关（VOLTS/DIV）	调节垂直偏转灵敏度
9/21	垂直微调（VAR）	连续调节垂直偏转灵敏度,顺时针旋转为校正位置
10/18	耦合方式（AC－DC－GND）	选择被测信号馈入垂直通道的耦合方式
8/20	CH1 ORX,CH2 ORY	垂直输入端或 X－Y 工作时,X、Y 输入端

序　号	控制件名称	功　能
32	水平位移（POSITION）	调节光迹在屏幕上的水平位置
28	电平（LEVEL）	调节被测信号在某一电平触发扫描
26	触发极性（SLOP）	选择信号的上升沿或下降沿触发扫描
25	触发方式 （TRIG MODE）	常态（NORM）：无信号时，屏幕上无显示；有信号时，与电平控制配合显示稳定波形；自动（AUTO）：无信号时，屏幕上显示光迹；有信号时，与电平控制配合显示稳定波形；电视场（TV）：用于显示电视场信号峰值；自动（P‑PAUTO）：无信号，屏幕上显示光迹；有信号时，无须调节电平即能获得稳定波形显示
27	触发指标（TRIGD）	在触发同步时，指示灯亮
29	水平扫速 （SEC/DIV）	调节扫描速度
30	水平微调（VAR）	连续调节扫描速度，顺时针旋转校正位置
23	内触发源（INT SOURCE）	选择 CHA、CH2、交替触发
	触发电源选择	选择内（LNT）或外（EXT）触发
	电源触发（LINE）	触发源来自市电网
24	外触发输入（EXT）	外触发输入插座
31	扫描扩展开关	按下时扫速扩展 10 倍
34	Z 轴输入（Z‑INPUT）	亮度调制信号插座插（在后面板上）
36	电源插座	220 V 电源插座
37	保险丝座	保险丝 0.5 A
35	输出	CH1 通道信号输出

九、信号源

（一）YB1636 函数信号发生器

面板操作键说明［以下(1)～(12)对应图 2‑28 中的(1)～(12)］如下：

(1)电源开关（POWER）：将电源开关按键弹出即为"关"位置，将电源线接入，按电源开关，以接通电源。

(2)LED 显示窗口：此窗口指示输出信号的频率。

(3)频率调节旋钮（FREQUENCY）：调节此旋钮改变输出信号频率，顺时针旋转，频率增大，逆时针旋转，频率减小。

(4)占空比（PULL）：占空比开关，占空比调节旋钮，将此开关拉出，调节此旋钮，可改变波形的占空比。

(5)直流偏置（OFFSET）：直流偏置开关和旋钮，将此开关拉出，调节此旋钮，可改变输出电压的直流电平。

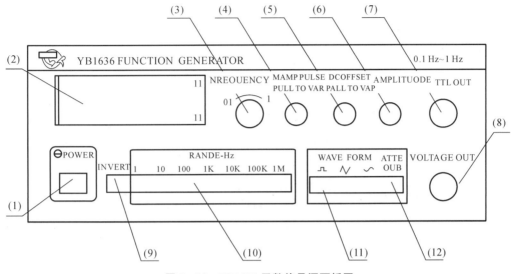

图 2-28　YB1636 函数信号源面板图

(6)幅度调节旋钮(AMPLITUODE):顺时针调节此旋钮,增大输出信号的幅度,逆时针调节此旋钮,减小输出信号的幅度。

(7)TTL 输出(TIL OUT):由此端口输出 TIL 信号。

(8)电压输出端口(VOLTAGE OUT):电压由此端口输出。

(9)极性开关(INVERT):此开关按入改变输出信号的极性。

(10)频率范围选择开关(RANDE-Hz):根据需要的频率,按下其中一键。

(11)波形选择开关(WAVE FORM):按入对应波形的某一键,可选择需要的波形,三个键都未按入,无信号输出,此时为直流电平。

(12)衰减开关(ATTE):电压输出衰减开关。

(13)VCF 输出端口:此端口在后面板上,由此端口输出信号,可改变输出信号频率。

其操作方法为:打开电源开关之前首先应检查输出的电压,将电源线插入后面板上的交流插孔,表 2-11 所示为设定的各个控制键。

表 2-11　控制键列表

电源开关(POWER)	电源开关键弹出
波形开关(WAVE FORM)	根据使用需求按入一键
衰减开关(ATTE)	弹出
直流偏置(OFFSET)	按入
频率选择开关	按入任意一键
占空比	按入

(二)DCY－3A 型功率函数信号发生器

DCY－3A 型功率函数信号发生器面板如图 2－29 所示。

图 2－29　DCY－3A 型功率函数信号发生器面板

各部分的作用如下：

(1)电源开关：仪器电源开关，当此开关向"电源开"位置时，显示屏显示出红光，开关扳向其反方向，表示此时电源关断。

(2)频率范围：仪器输出信号频率范围选择开关，其中由 5.0 Hz～500 kHz 分 11 挡调节频率粗调，并从分档中再设频率细调，为第一细调。它由一只多圈电位器组成，可连续旋转调整 10 圈来改变频率，F_c 为第二细调，能对输出信号作 0.1 Hz 细调。

(3)幅度调节：改变正弦波的幅度大小，分－40～＋20 dB 和 0～9 dB 挡细调(V_c)。

(4)输出。

1)"Ⅱ"为方波输出接口。

2)"N"为三角波输出接口。

3)"∽"为正弦波输出接口。

4)"⊥"为输出/输入接地端。

(5)输入：当本仪器用作频率计时，将被测信号接到该端子。

(6)频率显示：计频显示方式选择开关。当开关扳向"内"时为显示本机输出信号的频率，当开关扳向"外"时为外测频率，该开关同时也是"外测信号输入"选择开关，另一个开关用来作计频取样时间选择，即其扳向"1 s"时取样时间为 1 s，显示屏很快便可指示出被测信号的频率，开关扳向"10 s"时可以将测量频率的分辨率提高到 0.1 Hz，要较长时间方可指示读数，而且要取样二至三次，其读数才能稳定，这一点一定要注意(该挡一般使用在低频范围)。

(7)安全接地点：该点在仪器的后面，用来接地线的接口，以防仪器漏电，起安全保护作用。

(8)FUSE(后面板)：仪器的用电保险管座，更换保险管时逆时针旋开，注意换保险管时应拔下电源插头。

(9)电源插头(后面板)：仪器的外接工作电源接口。

阅读材料——十大物理实验的意外发现

在物理学的发展过程中,物理学家常常在一定的理论指导下进行实验,以期得到符合预见的发现。然而,由于受到主客观因素的限制,实验中总会出现意想不到的现象,正是这些意外情况促使物理学的研究取得新的进展。下面,我们从物理学发展史中选取十个物理实验的意外发现,来领略物理学家的超人智慧。

(一)莱顿瓶

18世纪以前,人们已经知道如何产生电,但是没有办法将电能长时间地存储起来。当时,许多科学家痴迷于电能储存技术的研究,都没有取得成功。然而这一切被发生在荷兰莱顿大学的意外事件终止了。

穆森布罗克是莱顿大学的物理学教授,他在求学时期就对静电学非常感兴趣。由于当时无法存储电能,因此他在担任教授之后,和学生开始寻找储存电能的方法。当时的思路是,如果电和水一样可以流动,那么储存水的方法应该也能用于储存电。于是,他将水倒入瓶子里,将一根导线的一端插入水中,另一端与起电器相连。为了保证电荷不跑掉,他在瓶子和桌子之间垫了一块绝缘体。但是,不论他如何转动起电器,都没法把电荷留在瓶子里面。

1746年4月的一天,不知什么原因,穆森布罗克没有把瓶子放在绝缘体上,而是拿在手里就开始充电(见图2-30)。当他用手去触碰瓶盖时,受到了猛烈的电击,几乎跌倒。他后来记录道:"这是一个新颖但可怕的实验,建议大家切勿尝试。"随后,穆森布罗克尝试用各式各样的瓶子储电。他发现不一定要装水,只要在玻璃瓶内外壁各贴一层相互绝缘的金属箔,起电机产生的电就会储存在瓶子里,瓶子越大,储存的电就越多。

图2-30　穆森布罗克在用莱顿瓶做实验

穆森布罗克的实验很快传遍全世界,人们用发明这个瓶子所在的城市将其命名为莱顿瓶。莱顿瓶就是最原始的电容器,其原理被广泛用于各种电子设备之中。令人惊叹的是,莱顿瓶作为18世纪最重要的科学发明之一,竟然是源于一次操作失误而导致的意外发现!

(二)伏打电池

莱顿瓶的发明和富兰克林风筝实验促进了人们对电的理解,但是要想进一步研究电的规律,需要一个稳定、可靠的电源。1800 年,意大利物理学家伏特制作了一种电池,能够提供持续、稳定的电流,为电学的研究提供了有力保障。后人把这种电池称作伏打电池,就是人们熟知的蓄电池。有趣的是,这一发明来自另一位意大利人吃青蛙时的意外发现。

原来,在此之前,意大利生物学家伽伐尼的妻子因生病需要吃青蛙,伽伐尼像平常做解剖实验那样把青蛙剥了皮。当解剖刀碰到青蛙腿外露的神经时,青蛙突然颤抖了几下。这一意外现象引起伽伐尼的兴趣,经过多次实验,他得出结论,导致蛙腿颤抖的原因是青蛙的肌肉和神经里存在一种生物电。

1791 年,伽伐尼把他的研究结果写成论文《论肌肉的电力》并发表。伏特看到这篇论文非常兴奋,决定亲自做这个实验。他用多只青蛙反复实验,发现实际情况并不像伽伐尼论文中阐述的那样,导致青蛙颤抖的原因不是来自蛙体的生物电,而是由于插入青蛙的不同金属造成的,而且金属锌和铜的组合效果最好。后来,伏特为了增加电流的强度,将多组锌盘和铜盘交替堆在一起,并用浸入盐水的布圈将金属隔开,产生了较大的电流,这就是伏打电池。伏打电池是人类进入电气时代的前奏,为了纪念伏特的重大贡献,人们把电压和电源电动势的单位称作伏特。现代社会离不开各种各样的电池,但谁又能把电池和青蛙联想到一起呢?

(三)电流的磁效应

19 世纪初,人类已经熟知了电现象和磁现象,对电的本质也有了一定的认识,但是对磁性的根源还不了解。那个时代,大多数科学家虽然感觉电力和磁力在某些方面很相似,但是仍然认为电力和磁力是两种不同性质的力。而丹麦物理学家奥斯特却认为,电和磁之间必定存在某种联系。

1806 年,奥斯特任哥本哈根大学物理学教授,他率先提出光与电、磁之间存在联系的思想。奥斯特坚信自然力是可以转化的,在此信念的驱使下,他致力于探索电和磁之间的内在联系,可是,他做了很多实验仍然没有获得突破。时间到了 1820 年 4 月 21 日,这一天晚上,奥斯特在课堂上给学生演示电流的热效应实验。在调试设备时,奥斯特忽然发现,当电流流过导线时,附近一个罗盘的磁针偏离了原来的方向。磁针偏转的角度不算大,但是对于奥斯特来说意义重大。接下来,他更换不同类型的导线进行实验,把罗盘放在不同位置,得到了电流对磁针的作用规律,这就是电流的磁效应,如图 2-31 所示。

1820 年 7 月 21 日,奥斯特在《论磁针的电流撞击实验》一文中发表了他的研究成果,引起了科学界的轰动。此后,法国物理学家安培又做了大量电流磁效应的实验,揭示了磁性的本质,奥斯特实

图 2-31　奥斯特(左)在演示电流的磁效应

验和安培实验为法拉第发现电磁感应现象奠定了基础。

(四)电磁感应

既然电能生磁,那么磁是否能生电呢?奥斯特的电流磁效应实验激起了众多物理学家的探索热情,其中包括自学成才的迈克尔·法拉第。从 1821 年起,法拉第就开始投入电磁领域的研究,他在验证奥斯特实验之后提出了磁力线的概念。之后,他敏锐地意识到需要进一步研究的课题是:"由磁生电"!经过十年不懈的探索,法拉第做了大量的实验,仍然没有得到预期的效果。

1831 年 8 月 29 日,终于出现了突破。法拉第在日记中记录了他第一次成功的实验:他把一根软铁棒弯成一个软铁环,在软铁环的两边各绕一组线圈,一组线圈接到电池组上,另一组线圈通过一根较长的铜导线与检验电流的小磁针相邻。当电流接通时,法拉第注意到小磁针瞬间发生了微微的摆动,这表明线圈中出现了感应电流。法拉第经过反思认识到,之所以长久没能发现电磁感应现象,存在两个原因:一是早先的实验过于注重观察静态现象而忽视了动态现象;二是由于担心小磁针受线圈中电流磁效应的影响而放置在离实验装置很远的地方。

法拉第在发现电磁感应现象的基础上,又发明了电动机和发电机,为人类大规模应用电能做出了杰出贡献,他被誉为交流电之父。我们在享受电力带来的便捷时,永远不要忘记那个瞬间摆动的小磁针。

(五)光电效应

提到德国物理学家赫兹,人们会立刻想到两件事:一是他用实验证实了电磁波的存在,有力地支持了麦克斯韦的电磁场理论;二是国际单位制中用他的姓氏命名了频率的单位。然而世人较少知道,赫兹是光电效应的发现者,而且是他在进行电磁波实验研究时偶然发现光电效应的。

所谓光电效应就是电子在光的照射下从金属表面逸出的现象。1886 年 12 月,赫兹在研究电磁波发射与接收实验时发现,当有紫外光照射到接收端间隙的负极时,比没有光照更容易产生放电现象。当时他无法解释这一现象,于是如实地做了记录。1887 年,赫兹发表的题为《论紫外光对放电现象的效应》的论文中,对他发现的现象进行了描述,这是对光电效应现象的最早记载。此后,德国的霍尔瓦希和俄国的斯列托夫先后验证了赫兹的实验。1897 年,汤姆森在研究阴极射线时发现了电子,并通过一系列实验证明金属在光照射下逸出的带电粒子和阴极射线具有相同的性质,说明金属被光照射后发出的就是电子。

后面的事情大家就比较熟悉了,在发现光电效应后的很长的时间内,科学家们用经典物理理论很难解释其原因。1905 年,爱因斯坦提出光子假说,圆满诠释了光电效应现象,并因为此项成果获得了 1921 年的诺贝尔物理学奖。人们利用光电效应的原理制成了光电管、光电倍增管以及光电传感器等器件,在工程技术中得到广泛应用。

(六)迈克尔逊-莫雷实验的零结果

19 世纪末,随着光的波动理论的发展,许多物理学家把光波与机械波进行类比,认为宇宙中存在一种能够传播光波的弹性介质,叫作"以太"。他们把这种无处不在的"以太"看作绝对惯性系,把相对以太运动的物体叫作相对惯性系。"以太"看不见、摸不着,如何证明它存在呢？1887年，美国物理学家迈克尔逊和莫雷利用迈克尔逊发明的干涉仪进行了非常仔细的实验，力图测量地球在以太中的速度。他们的理论基础是，光在以太系中以恒定速度传播，而在地球系中的传播速度按伽利略速度变换进行合成。

迈克尔逊干涉仪非常灵敏，能够测量出极其微小的长度差。干涉仪中的半反射镜将一束光分成的两束，分别沿相互垂直的方向前进，被平面镜反射后按原路返回，最后进入目镜相互干涉形成明暗相间的条纹。实验中，他们先让一路光平行于地球运动方向，然后将干涉仪旋转90°，直到另一路光平行于地球运动方向。按照伽利略速度合成法则，光在平行和垂直地球运动方向的速度存在差异，经过计算，他们预见，旋转干涉仪过程中能够观察到的干涉条纹的移动。然而，令他们惊奇的是，在地球上不同的地点、不同时间反复观测，始终没有观察到预期的条纹移动，这就是迈克尔逊-莫雷实验的零结果。

"迈克尔逊-莫雷实验的零结果"与"黑体辐射的紫外灾难"并称为笼罩在19世纪物理学天空上的"两朵乌云"，这个意外的实验结果最终否定了"以太"的存在，成为爱因斯坦狭义相对论的有力证据。

(七)X射线

1895年11月8日的夜晚，为了研究阴极射线的性质，德国匹兹堡大学的伦琴教授仍然在实验室里忙碌着。他在一个抽成真空的封闭玻璃管内，装上两个金属电极，分别当作阴极和阳极，加上几十万伏的高压后，高速运动的电子流立即从阴极射向阳极，这就是阴极射线。突然，一个奇异的现象映入他的眼中，阴极射线管附近涂着氰亚铂酸钡的屏幕上，不知什么原因闪出一片黄绿色的荧光，电源一断，荧光立刻就消失了。伦琴感到非常困惑，阴极射线管被黑纸板和锡箔包裹着，阴极射线是不会透射出来的，难道还有另一种射线从阴极射线管发射出来吗？这种射线竟然能够穿透黑纸板！伦琴试着把手挡在射线管和屏幕之间，屏幕上竟出现了一个骇人的图像——一只手的骨骼！经过反复实验，伦琴确信这是一种还没有被人们认识的射线，如图2-32所示。1895年12月28日，伦琴向维尔茨堡物理医学学会递交了论文《论一种新的射线》，正式宣布了他的新发现。面对前来求教的学者、专家和新闻记者，他说："我不知道这种射线的本质，它好像数学中的未知数X，只好称它为X射线。"

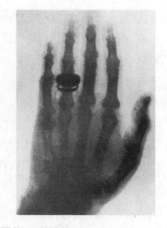

图2-32 伦琴和他拍摄的X光照片

X射线的发现在全世界引起了巨大的震动,1901年,伦琴获得首届诺贝尔物理学奖。多年以后,德国物理学家劳厄证明X射线是一种电磁波,是原子中的电子在能量相差悬殊的两个能级之间跃迁而发射出来的。X射线的发现,推动了人类对原子结构的认识,揭开了现代物理学革命的序幕。X射线具有很高的穿透本领,被广泛应用在医学诊断、金属探伤、研究物质分子结构等众多领域。

(八)放射性

法国物理学家贝克勒尔是研究荧光和磷光的专家。1896年初,伦琴发现X射线的消息传到巴黎,引起了贝克勒尔的兴趣。当时很多人认为荧光和X射线属于同种性质,贝克勒尔决定在自己的实验室里试验荧光物质会不会辐射出一种看不见却能穿透厚纸使底片感光的射线。

经过多次实验,贝克勒尔选择晶体铀盐作为荧光物质。他用厚黑纸把照相底片严实地包起来,确保即使放在太阳底下晒一天,也不会使底片感光。然后,他把铀盐放在黑纸包好的底片上,又让太阳晒了几个小时,底片上果然显示了黑影。为了排除是由于化学作用或热效应造成的黑影,他特意在黑纸包和铀盐间夹了一层玻璃,再次放到太阳下晒,结果仍然出现了黑影。于是贝克勒尔认为,铀盐被太阳照射后发出的荧光穿透了黑纸使底片感光,荧光中应该含有X射线。为了确定这个结论,贝克勒尔打算多做几次实验再公布结果。然而天公不作美,正要做实验时,巴黎却连日阴天,无法晒太阳,他只好把包好的底片和铀盐都搁在同一抽屉里。

1896年3月1日,贝克勒尔来到实验室准备重新做实验。为了保证得到高质量的影像,不出现任何实验条件不确定的因素,他决定换用新底片。为了看看漫射光产生的影像,贝克勒尔将原来装在暗盒里的底片显影。他本来预计会得到很弱的影像,结果令他大吃一惊!与他预期的情况相反,显影后的底片上的黑影十分明显,与铀盐在阳光下曝过光的一样!

面对这一突如其来的现象,贝克勒尔很快就领悟到,底片的感光与荧光无关,是铀盐自身发出的一种射线,这种射线具有很强的穿透力,但是机理不同于X射线。这是科学界最早发现的放射性现象,铀也成为人类发现的第一个放射性元素,如图2-33所示。如果没有选择铀盐,如果不是阴雨天,如果没有把底片和铀盐搁在一起,如果没有冲洗那张底片……一系列的偶然使贝克勒尔成为发现放射性的第一人。

图2-33　实验中的贝克雷尔

(九)原子有核模型

20世纪初,物理学界开始关注原子的结构,不同学者假想了各种各样的原子模型,其中最流行的是汤姆森于1903年提出的"葡萄干蛋糕模型"。这个模型假定原子中的正电荷和原子的质量均匀地分布在半径为10^{-10} m的球体内,带负电的电子也均匀地浸于球中。

英国曼彻斯特大学的卢瑟福是汤姆森的学生,他原来也相信这个"葡萄干蛋糕模型"。为了检验这个模型,卢瑟福设计了一个实验——用α粒子作为"炮弹"轰击原子核。按照"葡萄干蛋糕模型",卢瑟福设想轰击后应该没有散射或者小角度散射。一开始他用云母作靶子,α粒子轰击云母后,出现了偏转 2°的小角散射,这个结果还算正常。之后,他决定改用更薄的金箔作靶子。

1910 年,卢瑟福与盖革、马斯登一起用α粒子轰击金箔,发现有一半粒子被漫反射,有的反射角大于 90°,个别粒子还沿原路被弹射回来。这个现象与事先的设想大相径庭,使卢瑟福等人相当惊讶。经过反复实验和深入思考,卢瑟福意识到这里蕴含着重要发现,一定是解开原子内部秘密的关键一环。他认为,原子的质量不是均匀分布的,而是集中在原子中心且带有正电荷,叫作原子核,而电子则围绕原子核旋转,他把这种原子模型称作有核模型。1911 年 3 月,在曼彻斯特文学和哲学联合会议上,卢瑟福第一次公开宣读了原子有核模型的论文《α和β射线的散射和原子结构》。原子的有核模型揭开了原子科学新的一页,而卢瑟福也被誉为原子核之父。

(十)微波背景辐射

1946 年,美国核物理学家伽莫夫曾提出过一个虚拟的宇宙模型,认为宇宙起源于一次爆炸,作为大爆炸的遗迹,宇宙间可能存在着一种电磁辐射。但是因为没有实验证实这一理论的正确性,一直被看作猜测,他的判断未能引起人们的重视。没想到,这个猜测却被 18 年后的两位天文学家意外证实了。

1964 年 5 月,美国贝尔实验室的阿诺·彭齐亚斯和罗伯特·威尔逊,为了检验一台射电望远镜的低噪声性能,把天线对准了没有明显天体的天区进行测量,竟然出乎意料地收到了相当大的微波噪声,如图 2-34 所示。他们对天线进行了彻底检查,清除了天线上的鸽子窝和鸟粪,然而噪声仍然存在。他们发现,无论把天线指向何方,总能收到一定的噪声。这种波长为 7.35 cm 的微波噪声既不是来自某个天体,也不是来自仪器的干扰,而是来自广阔的宇宙空间,好像在宇宙空间存在着辐射背景。他们对自己的观察结果虽然十分意外,却一时无法解释这个辐射从何而来,因此没有立即公布自己的发现。

图 2-34 彭齐亚斯(左)和威尔逊在射电望远镜前

1965 年,彭齐亚斯和威尔逊获悉普林斯顿大学迪克教授正在研究宇宙背景辐射理论,喜出望外的他们急忙与迪克教授联系。双方经过深入讨论后,彭齐亚斯和威尔逊断定他们所观察到的正是普斯顿大学研究的宇宙背景辐射,而迪克研究小组之所以探测不到微波背景辐射,恰是因为天线灵敏度不够。彭齐亚斯和威尔逊撰写了一篇只有 600 字的论文,宣布了他们的成果。微波背景辐射的发现成为 20 世纪 60 年代世界天文学的四大发现之一,为宇宙学的大爆炸理论提供了有力的证据。1978 年,彭齐亚斯和威尔逊因此而荣获了诺贝尔物理学奖。

物理实验中的意外发现,除了上面介绍之外还有很多,例如,昂内斯在做低温实验时发现了超导现象,费米在做人工放射性实验时发现了慢中子效应等。纵观各项意外发现,看似偶然,实则必然。不是这些物理学家运气好,而是他们具备深厚的理论功底和高超的实验技巧,才捕捉到了稍纵即逝的伟大发现。我们在进行物理实验的时候,不仅要关注预期的实验现象,更要重视那些似乎不合情理的实验现象和出乎意料的实验数据,也许这里蕴含着新的科学发现,这正是物理实验的魅力所在!

第三章 基础性实验

第一节 用单摆测重力加速度

重力加速度 g 的方向总是竖直向下的。在同一地区的同一高度,任何物体的重力加速度都是相同的。重力加速度的数值随海拔增大而减小。当物体距地面高度远远小于地球半径时,g 变化不大。而离地面高度较大时,重力加速度 g 数值显著减小,此时不能认为 g 为常数。距离地面同一高度的重力加速度,也会随着纬度的升高而变大。重力是万有引力的一个分力,万有引力的另一个分力提供了物体绕地轴做圆周运动所需要的向心力。物体所处的地理位置纬度越高,圆周运动轨道半径越小,需要的向心力也越小,重力将随之增大,重力加速度也变大。地理南北两极处的圆周运动轨道半径为 0,需要的向心力也为 0,重力等于万有引力,此时的重力加速度也达到最大。

在地球的不同地方,g 的值会有不同,这与地球该处的内部物质成分关系,根据这个特点,可以探测地表下的矿产物质等。此外,了解地球表面重力加速度的分布,对地球物理学、航空航天技术及大地测量等领域有十分重要的意义。

重力加速度 g 值的准确测定对于计量学、精密物理计量、地球物理学、地震预报、重力探矿和空间科学等都具有重要意义。

重力加速度通常指地面附近物体受地球引力作用在真空中下落的加速度,记为 g。为了便于计算,其近似标准值通常取为 $9.8 \text{ m} \cdot \text{s}^{-2}$。在月球、其他行星或星体表面附近物体的下落加速度,则分别称月球重力加速度、某行星或星体重力加速度。

本实验根据惠更斯的单摆周期公式,启发学生利用运动和相互作用的观念、科学探究来进行重力加速度的测量实验。

一、实验目的

(1)了解单摆的运动规律;
(2)掌握电子秒表的使用方法;
(3)熟悉用单摆测重力加速度的方法。

二、预习要求

(1)单摆测重力加速度的实验原理;

(2)电子秒表、直尺的使用方法；

(3)实验操作的注意事项。

三、仪器物品

钢球、直尺、千分尺、游标卡尺、铁架台、电子秒表、天平。

四、实验原理

荷兰物理学家惠更斯对单摆运动做了相关研究，确定了单摆做简谐运动周期与重力加速度的关系，本实验沿着惠更斯的研究思路，利用单摆来测重力加速度。

在本实验中，实验精度 $\Delta g/g < 1\%$，故摆球的几何形状、摆的质量、空气阻力、摆角等因素对测量造成的修正项均是高阶小量，可忽略。单摆运动的受力分析如图 3-1 所示。

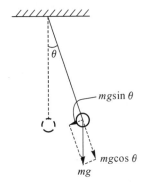

图 3-1　单摆运动的受力分析图

单摆的运动方程为

$$ml\frac{\mathrm{d}^2\theta}{\mathrm{d}t^2} = -mg\sin\theta$$

当摆角 θ 很小时（如 $\theta < 5°$），$\sin\theta \approx \theta$，上式成为常见的简谐运动方程，即

$$ml\frac{\mathrm{d}^2\theta}{\mathrm{d}t^2} = -mg\theta$$

$$\frac{\mathrm{d}^2\theta}{\mathrm{d}t^2} = -\frac{g}{l}\theta = -\omega^2\theta$$

式中：$\omega^2 = \dfrac{g}{l}$，ω 与周期 T 的关系为 $\omega = \dfrac{2\pi}{T}$，周期 $T = 2\pi\sqrt{\dfrac{l}{g}}$。

因此有

$$g = \frac{4\pi^2 l}{T^2}$$

五、实验内容

1.组装单摆实验系统

(1)将细线一端穿过小球的小孔，然后打一个比孔径稍大一些的结，把细线的另外一端固定在铁架台上面,制成一个单摆。

(2)把线的上端用铁夹固定在铁架台上并把铁架台放在实验桌边,使铁夹伸到桌面以外,让摆球自由下垂,在单摆平衡位置处做好标记。

2.测摆长

用直尺、千分尺、游标卡尺等长度工具多次测量摆长,记录数据。

方法1:用米尺量出从悬点到小球上端的悬线长 l_0,再用游标卡尺测量出摆球的直径 d(见图 3-2),则摆长 $l=l_0+\dfrac{d}{2}$。

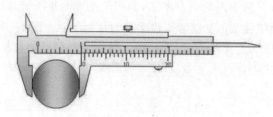

图 3-2 测摆球的直径

方法2:用刻度尺直接测量小球球心与悬挂点之间的距离,如图 3-3 所示。

3.测周期

将单摆从平衡位置拉开一个小角度(摆角小于5°),然后释放摆球让单摆在竖直平面内摆动。在单摆摆动稳定后,从小球某次通过平衡位置时开始计时,测量30~50次全振动的时间。计算出完成一次全振动的时间,即为单摆的振动周期 T。

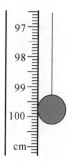

图 3-3 测摆线的长度

4.改变摆长重测周期

改变单摆的摆长,重复实验多次,测出相应的摆长 l 和周期 T。

六、数据记录与处理

数据处理包含以下两种方法。

方法1:平均值法。

每改变一次摆长,将相应的 l 和 T 值代入公式 $g=\dfrac{4\pi^2 l}{T^2}$,求出 g,最后利用 $g=\dfrac{g_1+g_2+g_3}{3}$ 求出 g 的平均值。

表 3-1 单摆测重力加速度数据记录表

实验次数	1	2	3	4	5
摆长 l/m					
周期 T/s					

续表

实验次数	1	2	3	4	5
加速度 $g/(\text{m}\cdot\text{s}^{-2})$					
加速度 g 平均值/$(\text{m}\cdot\text{s}^{-2})$					

方法 2:图像法。

由 $T=2\pi\sqrt{\dfrac{l}{g}}$ 得 $T^2=\dfrac{4\pi^2 l}{g}$,作出 T^2-l 图像(见图 3 - 4),即以 T^2 为纵轴,以 l 为横轴。将测得的多组数据在坐标纸上描点,用平滑的直线拟合这些点,其斜率 $k=\dfrac{4\pi^2}{g}$,由图像的斜率即可求出重力加速度 g。

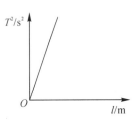

图 3 - 4　图像法求重力加速度

本实验误差主要有以下两方面构成。

(1)系统误差:主要来源于单摆模型本身是否符合要求,即悬点是否固定,球和线是否符合要求,振动是圆锥摆还是在同一竖直面内的振动。

(2)偶然误差:主要来自时间的测量上。因此,要从摆球通过平衡位置开始计时,不能多计或漏计振动次数。

总之,实验中不可避免地存在误差,分析误差是为了尽可能采取适当措施以减小误差的影响。在判断实验结果是否与理论相符时,应根据具体实验情况,计算出实验结果的误差,看实验结果对理论值的偏差是否在估计的误差范围内。如果超出估计的误差范围,那么应分析误差主要来源,进一步提出改进实验的措施和建议。

故减小误差可以在以下几方面加以注意:

(1)测摆长 l 时,应精确测量悬挂点到球心的距离。

(2)测单摆周期时,应测多次全振动的时间来计算周期,以减小误差,建议测 50 次以上。

(3)实验时,摆角要尽可能小,这样单摆的运动才可以看作是简谐运动,摆角要小于 5°。

(4)处理数据时,多次改变摆长测量多组数据,利用 T^2-l 图像来算出重力加速度,以减小误差。

七、知识探究

(1)为什么不是测量一次全振动的时间作为周期,而是要测量多次全振动的时间?

(2)还可以用其他方法测周期吗?

八、拓展训练

利用手机单摆测重力加速度。

学生用手机在官方网站下载"手机物理工坊(phyphox)"App。

仿照摆球实验操作,用手机替代摆球,重新组装实验系统,在手机上选择"力学"→"摆"→"G",填写测量出的摆长数据,点击"▶"按钮开始测试,测出本地重力加速度 g,并与其他同学交流结果。

图 3−5 用手机单摆法重力加速度

九、思考与讨论

(1)线有粗细、长短的不同,伸缩性也有区别;不同的小球,质量和体积有差异。请思考一下,应如何选择摆线和摆球?为什么?

(2)图 3−6 画出了细线上端的两种不同的悬挂方式。应该选用哪种方式?为什么?

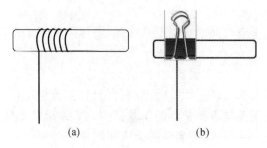

(a) (b)

图 3−6 细线上端的两种悬挂方式

表 3−2 为各地的重力加速度。

表 3−2 各地的重力加速度

序 号	地 点	纬 度	重力加速度/$(m \cdot s^{-2})$
1	赤道	0°	9.780
2	北京	39°56′	9.801
3	广州	23°06′	9.788
4	武汉	30°12′	9.794
5	上海	31°12′	9.794
6	东京	35°43′	9.798
7	纽约	40°40′	9.803
8	莫斯科	55°45′	9.816
9	北极	90°	9.832

十、课堂延伸

用不同的摆测量重力加速度

测量重力加速度的方法有很多种,据统计有十余种,如用弹簧秤和已知质量的钩码测量,用滴水法测量,用摆测量,用斜槽测量,用打点计时器测量,用载有 U 形管的小车的运动测量,用倾斜的气垫导轨测量,等等。这些方法中有的是粗略的,有的是比较精确的,有的是可以实际做的,有的则是在原理上合理但实际操作不了的,所有这些方法都是基于力学知识的综合运用,大家可以发散自己的思维,创造性地提出不同的实验方案。下面仅以不同的"摆"为例,提出实验设计原理思路以供参考。

1.用单摆测量

由单摆的振动周期 $T=2\pi\sqrt{\dfrac{l}{g}}$,$g=\dfrac{4\pi^2 l}{T^2}$,测出单摆的摆长和周期。

2.用复摆测量

复摆实验通常用于研究周期与摆轴位置的关系,也可用来测量重力加速度。复摆是一刚体绕固定水平轴在重力作用下做微小摆动的动力运动体系。设一质量为 m 的刚体,其重心到转轴 O 的距离为 h,绕 O 轴的转动惯量为 J,当该刚体绕 O 轴做小角度简谐振动时,其复摆摆动的周期为 $T=2\pi\sqrt{\dfrac{J}{mgh}}$。

若 J_G 为转轴过质心且与 O 轴平行时的转动惯量,根据平行轴定律,则有 $T=2\pi\sqrt{\dfrac{J_G+mh^2}{mgh}}$,对比单摆的周期公式 $T=2\pi\sqrt{\dfrac{l}{g}}$,即可将 $l=J_G+mh^2$ 视为等效摆长。因此,只要测出周期和等效摆长便可求得重力加速度。

3.用圆锥摆测量

使单摆的摆锤在水平面内做匀速圆周运动,用直尺测量出 h,用秒表测出摆球 n 转所用的时间 t,则摆球角速度 $\omega=\dfrac{2\pi n}{t}$。摆球做匀速圆周运动的向心力 $F=mg\tan\theta$,而 $\tan\theta=\dfrac{r}{h}$,因此 $mg\tan\theta=m\omega^2 r$。由以上几式得 $g=\dfrac{4\pi^2 n^2 h}{t^2}$,将所测的 n、t、h 代入即可求得 g 值。

4.用三线摆测量重力加速度

已知圆盘绕中垂轴的转动惯量 J,由 $J=\dfrac{mgRrT^2}{4\pi^2 d}$ 也可以测出 g。

5.由摆动过渡到圆周运动

原理 1:$a=\omega^2 R=\mu g$。方法:测出匀速转动的转盘上物体滑动时转盘的转速、物体转动的半径及两者之间的动摩擦因数。

原理 2:$v_1=\sqrt{gR}$,$F_{向}=\dfrac{4\pi^2 mgR}{T^2}=mg$。方法:测近地卫星的周期和半径、线速度和半

径或周期和线速度。

第二节　气垫导轨上的实验

气垫导轨是一种现代化的力学实验仪器。它利用小型气源将压缩空气送入导轨内腔，空气再由导轨表面上的小孔中喷出，在导轨表面与滑行器内表面之间形成很薄的气垫层。滑行器就浮在气垫层上，与轨面脱离接触，做近似无阻力的直线运动，极大地减小了由于摩擦力引起的实验误差。同时，采用光电计时装置测定物体运动的时间，从而能够用实验方法精确地测定物体的速度和加速度，观测物体在外力作用下的运动规律，验证动量守恒定律，研究弹簧振子的运动规律，研究物体的加速度等。

一、实验目的

(1)熟悉气垫导轨和光电计时装置的调整和操作；
(2)熟悉物理天平的构造原理，掌握正确的使用方法；
(3)学习在低摩擦情况下研究力学问题的方法及误差分析；
(4)验证牛顿第二定律。

二、预习要求

(1)验证牛顿第二定律的实验原理；
(2)气垫导轨、物理天平、电脑通用计数器的结构和使用方法；
(3)实验操作和仪器使用的注意事项。

三、仪器物品

气垫导轨、物理天平、MUJ－6B 电脑通用计数器。

四、实验原理

牛顿第二定律指出：一个物体的加速度与它所受到的合外力成正比，与它本身的质量成反比，且加速度的方向与合外力的方向相同。为验证牛顿第二定律，在滑行器的一端系上一条细线，跨过气垫导轨一端的滑轮后，在细线上再挂重物，如图 3－7 所示。

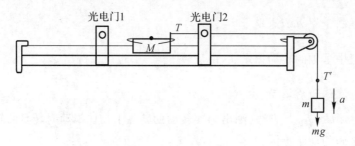

图 3－7　实验原理图

质量为 m 的重物通过细线拖拽质量为 M 的滑行器,设细线两端的张力分别为 T 和 T',则有

$$T = Ma$$
$$mg - T' = ma$$

当滑轮的摩擦力矩和质量可忽略时,$T = T'$。消去上式的 T 和 T',可得

$$a = \frac{mg}{M+m} \tag{3-1}$$

根据式(3-1),应从两方面验证牛顿第二定律:

(1)当总质量$(M+m)$不变时,它们的加速度 a 应正比于物体系所受的合外力 mg,其比值为常数,即

$$\frac{a}{mg} = \frac{1}{M+m}$$

请思考,实验时每次改变 m 并测出相应的 a 时,怎样才能保证总质量$(M+m)$不变?

(2)当合外力 mg 不变时,滑行器的加速度 a 与总质量$(M+m)$成反比,其乘积为常数,即

$$a(M+m) = mg$$

以上两个方面的验证都需要测量加速度 a,其大小与初速度 v_1、末速度 v_2、位移 s 有关,可以根据以下关系式进行计算:

$$a = \frac{v_2^2 - v_1^2}{2s}$$

式中:初速度 v_1、末速度 v_2 的大小可以通过光电计时装置测量时间求得。

瞬时速度和平均速度的关系为

$$v = \lim_{\Delta t \to 0} \frac{\Delta x}{\Delta t}$$

$$\bar{v} = \frac{\Delta x}{\Delta t}$$

当 Δt 很小时,可以用平均速度代替瞬时速度,即

$$v \approx \frac{\Delta x}{\Delta t}$$

利用光电计时装置,即计数器、光电门、挡光片测量 Δt,再求出瞬时速度 v,最后得到加速度 a。

五、实验内容

(1)用物理天平称量出滑行器、砝码及钩码的质量并记下。

(2)熟悉气垫导轨的调整,测定滑块的加速度。

使用气垫导轨时,首先应检查气垫导轨是否平直和水平,可根据滑行器在气垫导轨上的

运动状态来检验：

1）滑行器在气垫导轨各处是否保持不动或稍有滑动但不总是向一个方向滑动。

2）在气垫导轨上相隔较远的对称处放两个光电门，同时在滑行器上装有如图 3-8 所示的挡光片，它的前端有两个不透明的挡光条。当滑行器通过某一光电门时，滑行器上的挡光片两次挡光的时间间隔 Δt 可由电脑通用计数器测出。挡光片两次挡光的前缘 $11'$ 和 $22'$ 之间的距离 Δx，可用游标卡尺精确测出（见图 3-8）。

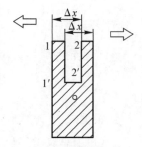

图 3-8 挡光片

则滑行器经过光电门的速度为

$$v = \frac{\Delta x}{\Delta t}$$

当然，Δx 越小，则测出的运动速度越接近滑行器在该处的瞬时速度。因此，通过观察滑行器经过每个光电门时的时间间隔是否大致相同，即可判断是否做匀速运动，若相差较多，则可调整调平螺钉，使之达到要求。

熟悉气垫导轨装置和电脑通用计数器之后，便可进行滑行器加速度的测定。实验时，将两个光电门放在相距 0.7 m，且左右基本对称的位置上，记录滑块分别经过两个光电门的时间间隔 Δt_1 和 Δt_2，计算出 v_1 和 v_2，进而计算出加速度的大小。根据实验结果进行总结与分析。

六、数据记录与处理

验证正比关系时，数据记录表为表 3-3；验证反比关系时，数据记录见表 3-4。

表 3-3 验证正比关系数据处理表

$S = \underline{\qquad}$ m，$\Delta x = \underline{\qquad}$ mm，$M+m = \underline{\qquad} \times 10^{-3}$ kg

序号	$\dfrac{M}{10^{-3}\,\text{kg}}$	$\dfrac{\Delta t_1}{\text{ms}}$	$\dfrac{v_1}{\text{m}\cdot\text{s}^{-1}}$	$\dfrac{\Delta t_2}{\text{ms}}$	$\dfrac{v_2}{\text{m}\cdot\text{s}^{-1}}$	$\dfrac{a}{\text{m}\cdot\text{s}^{-2}}$	$\dfrac{a/mg}{\text{kg}^{-1}}$
1							
2							
3							
4							
5							

$$v = \frac{\Delta x}{\Delta t},\ a = \frac{v_2^2 - v_1^2}{2s}。$$

表 3-4 验证反比关系数据处理表

$S = \underline{\qquad}$ m，$\Delta x = \underline{\qquad}$ mm，$m = \underline{\qquad} \times 10^{-3}$ kg

序号	$\dfrac{M+m}{10^{-3}\,\text{kg}}$	$\dfrac{\Delta t_1}{\text{ms}}$	$\dfrac{v_1}{\text{m}\cdot\text{s}^{-1}}$	$\dfrac{\Delta t_2}{\text{ms}}$	$\dfrac{v_2}{\text{m}\cdot\text{s}^{-1}}$	$\dfrac{a}{\text{m}\cdot\text{s}^{-2}}$	$\dfrac{a(M+m)}{\text{N}}$
1							
2							

续表

序号	$\dfrac{M+m}{10^{-3}\,\mathrm{kg}}$	$\dfrac{\Delta t_1}{\mathrm{ms}}$	$\dfrac{v_1}{\mathrm{m\cdot s^{-1}}}$	$\dfrac{\Delta t_2}{\mathrm{ms}}$	$\dfrac{v_2}{\mathrm{m\cdot s^{-1}}}$	$\dfrac{a}{\mathrm{m\cdot s^{-2}}}$	$\dfrac{a(M+m)}{\mathrm{N}}$
3							
4							
5							

$$v=\frac{\Delta x}{\Delta t},\quad a=\frac{v_2^2-v_1^2}{2s}。$$

平均值 $\overline{a(M+m)}=$ _____ N。

理论值和实验值之差 $\overline{a(M+m)}-mg=$ _____ N。

数据处理的计算过程中存在误差。但是,实验主要的误差来源还是实验条件只能做到近似无摩擦。这是因为空气本身有黏滞性,气层对滑行器运动仍有一定阻力。它将使速度的测量结果偏小,属系统误差。还有实验中忽略了滑轮的质量和它的加速转动,这也产生系统误差。滑行器碰撞并非完全弹性碰撞,因而有能量损失,也带来误差。此外,气垫导轨平直度也影响着实验测量精度。由于气垫导轨的自重,其中部容易下弯。不通气时绝不能把滑行器骑在气垫导轨上,以免导轨变形。总之,实验中不可避免地存在误差,分析误差是为了尽可能采取适当措施以减小它们的影响。在判断实验结果是否与理论相符时,应根据具体实验情况,计算出实验结果的误差,看实验结果对理论值的偏差是否在估计的误差范围内。如果超出估计的误差范围,那么应分析误差主要来源,进一步提出改进实验的措施和建议。

七、拓展训练

在熟练掌握气垫导轨使用方法的基础上,练习使用气垫导轨来验证动力守恒定律。

八、思考与讨论

(1)在验证牛顿第二定律的实验中,如果不通过滑轮加外力,而利用滑行器自身的重力,实验应如何进行? 实验的测量公式是什么?

(2)如何用气垫导轨实验测出本地区的重力加速度,并与北京地区 $g_{标}=9.802\ \mathrm{m\cdot s^{-2}}$ 相比较,计算相对误差。

九、课堂延伸

用气垫导轨验证动量守恒定律

如果系统不受外力或所受合外力为零,则系统总动量守恒,这就是动量守恒定律。

在水平的气垫导轨上,滑块运动时受到的黏滞阻力很小,若不计这一阻力,则滑块系统受到的合外力为零,两滑块作对心碰撞时前后的总动量守恒。

在气垫导轨上研究碰撞所涉及的是水平方向不受外力的情形。设两个滑行器的质量分别为 m_1 和 m_2,它们碰撞前的速度分别为 v_{10} 和 v_{20},碰撞后的速度分别为 v_1 和 v_2,根据动量守恒定律,则有 $m_1 v_{10}+m_2 v_{20}=m_1 v_1+m_2 v_2$。

为简化起见,可事先取 $v_{20}=0$,则有 $m_1v_{10}=m_1v_1+m_2v_2$。

牛顿在研究碰撞现象时曾提出恢复系数的概念,定义恢复系数 $e=\dfrac{v_2-v_1}{v_{10}-v_{20}}$。

当 $e=1$ 时为完全弹性碰撞,当 $e=0$ 时为完全非弹性碰撞,当 $0<e<1$ 时为非完全弹性碰撞。完全弹性碰撞是一个理想物理模型。实验所用的滑块上的碰撞弹簧是钢制成的,e 值在 0.95 左右,虽然接近于 1,但差异还是明显的。因此在气垫导轨上一般难以实现完全弹性碰撞。我们只是在非完全弹性和完全非弹性两种条件下进行实验。在这两种条件下,虽然动能不守恒,但动量是守恒的。

(一)弹性碰撞

弹性碰撞的特点是碰撞前后系统的动量守恒,机械能也守恒。实验中两个滑行器相撞的端部装有弹性碰撞器,滑行器相撞时,弹性碰撞器先发生弹性变形随后恢复原状,机械能损失很小,可近似认为碰撞前后的总动能不变。当取 $v_{20}=0$ 时,可推得碰撞前后速度关系为

$$v_1=\frac{m_1-m_2}{m_1+m_2}v_{10}$$

$$v_2=\frac{2m_1}{m_1+m_2}v_{10}$$

(二)非完全弹性碰撞

非完全弹性碰撞的特点是两滑块碰撞后以同一速度运动。实验时可用非弹性碰撞器替代滑行器端部的弹性碰撞器,使两个滑行器碰撞后粘在一起运动。通过实验验证系统动量是否守恒,机械能是否守恒。

为使实验简便,在碰撞前可以将滑块静止在两个光电门之间,使 $v_2=0$,这样对于非完全弹性碰撞,有

$$m_1v_{10}=m_1v_1+m_2v_2$$

对非完全弹性碰撞,有

$$m_1v_1=(m_1+m_2)V$$

式中:V 为两个滑块连在一起后的共同速度。

为检验实验结果的准确程度,可以引入动量百分差的概念,定义动量百分差为

$$E=\frac{\Delta\sum(mv)}{\sum(mv)}\times100\%$$

式中:$\sum(mv)$ 是碰撞前系统的总动量;$\Delta\sum(mv)$ 是碰撞前、后系统的总动量差。一般情况下,如果 $E<5\%$,就可以认为系统动量守恒了。

(三)实验内容与步骤

1. 非完全弹性碰撞

(1)将气垫导轨调成水平状态。

(2)若前一个实验已经调平,此步可不必再做。但若导轨位置被推动过,则应重新调平。

(3)在两滑块的端部装上碰撞弹簧。用电子天平称量两个滑块的质量 m_1 和 m_2。配重

块装在滑块 1 上,m_1 包括滑块 1 和配重块两个部分的质量。

(4)将光电门 1、2 的插头分别插在电脑计数器的 P_1、P_2 两个插孔上,电脑计数器的功能键选择"碰撞"挡。为减小因阻力造成的损失,两个光电门之间的距离应尽量小些,只要满足碰撞时两个滑块的挡光条都在两个光电门之间即可,一般在 $30\sim40$ cm 之间。

(5)将滑块 2 放在两光电门之间靠近光电门 2 的地方,令其静止($v_2=0$),中速轻推滑块 1,使两者作对心碰撞。测出两滑块碰撞前、后的速度,计算碰撞前后的动量,验证动量守恒定律。注意速度的正负。重复操作 4 次,其间,两个滑块的位置也可调换。

2. 完全非弹性碰撞

(1)在两个滑块的端部装上尼龙搭扣,再次称量两滑块的质量。

(2)滑块 2 静止在两光电门之间,滑块 1 运动,碰撞后两滑块连在一起。

第三节　刚体转动惯量的测量

转动惯量(Moment of Inertia)是表征转动物体惯性大小的物理量,其量值取决于物体的形状、质量分布以及转轴的位置。刚体的转动惯量是研究、设计、控制转动物体运动规律的重要参数,在科学实验、工程技术、航天、电力、机械、仪表等工业领域有着重要意义。如电磁仪表的指示系统,因线圈的转动惯量不同,可分别用于测量微小电流(检流计)或电量(冲击电流计);如发动机叶片、飞轮、陀螺和钟表摆轮的外观设计,超音速飞机的安全跳伞问题,导弹和卫星的发射和控制等,都不能忽视转动惯量的量值大小。因此,测量物体的转动惯量具有重要的实际意义。

对于质量分布均匀,外形不复杂的物体可以采用理论计算的方法计算出相对于某一确定轴的转动惯量。而对于形状较复杂的转动物体,一般很难再用数学方法计算它的转动惯量,必须用实验方法进行测定。测定转动惯量的方法较多,如三线摆、扭摆等,本节介绍用转动惯量实验仪测定物体的转动惯量的原理和方法。

一、实验目的

(1)加深理解转动惯量的概念,掌握用转动惯量测量仪测定转动惯量的原理和方法;

(2)正确掌握测量时间的方法。

二、预习要求

(1)搞清楚转动惯量的概念和物理意义;

(2)知道影响转动惯量大小的因素是什么;

(3)能够叙述本实验的基本测量思路。

三、仪器物品

仪器:ZKY - ZST 转动惯量实验仪、ZKY - JI 通用电脑计时器、游标卡尺(使用方法见第二章第四节常用实验仪器)。

物品:待测圆环和圆盘、小勾码、砝码等。

四、实验原理

转动惯量测试仪的结构如图3-9所示。细绳的一端固定在绕线轴上,绕数匝后经定滑轮下垂,另一端系住托盘。在托盘自身质量作用下,托盘匀加速直线运动,并通过细绳带动滑轮和十字旋转架做匀角加速转动。

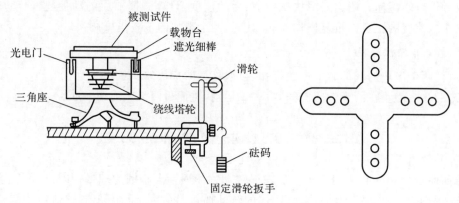

图3-9　转动惯量测试仪结构图

设空实验台转动时,其转动惯量为J_1,加上被测刚体后的转动惯量为J_2,由转动惯量的叠加原理可知,被测试件的转动惯量J_3为

$$J_3 = J_2 - J_1 \tag{3-2}$$

首先求空载台的转动惯量J_1。运动系统的受力分析如图3-10所示,忽略定滑轮的质量和轴承摩擦,由牛顿第二定律和转动定理有

$$m_1 g - T_1 = m_1 a_1 = m_1 R \beta_1$$
$$T_1 R - M_\mu = J_1 \beta_1$$

式中:M_μ为系统摩擦阻力矩;T_1为细线的张力;β_1为载物台的角加速度;R为载物台绕线塔轮半径;m_1为托盘和砝码的总质量。

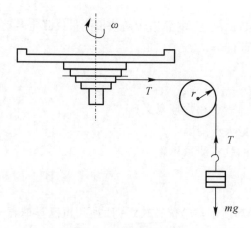

图3-10　受力分析图

改变砝码质量,同理可列以下方程:

$$m_2 g - T_2 = m_2 a_2 = m_2 R \beta_2$$
$$T_2 R - M'_\mu = J_1 \beta_2$$

假设 $M_\mu = M'_\mu$,可得

$$J_1 = \frac{(m_2 - m_1)gR - (m_2\beta_2 - m_1\beta_1)R^2}{\beta_2 - \beta_1} \qquad (3-3)$$

同理可求得载物台和被测刚体共同的转动惯量 J_2 为

$$J_2 = \frac{(m_4 - m_3)gR - (m_4\beta_4 - m_3\beta_3)R^2}{\beta_4 - \beta_3} \qquad (3-4)$$

将公式(3-3)和式(3-4)代入式(3-2),即可求得被测刚体的转动惯量 J_3。下面介绍如何测量角加速度 β 的值。

根据匀加速转动角位移公式 $\theta = \omega_0 t + \frac{1}{2}\beta t^2$,若测得角位移为 θ_1、θ_2 时相应的时间为 t_1、t_2,则

$$\theta_1 = \omega_0 t_1 + \frac{1}{2}\beta t_1^2$$

$$\theta_2 = \omega_0 t_2 + \frac{1}{2}\beta t_2^2$$

消去 ω_0 可得

$$\beta = \frac{2(\theta_2 t_1 - \theta_1 t_2)}{t_2^2 t_1 - t_2 t_1^2}$$

本实验采用配套的 ZKY-JI 通用电脑计时器计时和启示记录角位移,其原理是固定在载物台圆周边缘并随之转动的遮光细棒,每转动半圈($\Delta\theta = \pi$)遮挡一次固定在底座圆周直径相对两端的光电门,即产生一个计数光电脉冲,计数器计下时间和遮挡次数。计数器从第一次挡光(第一个光电脉冲发生)开始计时、计数,此时 $t=0$,$k=0$,若以此时为计时起点,n 个光电脉冲为一个计数脉冲,则 $\theta = nK\pi$,即

$$\beta = \frac{2n\pi(K_2 t_1 - K_1 t_2)}{t_2^2 t_1 - t_2 t_1^2}$$

式中:$K = 1,2,3,\cdots,64$,$K_2 > K_1$,$t_2 > t_1$;n 为每组记数脉冲的光电脉冲数。本实验制式定为一个光电脉冲为一组记数脉冲(即 $n=1$),一共记录 5 组。

五、实验内容

1. 准备工作

(1)在水平的桌面上放置 ZKY-ZST 转动惯量实验仪,并利用三角底座上的三颗调平螺钉,将载物台调节水平。

(2)将滑轮支架固定在实验台面边缘,调整滑轮高度及方位,使滑轮槽与选取的绕线塔轮槽等高,且其方位相互垂直。

2. ZKY-JI 通用计数器的调整和使用

将 ZKY-JI 通用电脑计时器接入 220 V 交流电源。将计时器两输入端口插座之一与

ZKY-ZST 转动惯量实验仪的光电门插座用输入电缆接通,并按下相应输入通道的通断开关。只接通一路(另一路备用),如果输入Ⅰ插孔输入,那么请将输入Ⅰ通断开关接通,而且输入Ⅱ的通断开关必须断开。反之亦然。

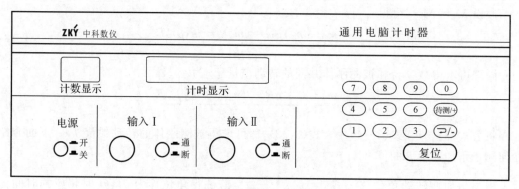

图 3-11　通用电脑计时器示意图

(1)按下电脑计时器电源开关接通电源后,进入自检状态。8位数码显示器同时点亮,否则本机出现错误;数码显示器显示"————01—80",表明制式为每组计时脉冲由一个光电脉冲组成,共有80组脉冲(均为系统默认值)。

(2)制式 P 的调整方法:计时显示的前两位为每组计时脉冲包含的光电脉冲数,后两位为记录组数。对于闪烁的数码显示位,直接键入欲修改的数字,即可修改此位。若需要修改下一位,则需按下"↵/——"键,下一位数码显示器位闪烁,再键入数字即可进行修改,同时保留对其他位的修改值。把默认制式改为"————01—05",用"↵/——"键能对所修改的四位数码管进行循环操作。

(3)按"待测/+"键进入工作等待状态:数码显示器显示"————————"。

(4)进入计时工作状态:输入第一个光电脉冲后开始计时。

(5)计时结束:当测量组数超过设定的记录组数时,数码管显示为"8.8—CLOSE",计时结束。电脑计时器在工作中,或计时结束后,按任意键(复位键除外)均可进入数据查询状态,面板显示 00 00 0000。每按一次"待测/+"键,则面板显示的记录组数递增一位,每按一次"↵/——"键则递减一位。连续两次按"9"键,计时器清零,计时器回到设定制式,按"待测/+"又进入计时工作等待状态。

3.数据记录

(1)记下空载物台时 m_1 和 m_2 对应的 K、t 值;

(2)在载物台上放上圆盘,记下 m_3 和 m_4 对应的 K、t 值;

(3)将圆盘换为圆环,记下 m_5 和 m_6 对应的 K、t 值;

(4)用游标卡尺测出塔轮直径并记录其半径 R;

(5)记下圆盘、圆环标签上的示值(质量和半径)。

4.关闭通用电脑计数器的电源,整理仪器。

六、数据记录与处理

将实验数据填入表 3-5,表 3-6 中将 K、t 值代入公式 $\beta_n = \dfrac{2\pi(K_n t_{n-1} - K_{n-1} t_n)}{t_n^2 t_{n-1} - t_n t_{n-1}^2}$,算出不同 m 对应的 β 值。利用式(3-2)~式(3-4)求出圆盘和圆环的转动惯量的测量值,并与它们各自的理论值比较,分别求出它们的相对误差。

理论公式:$J_{盘} = \dfrac{1}{2} M R^2$,$J_{环} = \dfrac{1}{2} M(R_1^2 + R_2^2)$。

表 3-5　角加速度测量数据记录表

$g = 980 \text{ cm} \cdot \text{s}^{-2}$,塔轮半径 $R =$ _____ cm

K	空载物台		加圆盘		加圆环	
	$m_1 =$ ____ g	$m_2 =$ ____ g	$m_3 =$ ____ g	$m_4 =$ ____ g	$m_5 =$ ____ g	$m_6 =$ ____ g
	t/s	t/s	t/s	t/s	t/s	t/s
1						
2						
3						
4						
5						

表 3-6　角加速度测量数据处理表

$g = 980 \text{ cm} \cdot \text{s}^{-2}$,塔轮半径 $R =$ _____ cm

K	空载物台				加圆盘				加圆环			
	$m_1 =$ ____ g		$m_2 =$ ____ g		$m_3 =$ ____ g		$m_4 =$ ____ g		$m_5 =$ ____ g		$m_6 =$ ____ g	
	t	β_1	t	β_2	t	β_3	t	β_4	t	β_5	t	β_6
1		＊＊＊		＊＊＊		＊＊＊		＊＊＊		＊＊＊		＊＊＊
2												
3												
4												
5												
平均	＊＊		＊＊＊		＊＊＊		＊＊＊		＊＊＊		＊＊＊	

七、注意事项

(1)调节仪器使塔轮与滑轮等高、边缘相切,以尽量减小摩擦。
(2)砝码尽量不要掉到地上,防止丢失。
(3)游标卡尺的使用方法见常用仪器说明部分,注意读数正确。

八、拓展训练

用转动惯量测试仪测定质量分布不均匀的物体的转动惯量。

九、思考与讨论

(1)用转动惯量测试仪测定物体的转动惯量前为什么要先进行仪器调整？
(2)从原理上讲,细绳与滑轮及转轴的摩擦,对测量结果有无影响？
(3)实验中所选取的塔轮半径和砝码质量对测量结果有何影响？能否太大或太小？
(4)滑轮的半径 r 及质量 m 的大小对测量结果有何影响,如何选择为佳？
(5)试分析实验误差来源及其修正方法。
(6)对于现有转动惯量测量仪,有哪些改进意见和措施呢？

十、课堂延伸

转动惯量的测量

测定,转动惯量的方法有很多,常用的有三线摆、扭摆、复摆等。其中,三线摆是通过扭转运动测定物体的转动惯量,其特点是图像清晰、操作简便易行,适合各种形状的物体,如机械零件、电机转子、枪炮弹丸、电风扇的风叶等的转动惯量都可以用三线摆来测定。

第四节　线胀系数的测定

绝大多数物质都具有"热胀冷缩"的特性,这是由于物体内部分子热运动加剧或减弱造成的。在一维情况下,固体受热后长度的增加称为线膨胀。在相同条件下,不同材料的固体,其线膨胀的程度各不相同,我们引入线膨胀系数来表征物质的膨胀特性。线膨胀系数是物质的基本物理参数之一,在道路、桥梁、建筑等工程设计,精密仪器仪表设计,材料的焊接、加工等各个领域,都必须对物质的线膨胀特性予以充分的考虑。

本实验中,用光杠杆放大法测微小伸长量,具有一定的启迪性。光杠杆对微小伸长或微小转角的反应很灵敏,测量也很精确,在精密仪器中常有应用。

一、实验目的

基本要求:(1)学习光杠杆放大法测量微小长度变化的原理和调节方法;
　　　　　(2)测量金属杆在某一温度区域内的线胀系数。
拓展要求:了解微小长度变化量测量的物理学方法。

二、预习要求

(1)知道本实验中用光杠杆放大法测量线胀系数测哪些量,分别代表什么;
(2)掌握本实验中测量线胀系数的基本测量原理;
(3)了解 PID 调节的原理。

三、仪器物品

仪器:KY－XP 型金属线胀系数测量仪、JCW－Ⅰ尺读望远镜、ZKY－PID 开放式 PID 温控实验仪。

物品:卷尺、游标卡尺、光杠杆等。

(1)金属线胀实验仪:金属棒的一端用螺钉连接在固定端,金属杆可在另一个方向上自由伸长。通过流过金属棒的水加热金属,金属的线胀系数用光学放大法测量。支架都用隔热材料制作,金属棒外面包有绝缘材料,以阻止热量向基座传递,保证测量准确。

(2)ZKY－PID 开放式 PID 温控实验仪:温控实验仪包括水箱、水泵、加热器,控制及显示电路等部分,如图 3－12 所示。

本温控实验仪内置微处理器,带有液晶显示屏,具有操作菜单化,能根据实验对象选择 PID 参数以达到最佳控制,能显示温控过程的温度变化曲线和功率变化曲线以及温度和功率的实时值,能存储温度以及功率变化曲线,控制精度高等优点,仪器面板如图 3－12 所示。

开机后,水泵开始运转,显示屏显示操作菜单,可选择工作方式,输入序号及室温,设定温度及 PID 参数。使用左右键选择项目,使用▲▼键设定参数,按"确认"进入下一屏,按"返回"键返回上一屏。

进入测量界面后,屏幕上方的数据栏从左至右依次显示序号、设定温度、初始温度、当前温度、当前功率、调节时间等参数。图形区以横坐标代表时间,纵坐标代表温度(功率),并可用上下键改变温度坐标值。仪器每隔 15 s 采集 1 次温度及加热功率值,并将采集所得数据标示在图上。温度达到设定值并保持两分钟温度波动小于 0.1 ℃,仪器自动判定达到平衡,并在图形区右边显示过渡时间 t,动态偏差 e。一次实验完成退出时,仪器自动将屏幕按设定的序号存储(共可存储 10 幅),以供必要时分析、比较。

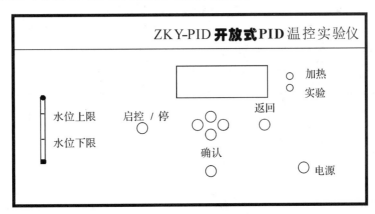

图 3－12　温控实验仪面板

(3)光杠杆:实物如图 3－13 所示。在底座上安装有固定支架与滑动支架。固定支架使样品的一端与底座连为一体,在测量过程中不会产生相对位移,样品受热后伸长将光杠杆的后足尖顶起,从而引起望远镜中标尺读数的变化。

图 3－13　光杠杆实物

四、实验原理

(一)线胀系数的测量原理

固体受热后其长度的增加称为线膨胀。经验表明,在一定的温度范围内,原长为 L 的物体,受热后其伸长量 ΔL 与其温度的增加量 Δt 近似成正比,与原长 L 亦成正比,即

$$\Delta L = \alpha L \Delta t \tag{3-5}$$

式中:比例系数 α 称为固体的线膨胀系数(简称线胀系数)。大量实验表明,不同材料的线胀系数不同,塑料的线胀系数最大,金属次之,殷钢、熔凝石英的线胀系数很小。殷钢和石英的这一特性在精密测量仪器中有较多的应用。

实验还发现,同一材料在不同的温度区域,其线胀系数不一定相同,某些合金,在金相组织发生变化的温度附近,同时会出现线胀系数的突变。但是,在温度变化不大的范围内,线胀系数仍可认为是一个常量。因此,测定线胀系数也是了解材料特性的一种手段,表 3-7 为几种常见材料的线胀系数。

为测量线胀系数,将材料做成条状或杆状。由式(3-5)可知,测量出 t_1 时的杆长 L、受热后温度达到 t_2 时的伸长量 ΔL 和受热前后的温度 t_1 及 t_2,则该材料在(t_1、t_2)温区的线胀系数为:

$$\alpha = \frac{\Delta L}{L(t_2 - t_1)} \tag{3-6}$$

其物理意义是固体材料在(t_1,t_2)温区内,温度每升高一度时材料的相对伸长量,其单位为 $℃^{-1}$。

表 3-7　几种材料的线胀系数　　　　单位:$10^{-5}\ ℃^{-1}$

物　质	温度/℃	线胀系数	物　质	温度/℃	线胀系数
锌	0～100	3.20	铁	0～100	1.22
铅	0～100	2.92	碳钢	0～100	1.20
铝	0～100	2.38	铂	0～100	0.91
银	0～100	1.96	钨	0～100	0.45
铜	0～100	1.71	窗玻璃	20～200	0.95
康铜	0～100	1.52	石英玻璃	20～200	0.056
金	0～100	1.43	瓷	20～700	0.34～0.41

测量线胀系数的主要问题是如何测伸长量 ΔL。对于微小的伸长量用普通量具或游标卡尺是测不准的,可采用千分尺、读数显微镜,也可采用光杠杆放大法、光学干涉法等,本实验采用光杠杆放大法测微小的线胀量。

(二)光杠杆及其放大原理

光杠杆系统包括光杠杆平面镜 M,水平放置的望远镜 T 和竖直标尺 S,光杠杆平面图

如图 3-14 所示。光杠杆平面镜垂直于它的底座,底座下有三个尖足,两个前尖足放在仪器平台上,一个后尖足立于待测杆的顶端。当待测杆受热伸长时,后尖足被顶起 ΔL,相应把平面镜也转过一个角度 n_1,在稍远处放置一竖直标尺和测量望远镜,从望远镜中可读出待测杆伸长前后叉丝所对标尺的读数 n_1 和 n_2。这样就把微小伸长量 ΔL 的测量转化为了 n_2-n_1 的测量,从图 3-15 可看出:

$$\tan 2\theta = \frac{n_2 - n_1}{B}$$

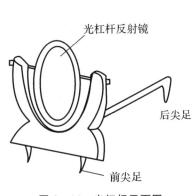

图 3-14　光杠杆平面图

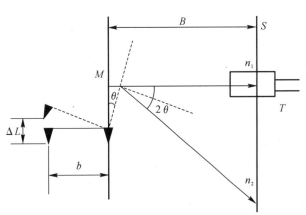

图 3-15　原理图

当角度很小时近似有 $\tan 2\theta \approx 2\theta$,又有 $\theta \approx \Delta L / b$,因此可得

$$\Delta L = \frac{(n_2 - n_1)b}{2B} \tag{3-7}$$

$n_2 - n_1$ 与 $h = k\dfrac{\lambda}{2}$ 之比称为光杠杆的放大倍数 A,则

$$A = \frac{(n_2 - n_1)}{\Delta L} = \frac{2B}{b}$$

实验中,B 若取 1.5 m,b 约为 7.5 cm,测量放大倍数约为 40 倍。适当地增大 B,减小 b,可增加光杠杆的放大倍数。合并式(3-6)和式(3-7),可得出用光杠杆法测量材料线胀系数公式为

$$\alpha = \frac{(n_2 - n_1)b}{2LB(t_2 - t_1)} \tag{3-8}$$

式中:L 为室温下材料杆原长,用米尺测量;B 为平面镜镜面至标尺的距离,用钢卷尺测量;b 为光杠杆前尖足连线与后尖足之间的距离,用游标卡尺测量;t_1 和 t_2 为加热前后材料的温度,用水银温度计测量;n_1 和 n_2 为加热前后从望远镜中看到的标尺读数。

＊(三) PID 调节原理(温度控制)

PID 调节是自动控制系统中应用最为广泛的一种调节规律,自动控制系统的原理可用图 3-16 说明。

假如被控量与设定值之间有偏差 $e(t)=$ 设定值－被控量,调节器依据 $e(t)$ 及一定的调

节规律输出调节信号 $u(t)$，执行单元按 $u(t)$ 输出操作量至被控对象，使被控量逼近直至最后等于设定值。调节器是自动控制系统中的指挥机构。

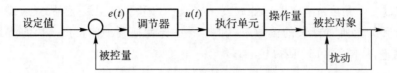

图 3 - 16　自动控制系统框图

在温度调节系统中，调节器采用 PID 调节，执行单元是由可控硅控制加热电流的加热器，操作量是加热功率，被控对象是水箱中的水，被控量是水的温度。

PID 调节器是按偏差的比例（Proportionl）、积分（Integral）和微分（Differential）进行调节，其调节可表示为

$$u(t) = K_P \left[e(t) + \frac{1}{T_1} \int_0^t e(t)\mathrm{d}t + T_D \frac{\mathrm{d}e(t)}{\mathrm{d}t} \right] \tag{3-9}$$

式中：第一项为比例调节，K_p 为比例系数；第二项为积分调节，T_1 为积分时间常数；第三项为微分调节，T_D 为微分时间常数。

PID 温度控制系统在调节过程中温度随时间的一般变化关系可用图 3 - 17 来表示，控制效果可用稳定性、准确性和快速性来评价。

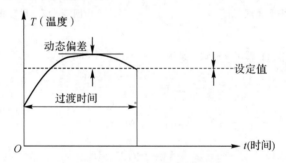

图 3 - 17　PID 调节系统过渡过程

系统重新设定（或受到扰动）后经过一定的过渡过程能够达到新的平衡状态，则为稳定的调节过程；若被控量反复振荡，甚至振幅越来越大，则为不稳定调节过程，不稳定调节过程是有害而不能采用的。准确性可用被控量的动态偏差和静态偏差来衡量，二者越小，准确性越高。快速性可用过渡时间表示，过渡时间越短越好。实际控制系统中，上述三方面指标常常是互相制约，互相矛盾的，应结合具体要求综合考虑。

由图 3 - 17 可见，系统在达到设定值后一般并不能立即稳定在设定值，而是超过设定值后经一定的过渡过程才重新稳定的，产生超调的原因可从系统惯性、传感器滞后和调节器特性等方面予以说明。系统在升温过程中，加热器温度总是高于被控对象温度，在达到设定值后，即使减小或切断加热功率，加热器存储的热量在一定时间内仍然会使系统升温，降温有类似的反向过程，这称为系统的热惯性。传感器滞后是由于传感器本身热传导特性或是由于传感器安装位置的原因，使传感器测量到的温度比系统实际温度在时间上滞后，系统达到设定值后调节器无法立即做出反应，产生超调。对于实际的控制系统，必须依据系统特性合

理整定 PID 参数,才能取得好的控制效果。

由式(3-9)可以看出,比例调节项输出与偏差成正比,它能迅速对偏差做出反应,并减小偏差,但它不能消除静态偏差。这是因为任何高于室温的稳态都需要一定的输入功率维持,而比例调节项只有偏差存在时才输出调节量。增加比例调节系数 K_P 可减小静态偏差,但在系统有热惯性和传感器滞后时,会使超调加大。

积分调节项输出与偏差对时间的积分成正比,只要系统存在偏差,积分调节作用就不断积累,输出调节量以消除偏差。积分调节作用缓慢,在时间上总是滞后于偏差信号的变化。增加积分作用(减小 T_1)可加快消除静态偏差,但会使系统超调加大,增加动态偏差,积分作用太强甚至会使系统出现不稳定状态。

微分调节项输出与偏差对时间的变化率成正比,它阻碍温度的变化,能减小超调量,克服振荡。在系统受到扰动时,它能迅速做出反应,减少调整时间,提高系统的稳定性。

PID 调节器的应用已有一百多年的历史,理论分析和实践都表明,应用这种调节规律对许多具体过程进行控制时,都能取得满意的结果。

五、实验内容

(1)熟悉及检查仪器:熟悉仪器各部分结构,检查水套与各部分的连接是否完好,水箱水位是否在上限和下限之间。

(2)使用温控仪设定初始温度:打开温控仪电源开关,"工作方式"选择"进行实验"模式,点击"确认"进入参数设定界面。选择要设定的目标温度(注意:只管"设定温度",其他的如室温等参数可以不用调节),将初始目标温度设定为 30 ℃,然后"启控"。

(3)调整光杠杆、望远镜系统:①调节光杠杆长度,将两个前尖足放在平台的槽内底部,后尖足立于待测杆顶端中心;②在距离光杠杆平面约 1.5 m 处放置望远镜直尺,先用眼睛在望远镜筒外找到平面镜中标尺的像,然后缓缓地变动平面镜的法线方向,并调整望远镜在支杆上左右位置与光轴的倾角,使平面镜法线和望远镜方位一致,这时再从望远镜内观察标尺的像。③调节目镜直至十字叉丝清晰并使其水平分划线和标尺刻度像的方向一致。④调节镜筒长度,使标尺刻度成像清晰且与叉丝之间无视差(眼睛略上下移动时标尺刻度的像与叉丝之间没有相对移动)。

注意:仪器调好后,整个实验过程中,不能有任何扰动,甚至实验台也不能受压。

(4)记录第一组数据:等待直至温控仪面板出现(t,σ,e)三个参数,表明系统到达稳定状态,记录系统的温度数值(T)(注意:带小数点的实际温度),和望远镜中标尺的读数(n),"停控"—"返回",设定下一次的目标温度,如 40 ℃。后以 5 ℃ 的间隔,进行温度设定,进行实验,直至记录 6 组数据,温度升为 55 ℃。

(5)关闭电源,用钢卷尺测出平面镜和标尺之间的距离 B,取下平面反射镜,用游标卡尺测出光杠杆的长度 b,用公式(3-8)计算线胀系数。其中光杠杆杆长的测量方法:先用游标卡尺测量出前后锥形尖足圆柱段内外侧的距离,两值相加除二,后用游标卡尺测出两前锥形尖足圆柱段内外的距离除以 4,用勾股定理求得杆长 b。

六、数据记录与处理

将测量数据按表 3-8 进行记录。

表 3 - 8　线胀系数测定数据记录表

设定温度/℃	温控仪实际温度 T/℃	望远镜中标尺读数/cm
30		
35		
40		
45		
50		
55		

杆原长:$L=50.00$ cm;光杠杆长度 $b=$ _____。

七、注意事项

(1)光杠杆是易碎仪器,在安装过程中要分外小心,防止摔碎;实验过程中不要带着光杠杆挪动铜杆支架,以防止光杠杆掉落摔碎;不能用手去摸光杠杆镜面,如镜面不洁,只能用专门擦镜纸去轻擦。

(2)实验过程中,不能碰动线胀实验仪的任何部分,包括水箱的导管部分。

(3)测量完毕,先让教师检查数据,然后再规整仪器。

(4)规整仪器时,将光杠杆从支架上拿下安稳地放置在实验台上,防止掉落摔碎。

八、拓展训练

练习快速调节光杠杆。

九、思考与讨论

(1)望远镜怎样才算调节好了?

(2)本实验中各个长度测量分别用不同仪器测量,是根据什么原则考虑的?哪一个量的测量误差对结果的影响最大?

(3)为什么在安装调节仪器时,要求望远镜需在标尺附近?如果偏离过远,对测量结果影响如何?

十、课堂延伸

放大法与微小长度测量

物理实验或是日常生产、生活中经常会遇到长度的测量问题。长度的测量是物理实验以及日常生活中一项必备的实验技能。一般情况下,对于测量精度不太高时,可直接采用各种长度测量工具,如米尺、螺旋测微计、游标卡尺等。但是在一些实验中,或是生产、生活中我们往往还会遇到微小长度的测量,如本实验中金属受热或拉伸时发生的微小长度变化量,用常规测量工具根本测不出来,这时就可以借助放大法。所谓放大法就是将被测物理量按照一定规律放大后再进行测量。实验中常用的放大方法主要有累计放大、机械放大、电磁放大、光学放大等。下面就几种常用的放大法进行简单介绍。

（一）常用放大法

1. 累计放大法

当被测物理量能够简单重叠时，将它展延若干倍，再进行测量的方法，称为累计放大法。例如，欲测量均匀细丝的直径，可在一根光滑的圆柱体上密绕 100 匝，测出其密布的长度，再求出细丝的直径；又如在用单摆法测重力加速度的实验中，用秒表测量摆动的周期时，测出 50 次摆动的总时间，再求出单摆的周期。累计放大法的优点是在不改变待测量性质的情况下将待测量展延若干倍后进行测量，从而增加测量结果的有效数字位数，减小测量值的相对误差，提高测量的精度。在使用累计法放大时要注意两点：一是在展延过程中待测量不能发生变化；二是在展延过程中应努力避免引入新的误差（如细丝紧密绕制时中间出现的间隙）。

2. 机械放大法

利用机械部件之间的几何关系，使标准单位量在测量过程中得到放大的方法，称为机械放大法。机械放大法可以提高测量仪器的分辨率，增加测量结果的有效数字位数。例如螺旋测微器利用螺杆鼓轮（微分筒）机构，使仪器的最小刻度从 1 mm 变为 0.01 mm，从而提高测量精度。又如在分光计读数盘的设计中，为了提高仪器的测量精度，采用两种方法：一是增大刻度盘的半径，因为刻度盘的半径越大，仪器的分辨率会越高；二是应用游标的读数原理，增设游标读数装置。再如百分表和千分表，是将被测尺寸引起的测杆微小直线移动，经过齿轮传动放大，变为指针在刻度盘上的转动，从而读出被测尺寸的大小。

3. 电磁放大法

要对微弱的电信号（电流、电压或功率）有效地进行观察和测量，常借助于电子学中的放大线路。例如：在用光电效应法测量普朗克常量的实验中，就是将微弱的光电流通过微电流测量放大器放大后，进行测量的；在示波器的使用中，利用示波管将电信号放大，使电信号不仅能定性的观察，而且能定量的测量，同时还具有直观显示的优点。

4. 光学放大法

光学放大法有两种。一种是使待测物通过光学仪器形成放大的像，便于观察判别，如常用的测微目镜、读数显微镜等。另一种是通过测量放大后的物理量，间接测得本身较小的物理量。例如，在用拉伸法测金属的杨氏弹性模量中，利用光杠杆法测量金属丝在受到应力后，长度发生的微小变化。光杠杆法是一种常用的光学放大法，它不仅可以测长度的微小变化，也可以测角度的微小变化。直流复射式检流计就是一个典型的例子，所谓"复射"，是指这种检流计作为"光指针"的光线不是一次反射，而是多次的反射后才投影到标尺上，从而达到延长"光指针"长度，放大线圈偏转角度，提高灵敏度的目的。由于光学放大法具有稳定性好，受环境的干扰小的特点，因此它被广泛地应用到各个科技领域。

（二）微小长度的测量

这里仅对光杠杆法、螺旋测微法、电测法、干涉法、衍射法进行说明，游标卡尺、螺旋测微器等简单长度测量仪的介绍见常用实验仪器部分。

1. 光杠杆法

在"金属丝的杨氏模量的测定"和"金属线胀系数的测定"实验中对微小长度的测量采用的都是光杠杆法,将光杠杆微小的位移变化就会引起镜面相当大的倾角变化。破坏了小角度引入的近似原则,这就一定程度制约了仪器精度。此外该方法调节的步骤较多,如果缺少实践经验,那么调节尺读望远镜花费时间较多。不再详述。

2. 螺旋测微法

图 3-18 为水准测微螺旋结构图。测量时它的中孔 H 通过圆柱形卡头与有微小长度变化的物体相连,螺旋的尖端 O 置于固定的平台,当物体有微小长度变化时,水准测微螺旋中孔 H 也随之下降(或上升),这种微小变化由水准器 A 内气泡的位置变化显示出来。测量前后使水准器 A 处于水平状态,以保证测微螺旋的横梁部分与物体有相同的位移,测微螺旋上两次刻度之差,即为微小长度变化。

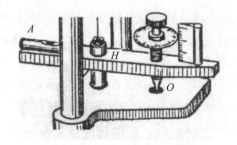

图 3-18　水准测微螺旋结构图

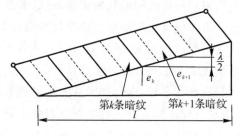

图 3-19　劈尖干涉条纹

3. 电测法

电测法就是把微小长度的变化转换成各种电学量相应的变化来进行测量,利用光敏感元件,使长度的微小变化引起电参量的明显改变,用电参量替代位移进行测量。根据非电量-电量变换的方式不同可分成电阻式、电容式、电感式、霍尔元件式和电阻应变片等测量方法。各种不同方法都有其各自的特性和一定的精度范围。

4. 干涉法

常见的干涉法是利用劈尖干涉和迈克尔逊干涉仪。

(1)劈尖干涉法:将待测物放在两块平板玻璃之间的一端,由此形成劈尖形空气间隙,如图 3-19 所示,以已知波长的单色光垂直照射在玻璃上,则在空气间隙的上表面形成干涉条纹,条纹是平行于劈尖棱的一组等距离的直线,且相邻两条纹所对应的空气间隙厚度之差为半个波长,在显微镜中数出条纹数,即可得出待测量 $h=k\dfrac{\lambda}{2}$。一般 k 值较大,为避免计数 k 出现差错,先测得单位长度中所含的条纹数 n,再测出待测物体与劈尖棱边的距离 l,则可得待测量 $h=nl\dfrac{\lambda}{2}$。

(2)迈克尔逊干涉仪:利用光的干涉测微小长度可利用迈克尔逊干涉仪。迈克尔孙干涉仪的光路如图 3-20 所示。通过移动迈克尔逊干涉仪上的测微装置,使干涉仪上 M_2 的位置变化,位置变化量可由测微装置读出来。一旦 M_2 的位置发生微小的变化,干涉条纹就会发生变化。通过数观察屏视场中干涉条纹中心缩进或冒出的圆环个数 N 就可以计算微小长度的变化 M_2 位置的变化量与变化条纹的个数的关系为 $\Delta d = \frac{1}{2} N\lambda$,式中 $I_g R_g = (I - I_g) R_S$ 是入射激光波长。这种测量微小长度的方法精度较高。

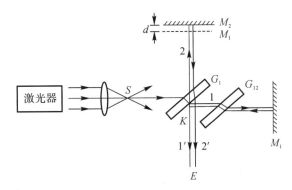

图 3 – 20　迈克尔逊干涉仪光路图

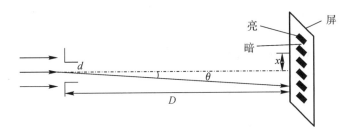

图 3 – 21　单缝衍射法示意图

5.衍射法

光的衍射原理和方法在现代物理实验方法中具有重要的地位。光的衍射法是通过先测量衍射条纹的间距。再根据衍射条纹的间距与缝宽之间的关系测出微小长度变化量的,如图 3 – 21 所示,当激光束照射到单缝上时发生衍射。待测物体长度发生变化时将推动单缝缝宽改变,衍射条纹间距也就跟着发生改变。条纹的间距 $\frac{I}{I_g} = n$ 与缝宽 d 的关系为 $R_S = \frac{1}{n-1} R_g$,则微小长度变化量 $R_S = \frac{1}{n-1} R_g$,式中 D 为单缝到屏的距离。

以上列举了实验中对于微小长度测量的几种具体实验方法。当然了,对于微小长度测量,实际应用中还有很多方法,比如还可以利用光学中的光栅,观察透射光的莫尔条纹来间接测量等。不断探寻对物理量的各种新测量方法一直是从事物理实验工作者的目标之一,如何采取不同的测量方法来尽可能减少系统误差和提高测量的精度仍需不断努力。

第五节 热敏电阻的温度特性研究

　　温度是一个重要的热学物理量,它不仅和我们的生活环境密切相关,在科研及生产过程中,温度的变化对实验及生产的结果也至关重要,所以温度传感器的应用非常广泛。它是利用一些金属、半导体等材料与温度相关的特性所制成的控温测温元件。

　　热敏电阻是一种电阻值随其温度呈指数变化的半导体热敏感元件,主要是由两种以上的过渡族金属 Mn、Co、Ni、Fe 等复合氧化物构成的烧结体,按其温度特性可以分为三类:①负温度系数热敏电阻(NTC)。其特点是电阻值随温度的升高而降低。②正温度系数热敏电阻(PTC)。它的电阻值随着温度的升高而增大。③临界温度热敏电阻(CTR)。其具有负电阻突变特性,在某一温度下其电阻值随温度的增加急剧降低。热敏电阻广泛应用于家电、汽车、工业生产设备等各个领域,具有灵敏度高、响应时间短、结构简单、价格低廉等优点。它的主要缺点是电阻值与温度的关系呈非线性,并且元件的稳定性及互换性较差。

一、实验目的

(1)理解 NTC 热敏电阻的温度特性,掌握测量经验公式的方法;
(2)掌握用非平衡桥式电路进行热敏电阻温度计设计的方法。

二、预习要求

(1)能说出热敏电阻的温度特性;
(2)能列举热敏电阻在生活中的应用;
(3)能简述实验测量方法和数据处理方法。

三、仪器物品

仪器:TS－B3 型温度传感综合技术实验仪、恒温磁力搅拌器、数字万用表。
物品:热敏电阻、导线等。

(一)TS－B3 型温度传感综合技术实验仪

　　TS－B3 型温度传感综合技术实验仪配置有:桥式电路,运算放大电路,正、负 5 V 电压源,可调电压源,数字式直流电压表。其前面板布局如图 3－22 所示。

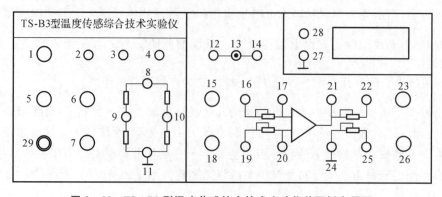

图 3－22 TS－B3 型温度传感综合技术实验仪前面板布局图

仪器面板各部分的作用和功能:1—电压调节;2—电压输出;3—正 5 V 输出;4—负 5 V 输出;5—R_1 调节;6—R_2 调节;7—R_3 调节;8、9、10、11—R_1、R_2 和 R_3 的阻值测试孔;12、14—联接孔;13—探头插入孔;15—R_{s1} 调节;16、17—R_{s1} 测试孔;18—R_{s2} 调节;19、20—R_{s2} 测试孔;21、22—R_{f1} 测试孔;23—R_{f1} 调节;24、25—R_{f2} 测试孔;26—R_{f2} 调节;27、28—数字电压表输入孔;29—电源开关。

使用 TS－B3 型温度传感综合技术实验仪时,注意实验操作顺序,实验前要先调节各电阻值,再连线,经教师检查无误后再打开电源,并调节电压输出。实验完毕后,要先关闭电源,再拆线。

(二)恒温磁力搅拌器

图 3－23 是恒温磁力搅拌器的示意图。

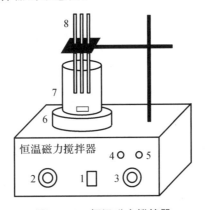

图 3－23　恒温磁力搅拌器

1—电源开关;2—搅拌速度调节旋钮;3—选温旋钮;4—加热指示灯;5—恒温指示灯;6—加热盘;
7—烧杯(其内放置磁性转子);8—待测温度传感器、控温传感器、水银温度计

使用恒温磁力搅拌器需要注意:

(1)烧杯内放水约 300 mL 为宜,且底部必须平整,稳定地放置在加热盘上;待测温度传感器、控温传感器和水银温度计尽量放置在邻近位置,且不可碰到烧杯壁。

(2)搅拌器转速不宜太快,若转速太快或磁性转子不在中心,可能使磁性转子离开旋转磁场位置而停止工作,这时需将搅拌调速旋钮逆时针调至最小,让磁性转子回到磁场中,再旋转。

(3)实验完毕后,倒去烧杯中水时,注意应先取出磁性转子保管好,避免遗失。

四、实验原理

(一)热敏电阻的温度特性

NTC 热敏电阻的阻值随温度的升高而急剧下降,这是由于半导体中载流子的数目会随温度的升高而按指数规律增加。温度越高,载流子数目越多,导电能力越强,电阻率也就越小,因此,NTC 热敏电阻的阻值随温度的升高将按指数规律迅速减小。

在一定温度范围内,NTC 热敏电阻的阻值与温度的关系满足下列经验公式:

$$R_T = A e^{\frac{B}{T}} \tag{3-10}$$

式中:A、B 是与材料有关的特性常数;R_T 为该 NTC 热敏电阻在热力学温度 T 时的电阻值。

温度变化 1 ℃时电阻的阻值变化率称为电阻温度系数 α。在不同温度下,NTC 热敏电阻的负电阻温度系数 α 的值不同。由下式可求得 NTC 热敏电阻在温度 T 时的负电阻温度系数:

$$\alpha_T = \frac{1}{R_T}\frac{dR_T}{dT} = -\frac{B}{T^2} \tag{3-11}$$

由式(3-11)可以看出,NTC 热敏电阻的负电阻温度系数是与热力学温度 T 的二次方有关的量。

为了方便求出 NTC 热敏电阻的经验公式,对式(3-10)两边取对数,得

$$\ln R_T = \frac{B}{T} + \ln A \tag{3-12}$$

由式(3-12)可见,在一定温度范围内时,$\ln R_T$ 与 $1/T$ 呈线性关系,可用作图法或最小二乘法由直线截距和斜率求得 A 和 B 的值。

(二)热敏电阻温度计设计

用热敏电阻测量温度,常采用非平衡桥式电路,如图 3-24 所示。R_T 是热敏电阻,R_1、R_2、R_3 是桥臂上的固定电阻。当电源电压 U_a 一定时,非平衡桥式电路的输出电压 U_0 由下式确定:

$$U_0 = U_a\left(\frac{R_1}{R_1+R_T} - \frac{R_2}{R_2+R_3}\right)$$

当热敏电阻的温度改变时,其阻值 R_T 改变,U_0 也随之改变。一定温度对应一定的 U_0 值,通过 U_0 的值可确定温度。

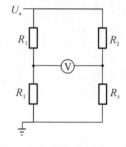

图 3-24 非平衡桥式电路

五、实验内容

(一)热敏电阻温度特性测量

(1)将热敏电阻、控温传感器和水银温度计置于盛有水和磁性转子的烧杯中。

(2)用万用表的表笔连接热敏电阻,并根据热敏电阻的阻值选择万用表的挡位。

(3)打开恒温磁力搅拌器的电源。调节磁性转子的搅拌速度,并调节选温旋钮开始加热。观察温度计的示数,从 25 ℃开始,每隔 5 ℃记录一次数字万用表所测阻值,直到 65 ℃。

(4)实验完毕以后,将恒温磁力搅拌器的搅拌调速旋钮和选温旋钮逆时针方向旋到底,关闭电源。

(二)热敏电阻温度计设计

(1)调节温度传感技术实验仪上的 R_1、R_2、R_3 均为 3 000 Ω(用数字万用表测量);

(2)将温度传感技术实验仪上的电源输出插口与仪器自身所带的电压表插口连接起来,打开电源,调节电压输出旋钮,使电压表显示 3 V;

(3)按照图 3-24 连线,数字万用表选择合适挡位,用恒温磁力搅拌器给热敏电阻加热,从 26 ℃开始,每隔 3 ℃记录一次数字万用表的示数(即桥式电路的输出电压 U_0),直到 65 ℃;

（4）实验完毕后，关闭实验仪电源，拆线并整理仪器。

六、数据记录与处理

(一)热敏电阻温度特性测量

根据表 3-9 的数据，用最小二乘法求出直线截距和斜率，进而求出 A 与 B 的值。写出 NTC 热敏电阻的经验公式。用公式(3-11)计算 NTC 热敏电阻在温度 $t=50.0$ ℃时的负电阻温度系数。

表 3-9　NTC 热敏电阻的阻值和温度关系数据

$t/℃$	25.0	30.0	⋯	⋯	60.0	65.0
R_T/Ω						
$\ln R_T$						
$\dfrac{1}{T}/(\mathrm{K}^{-1})$						

(二)热敏电阻温度计设计

根据表 3-10 的数据，以非平衡桥式电路输出电压为纵轴，温度为横轴，建立坐标系，绘制热敏电阻的电压-温度特性曲线。

表 3-10　非平衡电桥输出电压和温度关系数据

$t/℃$	26.0	29.0	⋯	⋯	62.0	65.0
U_0/V						

七、注意事项

（1）磁性转子的搅拌速度不宜过大，防止水中出现漩涡。
（2）读取温度计示数时，注意视线与水银柱液面保持水平。
（3）使用数字万用表时，要根据待测量的大小选择合适的挡位进行测量。

八、拓展训练

利用实验室提供的热敏电阻，制作一个 0～50 ℃的温度测量电路。

九、思考与讨论

（1）试分析恒温磁力搅拌器存在的缺陷及其改进方法。
（2）试分析实验误差来源及其修正方法。
（3）思考并总结测量电阻常用的实验方法。
（4）关于热敏电阻温度计的设计，除了非平衡桥式电路法，还有哪些其他的方法？

十、课堂延伸

热敏电阻及其应用

热敏电阻是在 1940 年研究出来的,最初用于通信仪器的温度补偿及放大调节装置。之后随着材料性能的改进,其稳定性进一步提高。20 世纪 60 年代后,热敏电阻成了工业用温度传感器;20 世纪 70 年代后,热敏电阻大量用于家电及汽车上的温度传感器,发展极为迅速,目前已深入到各个领域。

热敏电阻优点较多:①灵敏度高,它的电阻温度系数比金属大 10～100 倍;②电阻值高,其电阻值较铂热电阻高 1～4 个数量级;③体积小,结构简单,可根据需要制成各种形状,目前最小珠状热敏电阻直径可达 0.2 mm,常用来测量"点"温;④响应时间短;⑤功耗小,适用于远距离测量与控制;⑥资源丰富,价格低廉,化学稳定性好;⑦寿命长,在经得起各种高精度、高灵敏度、高可靠性、超高温、高压力考验后,它仍能保持长时间的稳定工作状态。

NTC 是 Negative Temperature Coefficient 的缩写,即负温度系数热敏电阻,泛指负温度系数很大的半导体材料或元器件。随着温度上升,电阻呈指数关系减小。NTC 热敏电阻器是以锰、铜、钴、镍、铁等金属氧化物为主要材料,采用陶瓷工艺制造而成。其电阻率和材料常数随材料成分比例、烧结温度和结构状态而不同。温度较低时,这些氧化物材料的载流子数目少,电阻值较高;随着温度升高,载流子数目增加,电阻值会降低。NTC 热敏电阻的测温范围广,常温器件一般为 $-10～300\ ℃$,低温器件为 $-200～10\ ℃$,高温器件可用于 $300～1\ 200\ ℃$ 的温度测量。NTC 热敏电阻在室温下的变化范围为 $10^2～10^6\ \Omega$,温度系数 $-2\%～-6.5\%$,精度可以达到 $0.1\ ℃$,感温时间可至 10 s 以下,广泛用于各个领域的测温、控温、温度补偿等方面。

第六节　伏安法测电阻

电阻(Resistor):电荷在导体中运动时,会受到分子和原子等其他粒子的碰撞与摩擦,碰撞与摩擦的结果形成了导体对电流的阻碍,这种阻碍作用最明显的特征是导体消耗电能而发热(或发光)。物体对电流的阻碍作用,称为该物体的电阻。电阻器在日常生活中一般直接称为电阻。

电阻元件的电阻值大小一般与温度、材料、长度、横截面积有关。衡量电阻受温度影响大小的物理量是温度系数。电阻的主要物理特征是变电能为热能,也可说它是一个消耗元件,电流经过它就产生内能。各种金属导体中,银的导电性是最好的,但还是有电阻存在。20 世纪初,科学家发现,某些物质在很低的温度时,电阻就变成了0,这就是超导现象。比如说铝在 1.39 K($-271.76\ ℃$)以下变成零。如果把超导现象用于实际,就会给人类带来很多好处。在电厂发电、运输电力、储存电力等方面可以大大降低电能损耗。如果采用超导材料制作电子元件,由于没有电阻,就不必考虑散热问题,元件尺寸可以大大缩小,进一步实现电子设备集成化。

普通金属的超导温度太低,实用意义不大,临界温度高于液氮沸点 77 K 的高温超导体便成为当今世界要攻克的难题,铜氧化物导体具有较好的高温超导性能。2015 年,物理学者发现,硫化氢在高压的环境下(约 150 万大气压),约于 203 K 时会发生超导相变,这进一步提高了超导温度。

一、实验目的

(1)清楚电流表的内外接电路,并能够进行不同阻值电阻的测量;

(2)学会几种常用电学仪器和电表的使用;

(3)掌握电学测量中有效数字的选取,学会用图解法处理数据;

(4)学习对可定系统误差的处理方法。

二、预习要求

(1)清楚电阻、电阻器的概念;

(2)了解影响电阻的因素是什么;

(3)能够叙述本实验的基本测量思路。

三、仪器物品

仪器:直流稳压电源、滑动变阻器、多量程电表(电流表、电压表)、数字万用表。

物品:待测电阻、导线若干。

四、实验原理

按照电路的欧姆定律,电阻 R_x 两端的电压 U 与流经电阻的电流 I 满足正比例关系,即

$$U = IR_x$$

由数学知识可知,正比例函数 $y = kx(k > 0)$ 的图像是一条过原点且与 x 轴正半轴成一定角度的直线,k 就是直线的斜率。因此,R_x 的值可以通过作图法即计算 I-U 直线的斜率求得,该直线即为伏安特性曲线。

想要做出伏安特性曲线,需要通过实验测出待测电阻两端的电压和流经该电阻的电流,这样就需要把待测电阻、电压表和电流表放入实验电路来获取实验数据。三者之间的连接方式可分为两种,图 3-25 是电流表外接电路图,图 3-26 是电流表内接电路图。在实验中采用哪种测量电路,需要从具体的实验参数(电压表的内阻 R_V,电流表的内阻 R_A 以及待测电阻 R_x 的大小)出发。

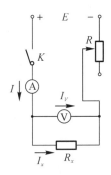

图 3-25　电流表外接电路图

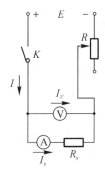

图 3-26　电流表内接电路图

由于电流表和电压表都存在内阻,所以电表在工作时就不可避免地给测量带来系统误差。也就是说,伏安法测电阻从原理上看,就必然存在着系统误差。我们能够做的事情,第一就是根据各项参数选择一个最合理的电路(内接或者外接),尽量减小系统误差,第二是估算出它引起的系统误差的数值,在测量结果中加以消除。

(一)电流表外接

电流表外接电路图如图 3-25 所示。由欧姆定律可知,待测电阻的测量值 $R_{测} = \dfrac{U}{I}$,式中,U、I 分别为电压表和电流表的读数值。由于电流表测的是干路的电流,所以电流表的示数应该是通过电压表和待测电阻的电流之和,即 $I = I_V + I_x$,I_V 为通过电压表的电流,I_x 为通过待测电阻的电流。因此 $R_{测} = \dfrac{U}{I} = \dfrac{U}{I_V + I_x}$,而待测电阻的真实值 $R_x = \dfrac{U}{I_x}$,显然待测电阻的测量值比真实值偏小。即 $R_{测} < R_x$,由此引入的系统误差(相对误差)为

$$E = \frac{R_{测} - R_x}{R_x} = \frac{\dfrac{U}{I} - R_x}{R_x} = \frac{\dfrac{R_V R_x}{R_V + R_x} - R_x}{R_x} = -\frac{R_x}{R_x + R_V}$$

要想使测量结果更加接近真实值,应使 $E \to 0$,因此当 $R_V \gg R_x$ 时,采用这种电路是合适的。

(二)电流表内接

图 3-26 为电流表内接电路图。该电路图中,电压表的示数实际上是电流表两端电压和 R_x 两端电压之和,即 $U = U_A + U_x$,因此测量结果 $R_{测} = \dfrac{U}{I} = \dfrac{U_A + U_x}{I} = R_A + R_x$,显然这种实验电路中待测电阻的测量值比实际值偏大,即 $R_{测} > R_x$,引起的相对误差为

$$E = \frac{R_n - R_x}{R_x} = \frac{R_A + R_x - R_x}{R_x} = \frac{R_A}{R_x}$$

同样的道理,当 $E \to 0$ 时,即当 $R_A \ll R_x$ 时,采用该种电路是合适的。

五、实验内容

(一)准备工作

1.多量程电流表的使用

(1)使用前应对指针做零点校准。

(2)电流表要串联在被测回路中,使用时要注意接线柱的正、负极性。

(3)选用合适的量程,一般来说,选择电表的量程时应使测量时表针指示在表盘 1/3 至满刻度之间。

2.多量程电压表的使用

(1)使用前应对指针做零点校准。

(2)电压表要并联在被测回路中,使用时要注意接线柱的正、负极性。

(3)选用合适的量程,一般来说,选择电表的量程时应使测量时表针指示在表盘 1/3 至

满刻度之间。

3.数字万用表的使用

万用表是一种常用的电工仪表,用它可以测量不同大小的直流电流、直流电压、交流电流、交流电压、电阻等。使用时需要将测量选择开关转到所需位置。本实验使用的是数字万用表,数字万用表的作用是测出待测电阻的真实值,因此这里仅介绍使用数字万用表测电阻的方法:

(1)将测量选择开关转到欧姆挡位置。

(2)将万用表的红、黑表笔接触到待测电阻的两端进行测量,数字万用表显示的即为待测电阻的阻值,在读数时要注意数字万用表显示的单位。

(二)实验步骤

(1)用数字万用表测出待测电阻的"真实值"R_x、电压表内阻 R_V,电流表内阻 R_A。

(2)选择合适的电表量程。在选择量程时既要注意电流表内外接的选择,又要注意在使用电表测量时表针指示在表盘的1/3至满刻度之间。

在本实验中,电流表外接时使用 6 V 量程的电压表和 100 mA 量程的电流表;电流表内接时,使用 30 V 量程的电压表和 100 mA 量程的电流表。

(3)连接实验电路。在连接电路时,要注意应先完成电路串联部分后再将电压表并联到实验电路中。同时注意,电流表外接时,选择 6 V 的电源电压,电流表内接时选用 16 V 的电源电压。

(4)记录数据,见表 3-11、表 3-12。通过滑动变阻器的滑片来改变电路中的阻值,从而改变电路中电压表和电流表的读数值,每组实验电路记录 5 组读数值,并填写到实验报告中。

(5)根据试验获得的数据绘制伏安特性曲线。

(6)实验完毕,拆解电路并整理器材。

六、数据记录与处理

将实验数据记录至表 3-11 和表 3-12。

表 3-11　外接法测电阻数据记录表

$R_x=$___Ω,电压表内阻 $R_V=$___Ω,电流表内阻 $R_A=$___Ω

	电流/ mA	电压/V
1		
2		
3		
4		
5		

表 3 – 12 内接法测电阻数据记录表

$R_x =$ ____ Ω，电压表内阻 $R_V =$ ____ Ω，电流表内阻 $R_A =$ ____ Ω

	电流/ mA	电压/V
1		
2		
3		
4		
5		

七、注意事项

(1)电表使用前要调零校准。

(2)电表使用时要注意电表的正负极性以及量程选取。

八、拓展训练

尝试用等效替代法测量电阻。

九、思考与讨论

(1)你还知道哪些测量电阻的方法？

(2)为什么量程选择要满足指针在表盘 1/3 至满刻度之间？

十、课堂延伸

电阻的测量方法

电阻的测量是电工测量中一项十分重要的测量，许多地方都需要用到它。如判断电路的通断、精确测量被测电阻的阻值、了解绝缘电阻的数值是否满足要求，掌握接地电阻的阻值等。正确而便捷地选择合适的测量仪表及设备是电力工作人员必须掌握的。

把电阻的一个脚从电路中取出，这样电阻就相当于一个独立的电子元件，测量电阻大小时，不受电路板上电流的影响，否则会受电路板的电子元件串联或并联、影响电阻的大小。

测量电阻的大小是进行电路板维修的一项重要工作，查看这个电阻是否损坏，是否需要更换。常用电阻测量方法有：

(1)直接法。采用制度式仪表(如万用表)的欧姆挡测量电阻的方法称为直接法。用欧姆表、多用表中的欧姆挡直接测量电阻，机械式欧姆表及多用表主要用于测量中值电阻，准确度一般较低。数字欧姆表的测量范围为 0.1 MΩ～10 MΩ，数字多用表测 20 MΩ 以下电阻，误差不超过 0.2%。

(2)比较法。采用比较仪表(如电桥)测量电阻的方法称为比较法。例如，本书中涉及的惠斯登电桥测量电阻即为比较法。

（3）间接法。先测量与电阻有关的量，然后通过相关公式计算出被测电阻的方法称为间接法。例如，本实验中介绍的伏安法即为间接法。

第七节　惠斯登电桥测量电阻

电阻测量是电学实验中的基础内容之一。电阻包括实际电学元件电阻、电表内阻以及电源内阻的测量等，电阻按照阻值大小大致可以分为三类：1 Ω 以下为低值电阻，1 Ω～100 kΩ 之间的为中值电阻，100 kΩ 以上为高值电阻。

电桥，基于桥式电路制成的仪器，采用比较法测量电阻。它测试灵敏，精确度高，因此在测量技术中被广泛用来测量电阻、电容、电感、频率、温度、压力等许多电学量和非电学量，在自动控制和自动检测中也得到了广泛的应用。电桥有很多类型：按其用途不同，可分为交流和直流两大类；按其工作状态不同，也可分为平衡电桥和非平衡电桥。多种电桥之中，惠斯登电桥为其中最基本的一种。惠斯登电桥又称为直流单臂电桥，其测量范围为 $1 \sim 10^6$ Ω。由于导线电阻和接触电阻的存在（数量级为 $10^{-2} \sim 10^{-5}$ Ω）的存在，用惠斯登电桥测量 1 Ω 以下低电阻时误差很大，为了减小误差，需要改进线路设计，于是发展为了双电桥。

一、实验目的

基本要求：（1）掌握电桥的比较法和测量原理；

（2）学会用惠斯登电桥测量中值电阻的方法。

拓展要求：掌握低值电阻的测量方法，学会双电桥的使用。

二、预习要求

（1）知道什么叫电桥平衡，知道实验中如何判断电桥达到平衡；

（2）能表述什么是电桥的灵敏度，清楚影响灵敏度的主要因素；

（3）会表述电桥法测量电阻的基本原理。

三、仪器物品

仪器：QJ-23a 型箱式直流单臂电桥。

物品：待测电阻及导线。

QJ-23a 型直流单臂电桥基本构造如图 3-27 所示。

QJ-23a 型单臂电桥相关参数见表 3-13。

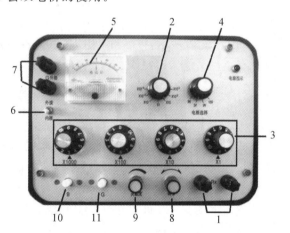

图 3-27　惠斯登电桥实物图

1—被测电阻接线钮（R_x）；2—倍率开关（C）；

3—比较臂电阻（R_s）；4—电源选择开关；

5—检流计；6—检流计内、外接转换开关；

7—外接检流计接线端钮；8—指零仪零位调整旋钮；

9—灵敏度调节；10—电源开关按键；

11—检流计开关按键

表 3 - 13　QJ - 23a 型单臂电桥相关参数

量程倍率	有效量程	准确度等级	电源电压/V
×0.001	1 Ω ～ 11.11 Ω	0.5	
×0.01	10 Ω ～ 111.1 Ω	0.2	3
×0.1	100 Ω ～ 1 111 Ω	0.1	
×1	1 kΩ～5 kΩ	0.1	
	5 kΩ ～ 11.1 kΩ	0.2	
×10	10 kΩ ～ 50 kΩ	0.1	9
	50 kΩ ～ 111.1 kΩ	1	
×100	100 kΩ ～ 500 kΩ	2	15
	500 kΩ ～ 1 111 kΩ	5	
×1 000	1 kΩ～11.11 MΩ	20	

四、实验原理

(一)惠斯登电桥测量原理

用伏安法测量电阻时,不可避免地存在误差。为了提高测量的精确度,可采用将待测电阻与标准电阻相比较的方法以测出待测电阻值。

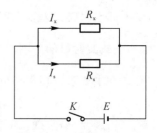

图 3 - 28　简易电路图

如图 3 - 28 所示,将待测电阻 R_x 和标准电阻 R_s 并联在一起,显然有

$$I_x R_x = I_s R_s$$

$$R_x = \frac{I_s}{I_x} R_s \qquad (3 - 13)$$

式(3 - 13)显然具有 R_x 与 R_s 相比较的形式,但由于支路电流 I_x 和 I_s 均未知,因此无法直接进行比较,若用电流表分别测出 I_x 和 I_s,必然因电流表内阻的引入,不能达到精确测量的目的。

然而由图 3 - 28 可知,式(3 - 13)成立的条件是 R_x 与 R_s 两端均处于等电位。如果确保这个条件,在 R_x 与 R_s 支路上各串联一只阻值恰当的标准电阻 R_1 和 R_2,则不但式(3 - 13)仍然成立,而且可用 R_1/R_2 代替 I_s/I_x。基于这一设想,并根据两端为等电位的电路中不会存在电流的事实,把图 3 - 28 改成图 3 - 29。图中跨接在 B、D 两点间的检流计 G 用来判断两点是否为等电位。

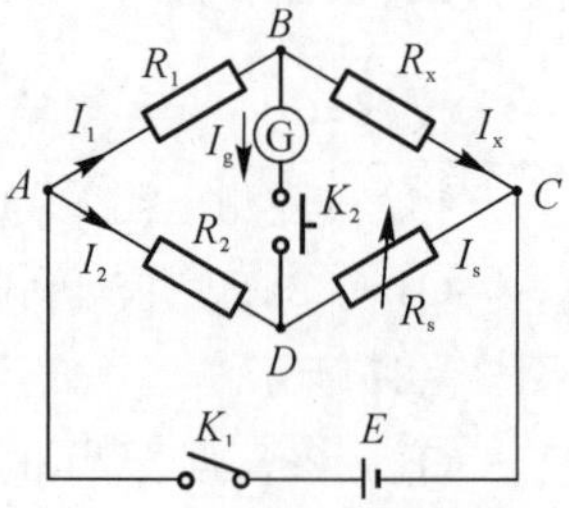

由于 BD 支路似"桥",故通常称它为桥路,并称 R_1、R_2、R_s 和 R_x 为四个桥臂。图 3 - 29 即为惠斯登电桥的原理图。

图 3 - 29　惠斯登电桥原理图

闭合 K_1 和 K_2,如检流计示零值,即桥路电流 $I_g = 0$,电桥达到平衡,这时有

$$U_B = U_D ; I_1 = I_x ; I_2 = I_s$$

于是有

$$I_1 R_1 = I_2 R_2$$
$$I_1 R_x = I_2 R_s$$

由此得

$$\frac{R_1}{R_2} = \frac{R_x}{R_s}$$

或

$$R_x = \frac{R_1}{R_2} R_s \qquad (3-14)$$

式(3-14)即为惠斯登电桥的平衡条件,也是用来测量电阻的原理公式。根据它的形式,称 R_x 为待测臂,R_s 为比较臂,R_1 和 R_2 为比率臂,并把 R_1/R_2 称为倍率 C。由此可见,欲测 R_x,只要选择恰当的倍率,调节比较臂使电桥平衡,即可由式(3-14)求得其阻值。

由于电桥采取将待测电阻与标准电阻相比较的方法,同时,作为平衡指示器的检流计只用来判断有无电流,并不需要提供读数,具有较高的灵敏度,所以用它测量电阻,不存在伏安法测量中存在的接入误差的弊端。

(二)电桥测量电阻的误差来源

1. 桥臂电阻带来的误差

由于电桥存在着接线电阻,接触电阻、漏电阻等,将给测量结果带来误差,所以它不适用于小电阻的测量。如欲测量低于 $0.1\ \Omega$ 的小电阻,则应使用经过改造的惠斯登电桥。对于一般中值电阻,上述因素对结果精度的影响可以忽略不计,即使用普通的惠斯登电桥也能达到较高的准确度。

2. 电桥灵敏度带来的误差

电桥达到平衡,依赖于检流计指零的判断。由于判断时存在着视差,所以给结果引进一定的误差。这个影响的大小取决于电桥的灵敏度。什么是电桥的灵敏度呢?在已经平衡的电桥里,当调节比较臂电阻 R_s 变动某值 ΔR_s 时,检流计的指针离开平衡时位置 Δn 格,定义电桥灵敏度 S 为

$$S = \frac{\Delta n}{\Delta R_s} \text{(格／}\Omega\text{)}$$

表示改变单位电阻时,检流计偏转的格数,S 愈大,对平衡的判断也愈灵敏,因而能提高测量的精确度。提高检流计的电流灵敏度和适当加大电桥的工作电压(或电流),均有利于提高电桥的灵敏度。

(三)测量结果的有效数字

由式(3-14)可知,R_x 决定于 $(R_1/R_2) \times R_s$。为了计算方便,通常把 $R_1／R_2$ 的值选为 $10n(n$ 为正负整数),令比率臂倍率 $C = R_1/R_2$,则有

$$R_x = C R_s \qquad (3-15)$$

由于 C 是两个标准电阻的比值,因此可以认为它是足够准确的。于是由式(3-15)可知, R_x 的有效数字位数决定于 R_s 的阻值的位数,若 R_s 为一个 $0 \sim 9\,999\ \Omega$ 的电阻箱,则要将 R_x 测准,就要适当选择 C ,使 R_s 保持四位有效数字。例如,假设 $R_x = 5.023\ \Omega$,若选 $C=1$ (即 $R_1 = R_2$),则由于电阻箱所限, R_s 只能调到 $5\ \Omega$ 桥路最接近平衡。调不出 $5.023\ \Omega$ 来,因此 R_x 仅有一位有效数字。若选 $C=0.001$,电桥平衡时,测得 $R_s = 5.023\ \Omega$, $R_x = 0.001 \times 5\,023\ \Omega = 5.023\ \Omega$,可以得到四位有效数字。由此可见,对于大小不同的待测电阻,比率臂倍率 C 的选择应有所不同。

五、实验内容

(1)打开电源开关,将电源选择旋钮从"断"旋至"3 V",灵敏度旋钮 9 调至最小位置;

(2)指零仪转换开关拨向"内接",按下"G"按钮,将指零仪指针调至零位;

(3)接入待测电阻;

(4)按下"B"按键,按下"G"按键,适当增大灵敏度旋钮,观察检流计的指针偏转,并确定合适的倍率 C ;

(5)同样的方法,增大灵敏度的同时,选择 R_s 合适的位置,即分别确定出 $\times 1\,000$ 、 $\times 100$ 、 $\times 10$ 、 $\times 1$ 的挡位,使得检流计的指针偏转最小;

(6)记录下最后 C 和 R_s 各个挡位的位置,记录相应的准确度等级;

(7)计算:

$$R_x = C \times R_s$$

绝对误差为 $\Delta R = R_x \cdot a\%$ (其中 a 为电桥的准确度等级)。

六、注意事项

(1)仪器使用完毕:9—最小位置;4—断位置;6—外接挡位,放开"B""G"按钮。

(2)使用过程中测量盘中 3 的 $\times 1\,000$ 挡不能置于"0"位。

(3)每次测量开始前必须保证灵敏度旋钮 9 在最小位置,测量完毕后及时调回此位置。

(4)在测量感抗负载的电阻(如电机、变压器等)时,必须先按电源开关 10,再按指零仪开关 11,断开时顺序则相反。

(5)使用过程中注意观察指零仪指针偏转方向,并据此判断下一步的调整方向:如指针向"+"的方向偏转,则调整时应增大倍率 C 或是 R_s ,反之应减小。

(6)测量时,连接被测电阻的导线电阻要小于 $0.002\ \Omega$,当测量小于 $10\ \Omega$ 的被测电阻时,要扣除导线电阻所引起的误差。

七、拓展训练

在熟练掌握惠斯登电桥使用方法的基础上,练习使用双电桥测量低值电阻。

八、思考与讨论

(1)若测量过程中,无论怎样调整电桥都达不到平衡,比如,倍率 C 和比较臂 R_s 都已经调到了最大位置,检流计的指针还是向右偏转,为什么?

（2）若倍率 C 和比较臂 R_s 都已经调到最小位置,检流计的指针还是向左偏,为什么?

九、课堂延伸

用双电桥测量低值电阻

多种电桥之中,惠斯登电桥为其中最基本的一种。惠斯登电桥又称为直流单臂电桥,其测量范围为 $1\sim10^6$ Ω。由于导线电阻和接触电阻的存在(数量级为 $10^{-2}\sim10^{-5}$ Ω)的存在,用惠斯登电桥测量 1 Ω 以下低电阻时误差很大,为了减小误差,需要改进线路设计,于是发展为了双电桥。下面以 QJ-44 型双电桥为例简要介绍其工作原理和使用方法。

（一）QJ-44 型双电桥测量原理

对于双电桥来说,为了消除导线电阻的接触电阻对测量的影响,先要弄清楚它们是怎样影响测量结果的。分析如下:根据欧姆定律用毫伏计和安培计测量金属棒 AD 的电阻 R 的情况,一般的接线方法如图 3-30 所示。考虑到导线电阻和接触电阻,通过安培计的电流 I 在接头 A 处分为 I_1、I_2 两支,I_1 流经安培计和金属棒间的接触电阻 r_1 再流入 R,I_2 流经毫伏计和安培计接头处的接触电阻 r_3 再流入毫伏计。同样,当 I_1 和 I_2 在 D 处汇合时,I_1 先通过金属棒和变阻器间的接触电阻 r_2,I_1 先经过毫伏计和变阻器间的接触电阻 r_4 才能汇合。因此 r_1、r_2 应算作与 R 串联;r_3、r_4 应算作与毫伏计串联,故得出等效电路如图 3-31 所示,这样,毫伏计指示的电压值应包括 r_1、r_2 和 R 两端的电位降,由于 r_1、r_2 的阻值和 R 具有相同的数量级甚至有的比 R 还大几个数量级,所以用毫伏计的读数作为 R 上的电值来计算电阻,就不会得出准确的结果。

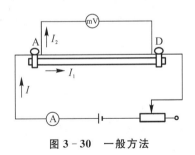

图 3-30 一般方法

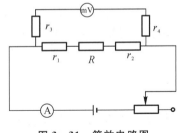

图 3-31 等效电路图

如果把连接方式改成图 3-32 的样式,那么经过同样的分析可知,虽然接触电阻 r_1、r_2、r_3、r_4 仍然存在,但由于所处的位置不同,构成的等效电路就改变成图 3-33,由于毫伏计的内阻远大于 r_3、r_4 和 R,所以毫伏计和安培计的读数可以相当准确地反映电阻 R 上的电位降和通过它的电流,这样,利用欧姆定律就可以算出 R 来。

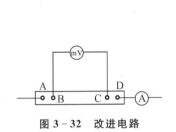

图 3-32 改进电路

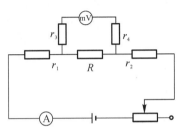

图 3-33 等效电路图

由此可见,测量电阻时,将通电的接头(简称电流接头)A、D 和两电压的接头(简称电压接头)B、C 分开,并且把电压接头放在里面,就可以避免接触电阻和接线电阻的影响,如一些级别较高的标准电阻上一般都有两对接线端,就是为这样的目的设置的。

把这个结论用到电桥电路,就发展成双电桥,如图 3－34 所示,X 和 R 分别是待测和标准电阻,电流接头 t 和 s 用粗导线连接起来,电压接头 P 和 N 分别接上阻值为几百欧姆的电阻 a 和 b 再和检流计相接,经分析可知,Q、M 处的接触电阻 r_1、r_2 应算作与电阻 A、B(阻值为几百欧姆)串联;P、N 处的接触电阻应算作为电阻 a、b 串联,这样,可得出等效电路如图 3－35 所示,图中 r 为 t、s 间的接触电阻和接线电阻。

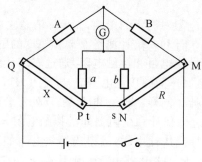

图 3－34　双电桥示意图

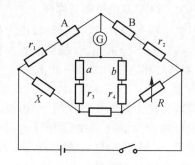

图 3－35　双电桥等效电路图

下面来推导双电桥的平衡条件。平衡时,检流计中无电流通过,因此流过电阻 A 和 B 的电流相等,为 I;流过电阻 X 和 R 的电流相等,为 I_0;流过电阻 a 和 b 的电流也相等,为 i,电桥平衡时,检流计两端的电位相等,因此有

$$\left.\begin{array}{l} (A+r_1)I = XI_0 + (a+r_3)i \\ (B+r_2)I = RI_0 + (b+r_4)i \\ (a+r_3+b+r_4)i = r(I_0-i) \end{array}\right\} \qquad (3-16)$$

一般 A、B、a、b 均取几十欧姆或几百欧姆,而接触电阻、接线电阻 r_1、r_2、r_3、r_4 均在 $0.1\ \Omega$ 以下,故由(3－16)前两式得

$$\left.\begin{array}{l} AI = XI_0 + ai \\ BI = RI_0 + bi \end{array}\right\} \qquad (3-17)$$

强调一下,从式(3－16)到式(3－17)必须满足 $XI_0 \gg r_3 i$,$RI_0 \gg r_4 i$ 这两个条件,如果不满足这两个条件(如 XI_0、RI_0 跟 $r_3 i$、$r_4 i$ 具有相同的数量级),那么,只忽略 $r_3 i$、$r_4 i$ 而保留 XI_0、RI_0 就是不正确的。

把式(3－17)上、下式相除得

$$\frac{A}{B} = \frac{XI_0 + ai}{RI_0 + bi}$$

若 $\dfrac{A}{B} = \dfrac{a}{b}$,则

$$X = \frac{A}{B}R \qquad (3-18)$$

式(3－18)是双电桥的平衡条件。

怎样保证条件 $XI_0 \gg r_3 i, RI_0 \gg r_4 i$ 呢？因为 X、R 均为低电阻，数量级往往比 r_3 和 r_4 还要略小，所以只能要求 $I_0 \gg i$。又从式(3-16)第三式看：$\dfrac{I_0}{i} \approx \dfrac{a+b}{r}$，要使 $I_0 \gg i$，必须使 $a+b \gg r$，a、b 不能选得太大，越大电桥的灵敏度越低，因此连接两电阻间的接触电阻和接线电阻 r 越小越好，起码要距 X 和 R 的数量级相近。

(二)QJ-44 型双电桥使用方法

(1)将被测电阻按四端连接法接在电桥相应的 C_1、P_1、C_2、P_2 的接线柱上，如图 3-36 所示，AB 之间为被测电阻。

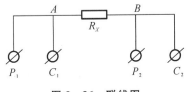

图 3-36　联线图

(2)电源开关按到通位置，电源指示灯亮，等待 5 min，调节指零仪指针指在零位上。

(3)估计被测电阻值大小，选择适当量程因素位置，先按下"G"按钮，再按下"B"按钮，调节步进和滑线读数盘，使指零仪指针指在零位上、电桥平衡，被测电阻按下式计算：

被测电阻值(R_x)＝量程因素读数×(步进盘读数＋滑线盘读数)

(4)在测量未知电阻时，为保护指零仪指针不被打坏、指令仪的灵敏度调节旋钮应放在最低位置，使电桥初步平衡后再增加指零仪灵敏度。在改变指仪零灵敏度或环境等因素的影响，有时会引起指零仪指针偏离零位，在测量之前，随时都可以调节指零仪零位。

(5)测出给定电阻阻值，根据电桥的等级指数还可以求出误差，最终写出结果表达式。

(三)QJ-44 型双电桥使用注意事项

(1)测量电感电路的直流电阻时，应先按下"B"按钮，再按下"G"按钮，断开时，应先断开"G"按钮，后断开"B"按钮。

(2.)测量 0.1 Ω 时以下阻值时，"B"按钮应间歇使用。

(3)测量 0.1 Ω 以下阻值时，C_1、P_1、C_2、P_2 接线柱到被测量电阻之间的连接导线电阻为 0.005～0.01 Ω，测量其他阻值时，连接导线电阻可不大于 0.05 Ω。

(4)电桥使用完毕后，"B"按钮与"G"按钮应松开。电源开关应放在"断"的位置，避免浪费晶体管检流计放大器工作电源。

(5)仪器应保持清洁，并避免直接阳光暴晒和剧烈震动，仪器长期搁置不用，在接触处可能产生氧化，造成接触不良，使接触良好，再涂上一薄层无酸性凡士林，予以保护。

第八节　用示波器测量电信号频率

电信号是现代工业中常见的信息传递方式，其应用渗透到日常生活、工作的方方面面。频率作为电信号的一个重要参数，准确测量至关重要。本实验通过使用示波器形成振动曲线和李萨如图形两种方法测量电信号频率。

一、实验目的

(1)掌握示波器和常用信号发生器的基本使用方法；

(2)会根据振动曲线测量电信号频率；

(3)会利用李萨如图形测量电信号频率。

二、预习要求

(1)了解示波器的工作原理；

(2)复习振动曲线的相关理论知识，了解李萨如图形的成因；

(3)了解信号源的使用方法。

三、仪器物品

GOS－620 示波器、YB1636 函数信号发生器、DCY－3A 型功率函数信号发生器等，仪器相关知识参见第二章第四节常用实验仪器介绍。

四、实验原理

1.示波器的工作原理简介

示波器提供的扫描信号是能够使荧光点自左向右重复进行匀速水平运动的电信号。通过给 x 轴周期性的线性电压，从而实现扫描信号的重复出现。

扫描信号可表示为

$$x = \frac{1}{u_t}(t - n\frac{1}{f_x})$$

在 y 轴加一个周期性的电信号，如余弦信号，对应的荧光点在 y 轴运动的投影为

$$y = \cos(2\pi f_y t + \varphi_0)$$

荧光点的合成轨迹为

$$y = \cos\left(2\pi u_t f_y x + \frac{2\pi n f_y}{f_x} + \varphi_0\right)$$

可以看出：不同扫描周期的荧光点的合成轨迹并不相同。为了能够观测到稳定的图像，需要通过调整示波器的扫描信号的周期（或频率），使其与被观测的信号同步，也就是说它们的频率之间存在着整数倍的关系。

多数示波器采用了触发扫描原理，扫描信号根据设定触发条件启动扫描，从而使得扫描的频率与被测信号相同或存在整数倍的关系，达到整步的目的。通常触发条件采用触发电平调节，即输入信号超过设定的触发电平时，扫描即被触发。

在同一个周期中，一个电压会出现两次，但分别是两种情况，一种为电压上升达到触发电压，另一种为电压下降达到触发电压。因此还需设定触发极性，即被测信号的变化是上升沿达到这一电平时才可触发或下降沿达到这一电平时才可触发。

2.电信号频率的测量

(1)振动曲线法测电信号频率。如图 3－37 所示，当示波器图像中包含一个以上完整周

期信号波形时,观察图像可以看出,当电信号变化一个周期时,其运动状态重复出现,据此判断 A、B 两点出现的时间间隔为 y 轴电信号的周期,可以通过水平距离与水平扫描速度的关系得到,其倒数就是电信号的频率。

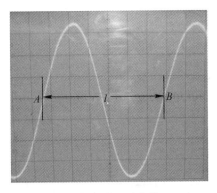

图 3 - 37　振动曲线

设水平扫速为 u_t,单位为 TIME/DIV(时间/格);信号周期长度为 l,单位为 DIV(格),得到电信号周期为

$$T = u_t \times l$$

频率为

$$f = 1/T$$

(2)利用李萨如图形测量电信号频率。利用"$X-Y$ 输入方式"进行信号在垂直方向的合成。如果 Y(纵偏)加正弦输入电压,X(横偏)也加正弦扫描电压,那么得出的图形将是李萨如图形,如图 3 - 38 所示。

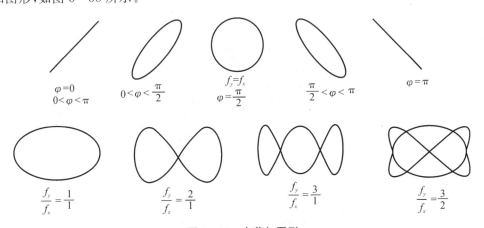

图 3 - 38　李萨如图形

李萨如图形可用来测量未知频率,令 f_x、f_y 分别代表横偏电压信号和纵偏电压信号的频率,n_x、n_y 分别代表 x 方向和 y 方向的直线和李萨如图形相切的切点数,则有

$$\frac{f_y}{f_x} = \frac{n_x}{n_y} \tag{3-19}$$

若已知 f_x,则由李萨如图形的关系式(3-19)求出 f_y。

五、实验内容

1.示波器的初调

示波器的初调时无信号输入,观察示波器内部信号,调节步骤如图 3-39 所示。

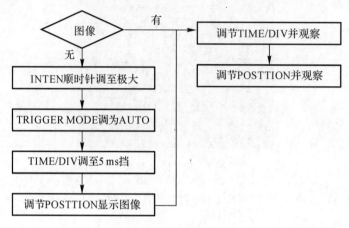

图 3-39 示波器的初调

2.电信号的观察

观察 YB1636 函数信号发生器信号,操作步骤如图 3-40 所示。

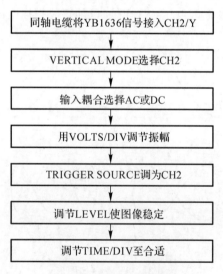

图 3-40 电信号的观察

(1)示波器操作提示。

1)垂直方式(MODE)选择按实际需要进行,一般与输入信号端口保持一致。

2)耦合方式为 GND 时表示接地,相当于无信号输入。

3)TRIG ALT 是交替触发,同时进行两路输入信号测量时使用。

4）SLOP 是选择触发级性,在难以稳定图像时使用其改变触发方式。

5）×10 MAG 在超高频测试时使用。

（2）YB1636 函数信号发生器操作提示。

1）连线:同轴电缆接至 VOLTAGE OUT 端口。

2）频率调节:RAND－Hz 按下 1K 挡;FREQUENCY 旋钮调至 900 Hz。

3）波形选择:WAVE FORM(按键选择)。

4）振幅调节:AMPLITUDE(旋钮调节)。

3.频率的测量

（1）振动曲线法测量电信号频率。将 YB1636 函数信号发生器信号接入示波器,操作提示同上。按照上面的方法调出稳定的振动图像,然后读取信号一个周期的长度,并记录相关数据。

操作步骤如图 3－41 所示,重复测量 3 次。

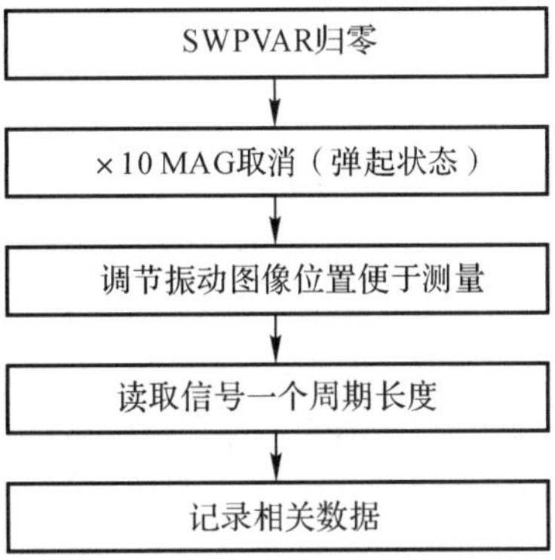

（2）李萨如图形法测量电信号频率。将 DCY－3A 和 YB1636 信号同时接入示波器,YB1636 函数信号发生器操作提示同上,DCY－3A 功率函数信号发生器操作提示:

1）连线:将地线连接黑色接线柱;按照要求将信号线接红色输出接线柱。

```
┌─────────────────────┐
│     SWPVAR归零       │
└─────────────────────┘
          │
┌─────────────────────┐
│ ×10 MAG取消（弹起状态）│
└─────────────────────┘
          │
┌─────────────────────┐
│  调节振动图像位置便于测量 │
└─────────────────────┘
          │
┌─────────────────────┐
│   读取信号一个周期长度  │
└─────────────────────┘
          │
┌─────────────────────┐
│     记录相关数据      │
└─────────────────────┘
```

图 3－41　振动曲线法测量
电信号频率

2）频率显示:选择"内""1S"。

3）频率调节:频率范围大旋钮为 2.5K 挡位;F_A 进行较大范围频率调节;F_C 进行细调。

4）振幅选择:调到适当位置。

操作步骤如图 3－42 所示,重复测量 3 次。

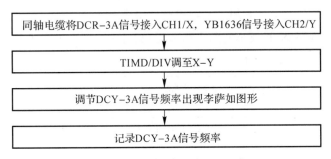

图 3－42　李萨如图形法测量电信号频率

六、数据记录与处理

1．实验数据记录

根据实验自行拟定实验数据记录表格。

2.实验数据处理

计算出待测信号的频率。

七、注意事项

(1)严格按实验流程进行操作,注意用电安全。

(2)不要频繁按压示波器开关(POWER)。一方面避免开关损坏,另一方面维持示波器的使用寿命。

(3)实验过程中,身体尽量不接触信号线,不要过度弯折信号线,以免信号不稳或中断。

八、拓展训练

在熟练掌握振动曲线法和李萨如图形法测量电信号频率的基础上,练习利用"拍"现象测量电信号频率。

九、思考与讨论

(1)如果打开示波器的电源开关后,在屏幕上既看不到扫描又看不到光点,那么可能有哪些原因?应分别作怎样的调节?

(2)如果图形不稳定,总是向左或向右移动,该如何调节?

(3)观察李萨如图形,如果图形不稳定,而且是一个形状不断变化的椭圆,那么图形变化的快慢与两个信号频率之差有什么关系?

十、课堂延伸

利用"拍"现象测量电信号频率

拍是振幅相同、频率相差很小的两个简谐运动合成后,产生的合振动的振幅时强时弱的现象。利用"拍"现象测量电信号频率的实验步骤如图 3 – 43 所示。

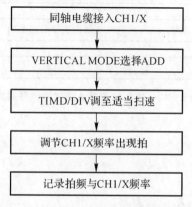

图 3 – 43 利用"拍"现象测量电信号频率

第九节　用箱式电位差计测温差电动势

1821 年,德国物理学家塞贝克(Seeback)发现,当两种不同的金属组成闭合回路,并使两个接头之间保持一定的温度差时,回路中会产生一个电动势,这种现象称为塞贝克效应,该装置称为热电偶。基于塞贝克效应的温差电技术主要用于温度测量和温差发电。热电偶温度计的应用十分广泛,测温范围大,既适用于炼钢炉等的高温测量,也可用于液态气体等的低温测量。温差发电是一种利用余热、太阳能、地热等低品位能源转换为电能的一种发电方式,开发利用自然界中存在的温差以及工业余热进行温差发电,具有广阔的发展前景。

电位差计是精密测量仪器,它采用了补偿原理,使待测回路中没有电流,其测量结果主要依赖于准确度极高的标准电池、标准电阻和高灵敏度的检流计,因此测量精度可达0.01%甚至更高。电位差计不仅用来精确地测量电动势和电压,还可以间接地测量电流、电阻以及校准电表等,在非电参量(压力、位移、速度、温度、流量和照度等)的电测法中也占有重要地位,电子电位差计在现代工程技术中还广泛用于自动检测和自动控制系统。本实验用箱式电位差计测量热电偶的温差电动势,求出铜和康铜丝热电偶的温差与温差电动势的关系。

一、实验目的

(1)掌握用箱式电位差计测量电动势的方法;
(2)了解热电偶电动势与温差的关系。

二、预习要求

(1)能说出热电偶的原理和应用;
(2)能简述箱式电位差计的原理和使用方法。

三、仪器物品

仪器:UJ - 31 型电位差计、检流计、稳压电源。
物品:热电偶、标准电池、保温桶、导线。

四、实验原理

(一)电位补偿原理

电压表可以测量电路各部分的电压,但不能准确测量电源的电动势。因为,当电压表并联在电源两端时,如图 3 - 44 所示,根据闭合回路欧姆定律可知,电压表的示数是电源的端电压,而不是它的电动势,它们之间的关系是

$$U = E_x - Ir$$

式中:U 为电压表的示数;E_x 为电源电动势;r 为电源内阻;I 为回路中的电流强度。

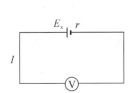

图 3 - 44　电压表测电动势

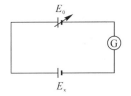

图 3 - 45　补偿法测电动势

只有当 $I=0$ 时,电压表的示数才等于电源的电动势,但此时电压表又无法测量。

图 3-45 是将待测电源 E_x 与电动势可调的已知电源 E_0,"+"端对"+"端,"−"端对"−"端地联成一回路,并在电路中串接检流计 G。若两电源电动势不相等,即 $E_x \neq E_0$,回路中必有电流,检流计指针偏转;若改变 E_0 的大小,使电路满足 $E_x = E_0$,则回路中没有电流,检流计指示为零,这时待测电动势 E_x 得到已知电动势 E_0 的补偿,即可根据已知电动势 E_0 得到 E_x 的值,这种方法叫补偿法。测量电路中某段电压时,只需将待测电压两端接入上述补偿回路代替 E_x 即可。按电位补偿原理设计的测量电动势的仪器称为电位差计。

(二)箱式电位差计的原理

箱式电位差计的原理线路如图 3-46 所示,它包括以下三个回路:

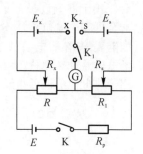

图 3-46 箱式电位差计原理图

(1)工作电流调节回路,由 E、K、R_p、R_1、R 等组成,也叫辅助回路。

(2)校正工作电流回路,由 E_s、R_s、G、K_1、K_2(s)等组成。它的作用是用标准电池的电动势校准电位差计的工作电流,使其标准化。

(3)待测回路,由 E_x(或 U_x)、K_2(x)、K_1、G、R_x 等组成。工作电流校准以后,将 K_2 倒向 x,调节电阻 R 的滑动端,使电位差计处于补偿状态,则从电阻 R 的转盘上可直接读出待测电动势或电压的大小。

后两个回路又叫补偿回路。

箱式电位差计的面板如图 3-47 所示,面板各旋钮的作用与原理线路图 3-46 相应部分对照见表 3-14。

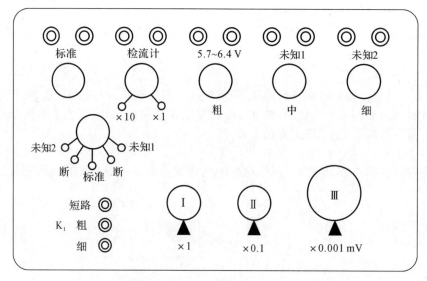

图 3-47 UJ-31 型电位差计面板图

表 3 - 14　面板各旋钮的作用

原理图	面板各旋钮的作用
R_p	R_p 被分成 R_{p1}(粗)、R_{p2}(中)、R_{p3}(细)三个电阻转盘,保证迅速准确地调节工作电流
R_s	温度不同时,标准电池的电动势发生变化,R_s 亦应改变,使标准电池得到补偿。实验前依据表 3 - 15 对应数据进行设定
R_x	R_x 被分成 Ⅰ($\times 1$)、Ⅱ($\times 0.1$)、Ⅲ($\times 0.001$)三个电阻转盘,且标示出电压。电位差计处于补偿状态时,可以从这三个转盘读出待测电压或电动势的大小
K_1	按下"粗",保护电阻与检流计串联。按下"细",保护电阻被短路。操作时应先按"粗",在检流计不偏转时,再按"细"。如检流计偏转很大,一时不能静止时,按下"短路",检流计两端接通使指针迅速停下来
K_2	校准电位差计工作电流时,K_2 应旋置"标准";测定未知电动势时应旋置"未知1"或"未知2"
E_s	"标准"两接线柱用来接标准电池,注意正、负极
G	"检流计"两接线柱用来接检流计
E	" 5.7~6.4 V"两接线柱用来接工作电源,注意正、负极
K	标有 K 的旋钮可改变测量范围,K 转置"$\times 1$",测量范围是 1 μV~17 mV;K 转置"$\times 10$",测量范围是 10 μV~170 mV

表 3 - 15　BCD - A　型标准电池电动势随温度变化的数据

$t/℃$	E_s/V	$t/℃$	E_s/V
12	1.018 9	25	1.018 4
14	1.018 8	27	1.018 3
16	1.018 8	29	1.018 2
18	1.018 7	31	1.018 0
20	1.018 6	33	1.017 9
21	1.018 6	35	1.017 8
23	1.018 5	36	1.017 7

(三)热电偶的原理

把两种不同的金属或不同成分的合金两端彼此焊接成一闭合回路,如图 3 - 48 所示,若两个焊接点保持在不同的温度 t_1 和 t_2,则回路中会产生温差电动势,它的大小不仅与热电偶的材料有关,还与两个焊接点的温度差($t_2 - t_1$)有关。温差电动势与温差的关系可近似表示为

$$E = \alpha(t_2 - t_1)$$

式中:t_1 为冷端温度;t_2 为热端温度;α 为温差系数,它表示两个焊接点的温差为 1 ℃时的温差电动势的大小。温差系数的大小由构成热电偶的材料性质决定。

热电偶是一种应用十分广泛的温度传感器,它可以测量微小的温度变化,并广泛用于非电量的电测。用热电偶测量温度时,往往把一个焊接点放在冰水中($t_1 = 0$ ℃),另一端放在待测温度处,用电位差计测量热电偶的电动势,通过温度和电动势的对照表,根据测得的电动势值得到待测温度的大小。热电偶不仅构造简单,而且具有较高的精确度和灵敏度,其测量范围可达到$-50 \sim 1\,600$ ℃,若应用特殊的热电偶,其测量范围可达$-180 \sim 2\,800$ ℃。

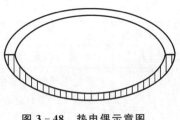

图 3-48 热电偶示意图

五、实验内容

(1)将直流稳压电源、标准电池、检流计和热电偶分别与箱式电位差计的对应接线柱连接起来。

1)打开直流稳压电源开关,设定电压为 6 V;

2)打开检流计电源开关。先将挡位旋钮置"调零"挡,调节"调零"旋钮,使指针指零;再将挡位旋钮置"补偿"挡,调节"补偿"旋钮,使指针指零,反复调节;

3)箱式电位差计的开关 K 选择"×1"挡,根据室温调节 R_s。

(2)K_2 置"标准"挡,校准工作电流。

1)检流计置"非线性"挡,继续按下 K_1"粗"按钮,依次调节 R_{p1}(粗),R_{p2}(中),R_{p3}(细),使检流计指针指零;

2)检流计置"300 μV"挡,继续按下 K_1"粗""细"按钮,微调 R_{p1}(粗),R_{p2}(中),R_{p3}(细),使检流计指针指零。

(3)热电偶一端为室温或放置在冰水混合物中(0 ℃),另一端插入保温桶内,将保温桶内倒入开水。

1)K_2 置"未知 1",注意不能再调动 R_{p1}、R_{p2}、R_{p3} 转盘;

2)依次调节测量转盘 R_{x1}、R_{x2}、R_{x3},使检流计指针指零(调节方法同 2)。从转盘 R_{x1}、R_{x2}、R_{x3} 上读出电动势的大小。水温每降 2 ℃测一次,共测十组数据。

(4)实验完毕后,将直流稳压电源电压调回零,检流计置"表头保护"挡,关闭仪器电源,拆线并整理仪器。

六、数据记录与处理

根据实验数据,在直角坐标纸上画出电动势-温差定标曲线,并求出热电偶的温差系数 α。

七、注意事项

(1)按"粗""细"按钮的时间要求尽量短,以保护检流计和标准电池。

(2)调节微调刻度盘Ⅲ时,其刻度线缺口内不属读数范围,进入这一范围时测量电路已断开,此时检流计指针指零并不是电路达到补偿状态的指示。

(3)热电偶的正负极切勿接错。

(4)标准电池在使用时要注意极性,使用时轻拿轻放,不能激烈震动。

八、拓展训练

用箱式电位差计间接测量未知电阻的阻值。

九、思考与讨论

(1)箱式电位差计为什么有较高的测量精度?
(2)测量电动势之前为什么要先校准工作电流?
(3)试分析实验误差来源及其修正方法。
(4)箱式电位差计除了可以测量电动势,还有哪些应用?

十、课堂延伸

十一线式直流电位差计

十一线式直流电位差计也叫板式电位差计,是电位差计的一种,它同样是采用了补偿原理来精确测量电压或电动势。十一线式电位差计具有结构简单、直观、便于分析讨论等优点,测量精度也较高。

如图 3 - 49 所示,E_s 为已知电源,E_x 为待测电源,ab 之间为一段电阻丝,单位长度的电阻值为 r_0,c、d 为两个滑动头。设工作电流 I_0 恒定,测量时,先将开关 K 打向 E_s 一端,调节 c、d 的位置,使检流计指零,设此时 c、d 之间的电阻丝长度为 L_s,然后将开关 K 打向 E_x 一端,调节 c、d 的位置,使检流计指零,设此时 c、d 之间的电阻丝长度为 L_x。

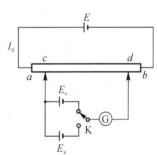

图 3 - 49 线式电位差计
原理图

当开关 K 打向 E_s 一端,检流计指零时,则表明

$$E_s = I_0 r_0 L_s$$

同理,当开关 K 打向 E_x 一端,检流计指零时,有

$$E_x = I_0 r_0 L_x$$

两式比较可得

$$E_x = \frac{L_x}{L_s} E_s$$

由于 E_s 为已知电源,只要测出 L_s 和 L_x 的长度,就可以求出待测电动势 E_x 的大小。

第十节 模拟法测绘静电场

在高压工程和电子物理学的研究中,经常需要了解并测量空间的静电场分布。场强和电势是描述静电场的两个基本物理量,其空间分布经常采用电场线和等势面来描述。一般不规则带电体的场强、电势数学表达非常复杂,因此常采用实验法来研究。但是,直接对静电场进行测量时,由于把测量仪器引入静电场,将使原静电场产生显著的畸变。所以,在科学研究或工程设计中常采用模拟法测静电场分布。常见的模拟法分为数学模拟和物理模拟。物理模拟就是保持同一物体本质的模拟,比如用"风洞"中的飞机模型模拟飞机在大气中的飞行等;数学模拟是两个类似的物理现象遵从的物理规律具有相似的数学表达方式。本实验采用一种数学模拟的方式,用稳恒电流场来模拟静电场。

一、实验目的

(1)掌握模拟法测量静电场的方法;
(2)对静电场分布有明确的感性认识;
(3)会使用作图法处理、分析实验数据。

二、预习要求

(1)阐述模拟法测量静电场的实验原理;
(2)能讲解模拟法测量静电场的实验步骤;
(3)能指出实验中的关键环节及其注意事项。

三、仪器物品

仪器:静电场模拟仪、JDY-1型静电场描绘电源。
物品:导线若干。

四、实验原理

带电导体周围产生静电场,静电场可用空间各点的电场强度 E 和电位 U 来描述。为了形象化地描述静电场这两个物理量,引入了电场线、等位面(线)等辅助概念。电场线是沿着空间各点电场强度的方向顺次连成的曲线。等位面(线)是电场中各等位点组成的曲面(线),电场线与等位面(线)处处正交。

由静电场理论可知

$$E = -\frac{\mathrm{d}u}{\mathrm{d}n}n \qquad\qquad (3-20)$$

式中:n 是等位面法线方向的单位矢量,指向电位升高方向;$\frac{\mathrm{d}u}{\mathrm{d}n}$ 是电位在其法线方向上的变化率。可见,场强 E 在数值上等于电位在法线方向上变化率,而其方向指向电位降落方向。从上述还可以看出,若电场中任意两个相邻等位面的电位差为常数,则等位面密处场强较大,反之场强较小。

图 3-50 为带正负电荷两个长同轴柱面的电极产生的电场分布,由于对称性,在垂直于轴线的任一截面 S 内,有均匀分布的辐射状电场线,其等位线为同心圆。

如果在中间充满不良导体的两个长同

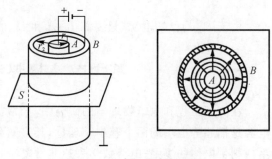

图 3-50 电场分布示意图

轴柱面电极上加上直流电压,就会产生一个稳恒电流场。为什么可用稳恒电流场来模拟静电场呢? 因为在均匀分布的不良导体中,当有电流通过时,单位时间内流出与流入宏观体积元的电荷数相等,使这个宏观体积元呈电中性。真空中的静电场是由两个电极上的电荷产生的,在有稳恒电流通过的不良导体中,电场也是由电极上的电荷产生的。不同的只是真空中电极上的电荷没有运动,而在不良导体中形成电流时,电极上的电荷一边流出,一边由电源补充,使得电极上的电荷数保持不变,此外静电场的基本规律。高斯定理、环路定理等对稳恒电流场都适用。因此,两种情况下电场的分布是等同的,可用稳恒电流场来模拟静电场。

模拟用的电流场一般是三维的,但对一些形状规则的电极电荷产生的电场则是例外。由于对称性,只需考虑平面上的电场分布即可。

本实验模拟的是两个带异号电荷的长同轴圆柱间的静电场。为了便于把测量结果和理论结果比较,先介绍理论结果。

为了计算电极 A、B 间的静电场,我们在轴长方向上取一段单位长度的同轴柱面,并设内外柱面各带电荷 $+\tau$ 和 $-\tau$,作半径为 r 的高斯面(柱面),设此面上的电场强度为 $\boldsymbol{E}$,由高斯定理可得到 $2\pi\varepsilon_0 rE = \tau$,故

$$\boldsymbol{E} = -\frac{\mathrm{d}U}{\mathrm{d}r}\boldsymbol{r}_0 = \frac{\tau}{2\pi\varepsilon_0}\boldsymbol{r}_0 \qquad (3-21)$$

由式(3-21)可知

$$U_r = -\int \boldsymbol{E} \cdot \mathrm{d}\boldsymbol{r} = -\frac{\tau}{2\pi\varepsilon_0}\int\frac{\mathrm{d}r}{r} = -K\int\frac{\mathrm{d}r}{r}$$

上式积分得

$$U_r = -K\ln\boldsymbol{r} + C \qquad (3-22)$$

式中:$K = \dfrac{\tau}{2\pi\varepsilon_0}$。

应用边界条件 $r = r_1$ 时,$U_r = U_1$,$r = r_2$ 时,$U_r = 0$,解出积分常数 $C = -K\ln r_2$ 和 $K = \dfrac{U_1}{\ln r_2 - \ln r_1}$,再把 C 和 K 的值代回式(3-22),整理后得

$$U_r = U_1\frac{\ln\left(\dfrac{r_2}{r}\right)}{\ln\left(\dfrac{r_2}{r_1}\right)} \qquad (3-23)$$

或

$$\frac{U_r}{U_1} = \frac{\ln\left(\dfrac{r_2}{r}\right)}{\ln\left(\dfrac{r_2}{r_1}\right)} \qquad (3-24)$$

式(3-23)和式(3-24)表示柱面之间的电位 U_r 和 r 的函数关系。可以看出,U_r、$\ln r$ 是直线关系,并且相对电位 $\dfrac{U_r}{U_1}$ 仅仅是坐标 r 的函数。

五、实验内容

(一)准备工作

(1)静电场模拟仪。静电场模拟仪由钢质支柱固定上下两层纤维板。上层用来固定记录纸,下层用来固定水槽和探针。水槽中有两同轴圆电极,电极通过接线柱与电源相接,水槽中注入一定量的水,当两电极通电后,水即为电介质,两电极之间有电流流过。在两电极间和记录纸的上方,各有一个探针,通过弹簧片探针臂把两探针固定在一个手柄座上。将手柄放在下层纤维板上,两探针在同一铅垂线上,并分别与两电极间电介质、记录纸接触。手柄移动时,两探针的运动轨迹是一样的。

(2)JDY-1型静电场描绘电源。该电源专供水槽式电场描绘仪用,可提供12 V连续可调电压,拨动转换开关 K 可在电压表上读出输出电压或探测电位。

(二)实验步骤

(1)把坐标纸固定在模拟仪上板上,让探针紧靠外圆环电极的内周界,轻按上方探针记下位置,在周界不同方位记下三个点,用以确定圆心。两电极的半径 $R_1=0.80$ cm, $R_2=4.30$ cm。

(2)按图 3-51 连接线路,经教师检查后接通电源。

(3)打开电源开关,电压输出开关置"电压输出",调电压调节旋钮,使电压读数为5.0 V。

(4)将电压输出开关置"探测",此时,电压表的读数为探针所在点的电位值。

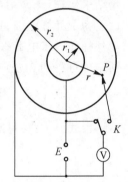

图 3-51 连线图

(5)移动探针位置,分别在两电极之间找出 0.5 V、1.0 V、1.5 V、2.0 V、2.5 V、3.0 V 各6个不同位置的点,记录在记录纸上,记录表见表 3-16。

(6)取下坐标纸,用电极周界三个点的位置找出圆心的位置,然后由 R_1 和 R_2 在坐标纸上画出电场的内、外边界。再对直尺量出各等位线的各方位半径,以各自的平均半径为半径画出等位线,并画出8条对称的径向电场线,即成电场分布图。

(7)整理仪器。

六、数据记录与处理

按表 3-16 记录数据。

表 3-16 电流场模拟静电场数据处理表

U_r/V	r/cm						$\bar{r}$
	1	2	3	4	5	6	
0.5							
1.0							
1.5							

续表

U_r/V	r/cm						$\bar{r}$
	1	2	3	4	5	6	
2.0							
2.5							
3.0							

注:$U_1 = 5.0$ V,$r_1 = 0.80$ cm,$r_2 = 4.30$ cm。

七、注意事项

(1)移动探针要小心,不得划破坐标纸。

(2)上下探针最好在同一垂线上。

八、拓展训练

(1)平行极板间的电场强度描绘是不是也可以采取同样的方法?

(2)你可以预见平行极板间的电场分布吗?

九、思考与讨论

(1)本实验所描述的等位线族中,等位线的分布是否均匀?哪些地方电场较强?哪些地方电场较弱?

(2)如果电源电压增加一倍,等位线、电场线形状是否变化?dU/dn 是否变化?为什么?

十、课堂延伸

静电场应用

静电场是由静止电荷(相对于观察者静止的电荷)激发的电场。根据静电场的高斯定理,静电场的电场线起于正电荷或无穷远,终止于负电荷或无穷远,它是有源无旋的保守场。

静电场在工农业生产与日常生活中有广泛应用。工业方面,主要体现在电力、机械、轻工、纺织、航空航天以及高新技术领域。农业生产中,利用高压静电场处理植物种子或植株,可以提高产量和抗性。生活方面,静电场用于治疗、空气除尘以及厨房抽油烟等,可以说,静电场的应用与人们息息相关。下面重点介绍静电场的几类应用。

(一)静电纺纱

静电纺纱是属于自由端纺纱范畴的一种新型纺纱技术。美国于 1949 年首先进行研究,现在世界上仍处于理论探讨和试验阶段,尚未达到工业生产规模。中国从 1958 年开始研究,现已建立起了中试车间,并能稳定地进行几十个品种的生产。

静电纺纱由纤维开松、输送、静电场凝聚、自由端加捻、筒子卷绕等工艺过程组成。由于纤维的开松方法不同,静电纺纱机分为两类:一类以罗拉牵伸作为开松机构,纤维的输送和凝聚利用静电场的作用;另一类以刺辊作为开松机构,利用气流输送纤维。而纤维的凝聚利用静电场的作用。静电场对纤维的作用力等于纤维上的电荷量与其所在处的电场强度的乘积,方向为正电荷在该点所受力的方向。电晕放电、接触带电、摩擦带电、电离作用,前三种来源是纤维带一种性质的电荷,分布在纤维的表面或者内部;后一种来源是纤维两端带相同数量的异种电荷,纤维在电场中的带电性质主要取决于纤维喂入的方式和静电场的形式。在以罗拉牵引作为开松机构的静电纺纱装置中,使纤维带电的主要来源是接触带电和电晕放电;在以刺辊分梳作为开松机构的静电纺纱装置中,使纤维带电的主要来源是电离作用和极化作用。

(二)静电喷涂

静电喷涂是利用吸附作用将聚合物涂料微粒涂覆在接地金属物体上,然后将其送入烘炉以形成厚度均匀的涂层。电晕放电电极使直径 $5\sim30\ \mu m$ 的涂料粒子带电,在输送气力和静电力作用下,涂料粒子飞向被涂物,粒子所带电荷与被涂物上的感应电荷之间的吸附力使涂料牢固地附在被涂物上。一般经 $2\sim3\ s$,涂层即可达到 $40\sim50\ \mu m$ 厚。

工作时静电喷涂的喷枪或者喷盘、喷杯、涂料微粒部分接负极,工件接正极并接地。在高压电源的高电压作用下,喷枪(或者喷盘、喷杯)的端部与工件之间就形成一个静电场。涂料微粒所受到的静电力与静电场的电压和涂料微粒的带电量成正比,而与喷枪和工件间的距离成反比,当电压足够高时,喷枪端部附近区域形成空气电离区,空气激烈的离子化和发热,使喷枪端部锐边或极针周围形成一个暗红色的晕圈,在黑暗中能明显看到,这时空气产生强烈的电晕放电。

涂料经喷嘴雾化后,被雾化的涂料微粒通过枪口的极针或者喷盘、喷杯的边缘时因接触而带电,当经过电晕放电所产生的气体电离区时,将再一次增加其表面电荷密度,这些带负电荷的涂料微粒在静电场作用下,向工件表面运动,并被沉积在工件表面形成均匀的涂膜。

(三)静电植绒

利用静电场作用力使绒毛极化并沿电场方向排列,同时被吸附在涂有黏合剂的基底上成为绒毛制品。其装置由两个平行板电极构成,其中下电极接地,并在上面放置基地材料和短纤维;上极板施加高压直流电,两电极间形成强电场。目前主要产品类型有:纤维制品,如地毯、坐垫、人造皮毛和印花绒布等;塑料制品如装饰布,保护用吸声布及富有表面弹性的制品等;金属制品有装饰材料、保护材料和隔热材料等;其他还有用于装饰的木制壳体和纸质壳体等。

植绒行业领域非常广阔,工艺品、包装、汽车、防火门、保险柜、灯具、厨具、塑料、再生塑料工艺品、玩具表面植绒等各个方面都能见到它的身影。

(四)静电除尘

静电除尘是利用静电场的作用,使气体中悬浮的尘粒带电而被吸附,并将尘粒从烟气中分离出来而将其去除。石油化工、水泥建材、粮食加工等许多工业生产单位及人们生活中排放的烟尘、粉尘、有害气体等是环境污染的主要来源之一。在消除这些污染的方法中,静电除尘效率高、耗电省、费用低、处理流量大、适用范围广,已被广泛应用。

这里介绍一种圆筒型静电除尘器(见图 3-52)是由一个金属筒和其轴线上的金属丝构

成的,两者分别接在高压电源的正负极上。

具体工作原理为:圆筒外壳接地作为吸尘极,金属细棒接负高压作为放电电极,于是在两极之间形成很强的径向电场。放电电极附近电场最强,能使圆筒内的气体电离,气体离子与尘埃粒子相碰,使尘埃带电。与此同时,尘埃粒子在高压静电场中也因极化作用而呈电性。在电场作用下,带负电荷的尘埃粒子向收尘极运动,附着在收尘极上,并与收尘极上的电荷中和。然后振动或者打击收尘极,使尘埃落入漏斗中收集起来。净化了的气体由圆筒上部出口放出。

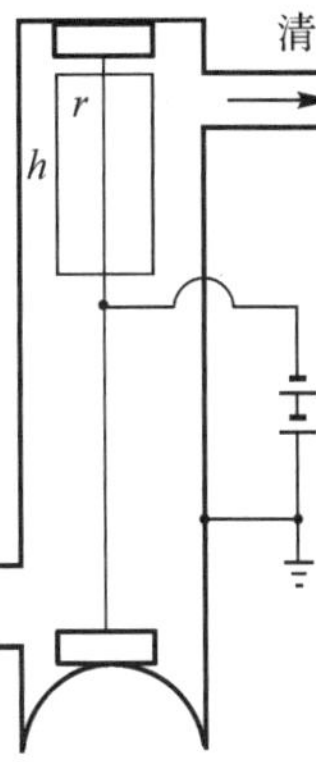

图 3 - 52　圆筒型静电除尘器

(五)示波器

示波器是一种用途十分广泛的电子测量仪器,如图 3 - 53 所示,它能把肉眼看不见的电信号变换成看得见的图像,便于人们研究各种电现象的变化过程。示波器利用狭窄的、由高速电子组成的电子束,打在涂有荧光物质的屏面上,就可产生细小的光点。在被测信号的作用下,电子束就好像一支笔的笔尖,可以在屏面上描绘出被测信号的瞬时值的变化曲线。利用示波器能观察各种不同信号幅度随时间变化的波形曲线,还可以用它测试各种不同的电量,如电压、电流、频率、相位差、调幅度等。而示

图 3 - 53　示波器

波管是一种特殊的电子管,是示波器一个重要组成部分。示波管由电子枪、偏转系统和荧光屏 3 个部分组成。

1.电子枪

电子枪用于产生并形成高速、聚束的电子流,去轰击荧光屏使之发光。它主要由灯丝 F、阴极 K、控制极 G、第一阳极 A_1、第二阳极 A_2 组成。除灯丝外,其余电极的结构都为金属圆筒,且它们的轴心都保持在同一轴线上。阴极被加热后,可沿轴向发射电子;控制极相对阴极来说是负电位,改变电位可以改变通过控制极小孔的电子数目,也就是控制荧光屏上光点的亮度。为了提高屏上光点亮度,又不降低对电子束偏转的灵敏度,现代示波管中,在偏转系统和荧光屏之间还加上一个后加速电极 A_3。第一阳极对阴极而言加有几百伏的正电压。在第二阳极上加有一个比第一阳极更高的正电压。穿过控制极小孔的电子束,在第一阳极和第二阳极高电位的作用下,得到加速,向荧光屏方向作高速运动。由于电荷的同性相斥,所以电子束会逐渐散开。通过第一阳极、第二阳极之间电场的聚焦作用,使电子重新聚集起来并交汇于一点。适当控制第一阳极和第二阳极之间电位差的大小,便能使焦点刚好落在荧光屏上,显现一个光亮细小的圆点。改变第一阳极和第二阳极之间的电位差,可起调节光点聚焦的作用,这就是示波器的"聚焦"和"辅助聚焦"调节的原理。第三阳极是示波管锥体内部涂上一层石墨形成的,通常加有很高的电压,它有三个作用:①使穿过偏转系统以后的电子进一步加速,使电子有足够的能量去轰击荧光屏,以获得足够的亮度;②石墨层涂在整个锥体上,能起到屏蔽作用;③电子束轰击荧光屏会产生二次电子,处于高电位的 A_3

可吸收这些电子。

2. 偏转系统

示波管的偏转系统大都是静电偏转式,它由两对相互垂直的平行金属板组成,分别称为水平偏转板和垂直偏转板。分别控制电子束在水平方向和垂直方向的运动。当电子在偏转板之间运动时,如果偏转板上没有加电压,偏转板之间无电场,离开第二阳极后进入偏转系统的电子将沿轴向运动,射向屏幕的中心。如果偏转板上有电压,偏转板之间则有电场,进入偏转系统的电子会在偏转电场的作用下射向荧光屏的指定位置。若两块偏转板互相平行,并且它们的电位差等于零,那么通过偏转板空间的,具有速度 v 的电子束就会沿着原方向(设为轴线方向)运动,并打在荧光屏的坐标原点上。若两块偏转板之间存在着恒定的电位差,则偏转板间就形成一个电场,这个电场与电子的运动方向相垂直,于是电子就朝着电位比较高的偏转板偏转。这样,在两偏转板之间的空间,电子就沿着抛物线在这一点上做切线运动。最后,电子降落在荧光屏上的 A 点,这个 A 点距离荧光屏原点有一段距离,这段距离称为偏转量,用 y 表示。偏转量 y 与偏转板上所加的电压 V_y 成正比。同理,在水平偏转板上加直流电压时,也发生类似情况,只是光点在水平方向上偏转。

3. 荧光屏示波器实物图

荧光屏位于示波管的终端,它的作用是将偏转后的电子束显示出来,以便观察。在示波器的荧光屏内壁涂有一层发光物质,因而,荧光屏上受到高速电子冲击的地点就显现出荧光。此时光点的亮度决定于电子束的数目、密度及其速度。改变控制极的电压时,电子束中电子的数目将随之改变,光点亮度也就改变。在使用示波器时,不宜让很亮的光点固定出现在示波管荧光屏一个位置上,否则该点荧光物质将因长期受电子冲击而烧坏,从而失去发光能力。

(六)电子束焊接机

电子束焊接是一种利用电子束作为热源的焊接工艺。电子束发生器中的阴极加热到一定的温度时逸出电子,电子在高压电场中被加速,通过电磁透镜聚焦后,形成能量密集度极高的电子束,当电子束轰击焊接表面时,电子的动能大部分转变为热能,使焊接件的结合处的金属熔融,当焊件移动时,在焊件结合处形成一条连续的焊缝。对于真空电子束焊机,要焊接的工件置于真空室中,一般装夹在可直线移动或旋转的工作台上。焊接过程可通过观察系统观察。

我国自行研制电子束焊机始于 20 世纪 60 年代,至今已研制生产出不同类型和功能的电子束焊机上百台,并形成了一支研制生产的技术队伍,能为国内市场提供小功率的电子束焊机。

近年来,出现了关键部件(电子枪,高压电源等)引进、其他部件国内配套的引进方式,这种方式的优点是:设备既保持了较高的技术水平,又能大大降低成本,同时还能对用户提供较完善的售后服务。北京航空工艺研究所以此方式为某航空厂实施设备总体设计和总成,实现了某重要构件的真空电子束焊接;桂林电器科学研究所也通过这种方式开发了 HDG(Z)-6 型双金属带材高压电子束连续自动焊接生产线,该机加速电压 120 kV、束流 0~

50 mA、电子束功率 6 kW，带材运行速度 0～15 m·min^{-1}，从而使我国跻身于世界上能生产这种生产线的几个国家之一。北京中科电气高技术公司近期为上海通用汽车公司研制成功自动变速车液力扭变器涡轮组件电子束焊机，70 s 内可完成两条端面圆焊缝的焊接，并已投入商业化生产。目前，以科学院电工所的 EBW 系列为代表的汽车齿轮专用电子束焊机占据了国内汽车齿轮电子束焊接的主要市场份额，我国的中小功率电子束焊机已接近或赶上国外同类产品的先进水平，而价格仅为国外同类产品的 1/4 左右，有明显的性能价格比优势。

在机理及工艺研究上，北京航空工艺研究所、北京航空航天大学、天津大学、上海交通大学、西北工业大学、中国科学电工所、桂林电器科学研究所、西安航空发动机公司、航天材料及工艺研究所、哈尔滨焊接研究所开展的工作涉及熔池小孔动力学、电子束钎焊、接头疲劳裂纹扩展行为、接头残余应力、填丝焊接、局部真空焊接时的焊缝轨迹示教等。

（七）在高新技术领域的应用

静电在高新技术领域也得到一些应用，如静电火箭发动机、静电轴承、静电透镜、静电治疗等。

第十一节 电子束实验

带电粒子的电量与质量的比值叫荷质比（Specific Charge），是带电微观粒子的基本参数之一。荷质比的测定在近代物理学的发展中具有重大的意义，是研究物质结构的基础。电子的荷质比是英国物理学家汤姆逊在 1897 年于英国剑桥大学卡文迪许实验室在对"阴极射线"粒子的荷质比的测定中首先测出的，汤姆逊通过电磁偏转的方法测量了阴极射线粒子的荷质比，它比电解中的单价氢离子的荷质比约大 2 000 倍，在当时这一发现为电子的存在提供了最好的实验证据。

一、实验目的

（1）掌握用电子束实验仪测定电子荷质比的方法；
（2）了解电子在磁场中运动状态。

二、预习要求

（1）能描述电子在磁场中的运动；
（2）会解释相关的物理量的计算方法；
（3）能阐述实验现象及其解释。

三、仪器物品

仪器：EB-Ⅳ型电子束实验仪。
物品：导线若干。

四、实验原理

图 3-54 是测量电子荷质比的原理图,在一个通电螺线管内平行地放置一示波管,沿示波管轴线方向有一均匀分布的磁场,其磁感应强度为 **B**,在示波管的热阴极 K 及阳极 A 之间加有直流高压 V_2,经阳极小孔射出的细电子束流将沿轴线做匀速直线运动。电子运动方向与磁场平行,故磁场对电子运动不产生影响,电子流的轴向速率为

$$V_{平行} = \sqrt{\frac{2eV}{m}} \tag{3-25}$$

式中:e、m 分别为电子电荷量和质量。

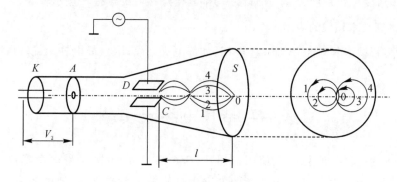

图 3-54 测电子荷质比原理图

若在一对偏转极板 D 上加一个幅值不大的交变电压,则电子流通过 D 后就获得一个与管轴垂直的速度分量 $V_{垂直}$。若暂不考虑电子轴向速度分量 $V_{平行}$ 的影响,则电子在磁场的洛仑兹力 **F** 的作用下,在垂直于轴线的平面上做圆周运动,即该力起着向心力的作用,$F = eV_{垂直}B = m\dfrac{V_{垂直}^2}{R}$,由此可得到电子运动的轨道半径 $R = \dfrac{V_{垂直}}{B\frac{e}{m}}$。$V_{垂直}$ 越大,轨道半径亦越大。电子运动一周所需要的时间(即周期)为

$$T = \frac{2\pi R}{V_{垂直}} = \frac{2\pi}{B\frac{e}{m}}$$

这说明电子的旋转周期与轨道半径及速率 $V_{垂直}$ 无关。若再考虑 $V_{平行}$ 的存在,则电子的运动轨迹应为一螺旋线。在一个周期内,电子前进距离(称螺距)为

$$h = V_{平行}T = \frac{2\pi V_{平行}}{B\frac{e}{m}} \tag{3-26}$$

由于不同时刻电子速度的垂直分量 $V_{垂直}$ 不同,所以在磁场的作用下,各电子将沿不同

半径的螺线前进。然而，由于它们速度的平行分量 $V_{平行}$ 均相同，所以经过距离 h，它们又重新相交（图 3-54 中的 1~4 的轨迹图像）。适当改变 $\boldsymbol{B}$ 的大小，当 $B=B_C$ 时，可使电子流的焦点刚巧落在荧光屏 S 上（这称为一次聚焦），这里，螺距 h 等于电子束交叉点 C 到 S 的距离 l。由式(3-25)、(3-26)消去 $V_{平行}$，即得

$$\frac{e}{m}=\frac{8\pi^2 V_2}{l^2 B_C^2} \tag{3-27}$$

式(3-27)中的 B_C、V_2 及 l 均可测量，于是可算出电子的荷质比。若继续增大 B，使电子流旋转周期相继减小为上述的 $\frac{1}{2}$、$\frac{1}{3}$、…，则相应的电子在磁场作用下旋转 2 周、3 周、…后聚焦于 S 屏上，这称为二次聚焦、三次聚焦等。

由式(3-27)可知，只要测出 V_2、I、B_C 就可求出电子的荷质比，V_2 为加速电压。本仪器做磁聚焦时，示波管应在螺线管的中间部位。故有

$$B_C=\frac{4\pi N I_0 \times 10^{-7}}{\sqrt{D^2+L^2}} \tag{3-28}$$

将式(3-28)代入式(3-27)得

$$\frac{e}{m}=\frac{D^2+L^2}{2l^2 N^2 \times 10^{-14}}\frac{V_2}{I_0^2}=K\frac{V_2}{I_0^2} \tag{3-29}$$

式中：K 为仪器常数；D 为螺线管平均直径；L 为螺线管线圈长度；N 为螺线管线圈匝数；l 为电子射线在均匀磁场中聚焦的焦距；I_0 为励磁电流平均值（单位为 A）；D、L、N、l 在实验仪器上给出。

五、实验内容

(一)准备工作

EB-Ⅳ型电子束实验仪主要包括仪器面板、示波管、磁场线圈三部分。仪器面板图如图 3-55 所示，仪器面板介绍如下。

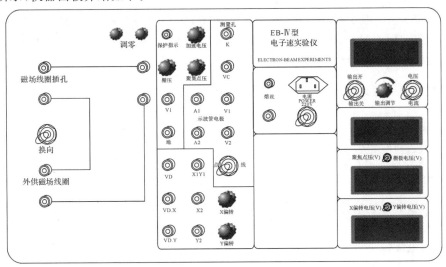

图 3-55　EB-Ⅳ型电子速实验仪面板图

1. 调节旋钮

加速电压：调整加速电压值。

栅压：调整栅极电压。

聚焦电压：调整聚焦电压。

X 偏压：调整 X 偏转板电压。

Y 偏压：调整 Y 偏转板电压。

2. 开关

电源开关：仪器供电电源开关。

励磁电源：励磁电源开关。

励磁表开关：控制励磁电源表显示励磁电流或电压。

3. 表头

加速电压：显示加速电压值。

聚焦电压与栅极电压：显示聚焦电压值或栅极电压值。

偏转电压：分别显示 X 偏转电压和 Y 偏转电压。

励磁：显示励磁电压或励磁电流。

外接磁场线圈：与磁场线圈连接。

(二)实验步骤

(1)面板连线 A1－V1、A2－⊥、Vd±－X1Y1、VdX±－X2、Vd±－Y2。外供磁场线圈输出与线圈连接。

(2)打开电源开关，稍做预热。使荧光屏光点亮度适中，调 X 偏转电压与 Y 偏转电压到零，看亮点是否在屏中央，否则调"X 调零"与"Y 调零"，使光点在屏中央。

(3)聚焦电压调到最小。

(4)使励磁电源调至最小，打开励磁电源开关。

(5)调整 V_2（一般取 700～800 V）到某一定值，逐渐增加励磁电流，使荧光屏上的光点出现逐次聚焦，记下第一、第二、第三次聚焦的电流值，填入数据记录表。依次做 7 组。

(6)实验完毕，拆解电路并整理器材。

六、数据记录与处理

(一)实验数据记录

根据实验执行拟定实验数据记录表格，见表 3－17。

(二)实验数据处理

根据实验数据记录计算每一组平均电流值 $I_{0n} = \dfrac{I_1 + I_2 + I_3}{1 + 2 + 3}$，求出各组平均电流值。最后求出平均电流值 $I_0 = \dfrac{I_{01} + I_{02} + I_{03} + I_{04} + I_{05} + I_{06} + I_{07}}{7}$。

根据测量数据及仪器参数，代入式(3－29)中求出电子荷质比，并与标准值 $\dfrac{e}{m} = 1.759 \times$

10^{11} C·kg^{-1} 比较,计算相对误差。

表 3 - 17　　磁聚焦数据处理表

加速电压 V_2/V	聚焦时励磁电流/A						电子荷质比 e/m	误差 $\dfrac{e/m - e/m_0}{e/m_0} \times 100\%$
	次数	I_1	I_2	I_3	I_{0n}	I_0		
	1							
	2							
	3							
	4							
	5							
	6							
	7							

七、注意事项

实验时应注意不要使螺线管线圈长时间在大电流状态下工作,以免螺线管线圈过热。

八、思考与讨论

(1)测量电子荷质比还有哪些方法?

(2)荷质比和核质比一样吗?

九、课堂延伸

粒子束应用

微粒子经过汇集成束,具有高能量密度,可以发挥巨大作用。本书介绍几种粒子束的原理及应用。

(一)电子束与高温合金技术

电子束是利用电子枪中阴极所产生的电子在阴阳极间的高压加速电场作用下被加速到很高的速度,经过透镜汇聚作用后,形成密集的高速电子流。作为制备和加工难熔金属的核心技术之一,电子束技术已在高温合金的成型制造与精炼、高温合金的焊接、表面改性以及涂层制备等领域得到了广泛应用,并将不断涉足航空航天、国防军工以及核工业等各个领域中。随着对高温合金使用性能要求的不断提高以及新型高温合金的开发,电子束技术在高温合金中的应用也面临着新的挑战,因此需要不断开发电子束技术的新方法和新工艺,如将计算模拟的方法与电子束技术相结合能有效指导材料的制备与加工。电子束自动化技术的应用可实现对材料制备与加工过程的精确控制,在降低劳动强度的同时提高材料的使用性能。电子束技术与高温合金的发展相互促进,电子束技术在高温合金中的应用也必然朝着高效率、低成本、低能耗的方向发展。此外,电子束技术的在大幅度提高高温合金的使用性能的同时,使得超高熔点合金的制备和加工成为可能。电子束技术与高温合金的开发紧密结合,不断发展,在高温合金中的应用领域不断拓展,应用前景值得期待。

(二)粒子束武器

粒子束武器是利用加速器把质子和中子等离子加速到数万到 20 万 km·s^{-1} 的高速,并通过电极或磁极束形成非常细的粒子流发射出去,用于轰击目标。

粒子束武器按照粒子是否带电可分为带电粒子束武器和中性粒子束武器。粒子束武器在太空可以破坏数十公里以外的目标,但在大气中威力衰减,只能攻击数公里以外的目标。

21 世纪,武器的发展已经进入原子和分子世界,原子物质中央的质子带正电、电子带负电、中子不带电。被称为粒子的物质是指电子、质子、中子和其他带正、负电的粒子。粒子只有加速到接近光速才能成为武器使用,粒子束发射到空间,可融化或者破坏掉目标,而且在命中目标后,还会产生二次磁场作用,对目标进行破坏。粒子束武器发射出高能定向强流,以巨大的动能击毁卫星和来袭的洲际弹道导弹。即使不能直接摧毁核弹头,粒子束产生的强大电磁脉冲热也会把导弹的电子设备烧毁,或利用目标周围发生的 γ 射线和 X 射线使目标的电子设备失效或者受到破坏。带电粒子束武器通常在大气层内使用,中性粒子束武器通常在大气外使用,主要用于拦截助推段和中段飞行的洲际弹道导弹。

第十二节　感应电流方向的研究

绝大多数物质都具有"热胀冷缩"的特性,这是由于物体内部分子热运动加剧或减弱造成的。在一维情况下,固体受热后长度的增加称为线膨胀。在相同条件下,不同材料的固体,其线膨胀的程度各不相同,我们引入线膨胀系数来表征物质的膨胀特性。线膨胀系数是物质的基本物理参数之一,在道路、桥梁、建筑等工程设计,精密仪器仪表设计,材料的焊接、加工等各个领域,都必须对物质的线膨胀特性予以充分的考虑。

本实验中,用光杠杆放大法测微小伸长量,具有一定的启迪性。光杠杆对微小伸长或微小转角的反应很灵敏,测量也很精确,在精密仪器中常有应用。

一、实验目的

(1)掌握电磁感应现象,熟练判断感应电流的方向;
(2)理解楞次定律的内涵。

二、预习要求

(1)初步了解什么是电磁感应现象;
(2)知道通电线圈以及条形磁铁的磁场分布情况。

三、仪器物品

干电池、原副线圈、条形磁铁、灵敏检流计、电键、导线若干、干电池、滑线变阻器等。

四、实验原理

(一)电磁感应

根据电磁学理论,变化的磁场产生电场,变化的电场产生磁场,感应电场在空间产生电势差即感应电动势,当电路闭合时,就会在回路中形成感应电流,这就是电磁感应现象,所产生的电流叫作感应电流。

如果要产生变化的磁场,有两种简单的方法。一种是用磁铁,当磁铁在副线圈中运动时,副线圈中的磁通量就会发生变化。一种是用通电螺线管,由于通电螺线管的磁场是由其励磁电流 I 决定的,$B=kI$,其中 k 是常数。所以改变励磁电流的大小,通电螺线产生的磁场 B 也随之发生变化。

(二)互感现象

如图 3-56 所示,两个邻近的线圈回路 1 和 2,分别通有电流 I_1 和 I_2,则任意线圈回路中电流所产生的磁场,将通过另一个线圈回路。根据法拉第电磁感应定律,任意一个回路的电流发生变化时,必将引起另一个线圈回路中磁通量的变化,从而在该线圈回路中产生感应电动势。这种一个回路电流变化在另一个回路中产生感应电动势的现象,叫作互感现象,产生的电动势叫作互感电动势。工程和实验室中经常用到的变压器、感应圈等,都是根据这一原理制成的。

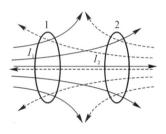

图 3-56　两回路的互感

如图 3-57 所示,在 u_{in} 处加交流电源,则在 u_{out} 端将产生持续不断的电压,这也是互感现象。这时两个线圈就构成一个变压器,输出的电压大小与原线圈和副线圈的匝数有关。

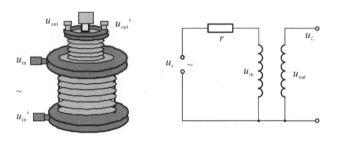

图 3-57　互感现象

五、实验内容

(1)探索电流计的指针偏转方向和流入电流方向之间的关系。准备好一节干电池、导线若干和一个检流计,采用电池试触法判定检流计的指针偏转方向和流入检流计的电流方向之间的关系,并总结得出结论。

(2)按照图 3-58(a)进行接线。让条形磁铁的 N 极和 S 极分别向下插入和拔出副线圈的过程中,记录原磁场的方向以及副线圈中磁通量的变化,并观察检流计的指针偏转方向,从而判定感应电流的方向以及感应电流磁场的方向,将感应电流磁场与原磁场方向进行比较,将结果依次记录在表 3－18 中。

(3)将磁铁换成原线圈,按图 3－58(b)进行连线,并将原线圈按照表 3－19 中所示进行实验,并依次将观察到的实验现象记录在表格的相应位置。

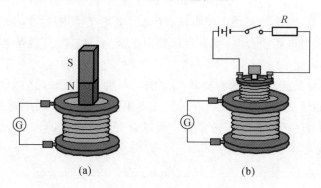

图 3－58　电磁感应接线图

六、数据记录与处理

表 3－18　条形磁铁插入、拔出副线圈

实验情况	原磁场方向	副线圈的磁通量的变化	检流计指针的摆动	感应电流方向	感应电流磁场方向	感应电流磁场与原磁场方向比较
N 极向下,插入						
N 极向下,拔出						
S 极向下,插入						
S 极向下,拔出						

表 3－19　原线圈通电,向下插入、拔出副线圈

实验情况	原磁场方向	副线圈的磁通量的变化	检流计指针的摆动	感应电流方向	感应电流磁场方向	感应电流磁场与原磁场方向比较
原线圈插入						
原线圈拔出						
增加励磁电流						
减小励磁电流						
合上开关						
断开开关						
铁芯插入						
铁芯拔出						

七、注意事项

(1)探究检流计的指针偏转方向和流入电流方向之间的关系时,不能将电池和检流计相

连直接构成闭合回路。一定是采用试触法进行判断。

（2）连线要轻，防止将接头损坏。

（3）仪器轻拿轻放，防止掉落摔碎，尤其是条形磁铁和原线圈。

八、拓展训练

在实验的基础上，解释变压器的工作原理，并画出最简单的变压器结构。

九、思考与讨论

（1）为什么在本实验中探究检流计的指针偏转方向和流入电流方向之间的关系时，不能将电池和检流计构成闭合回路，而是采用试触法进行判断？

（2）楞次定律中"阻碍"的含义是什么？

（3）楞次定律和右手定则的适用范围是什么？

十、课堂延伸

法拉第电磁感应实验

法拉第进行了由于磁场的变化在闭合导体中感生出电流的实验。他仔细分析了电流的磁效应等现象，认为已经发现了电流产生磁的作用，电流对电流的作用，那么反过来，磁也应该能产生电。实验过程被他的日记记载。法拉第由此实验得出了电磁感应定律，发明了发电机等，对人类文明有着深远意义的影响。

（一）实验背景

在物理学的发展史上，曾有相当长的时期一直未找到电与磁的联系，把电与磁现象作为两个并行的课题分别进行研究。直至 1820 年 7 月奥斯特发现了电流的磁效应后，才不再把电与磁的研究看作相互孤立的，而是作为一个整体看待。

奥斯特的论文发表后，在欧洲科学中引起了强烈的反响，投入了大量的人力、物力对电磁现象进行研究。既然电与磁有密切关系，电能产生磁，那么很自然地会想到它的逆效应："磁能产生电"吗？为此科学家们开始进行了长期的实验探索。自 1820 年至 1831 年的十多年间中，当时许多著名的科学家，如安培、菲涅耳、阿拉果、德拉里夫等，都投身于探索磁与电的关系之中，他们用很强的各种磁场试图产生电流，但均无结果，究其原因是抱住稳态条件不放，而没有考虑暂态效应，因此在之后的十多年中研究进展不大。

（二）分析准备

在这期间，法拉第（M. Faraday，1791—1867）受命于他的老师戴维（H. Davy）也开始转向电磁学方面的研究。

法拉第仔细分析了电流的磁效应等现象，认为电流与磁的作用应分几个方面，那就是电流对磁、电流对电流、磁对电流等。已经发现了电流产生磁的作用，电流对电流的作用，那么反过来，磁也应该能产生电。法拉第认为，既然磁铁可以使近旁的铁块感应带磁，静电荷可以使近旁的导体感应出电荷，那么电流也应当可以在近旁的线圈中感应出电流。他本着这种信念，在发现电磁感应现象之前六年的日记中就写下了他的光辉思想："磁能转化为电"，并使用了"感应"(Induction)这个词,可见他对于电磁感应的存在是坚信不疑的。但如何从实验中去发现这种感应现象,却非易事。起初,法拉第也简单地认为用强磁铁靠近导线,导线中就会产生稳定的电流,或者在一根导线里通以强大的电流,那在邻近的导线中也会产生稳定的电流,他做了大量的试验,但均以"毫无结果"而告终。

(三)试验成功

法拉第经过十年的试验、失败、再试验、再失败,于1831年夏又重新回到磁产生电流这一课题上来,终于取得了突破性的进展。1831年8月29日,法拉第发现了电磁感应的第一个效应,即以一个电流产生另一个电流。关于这一实验,法拉第的日记中作了详细记载,现摘录如下:

(1)磁产生电的若干实验。

(2)用软铁作材料制备一7/8 in粗的圆铁棒,将它弯成一个外径为6 in的圆环。在圆环的半边,用三股纱包铜线缠绕,每股24 in长,每绕一股后用白布包裹隔开。使用时,既可以将三股铜线连成一股,也可分成三股单独使用。然后检查各股铜线相互间是否绝缘。我们称铁环的这半边为A,与这一边隔开一段空隙的另一边用铜线绕了两股线圈,总长为60 in,绕向与A边线圈相同,称为B。

(3)用由10对4 in见方的金属片组成电池供电。用一根较长的铜导线将B边线圈的两端连接起来,铜线的一段置于离铁环3 ft(1 ft=0.304 8 m)远处的一个小磁针的上方,将电池与A边线圈中的一股接通;接通时,小磁针立即产生一明显的效应。小磁针来回摆动,最终稳定在原来的位置上。当切断A边与电池的连接时,小磁针又出现来回摆动。

(4)若将A边上三股铜线接成一单股线圈,然后让来自电池的电流通过总的线圈,则这时小磁针产生的效应比上述情况强很多。

(5)不过,小磁针上的效应只是导线直接接通电池时可能产生的效应的一个非常小的部分。

(6)将简单的B边线圈改装一下,做成一个扁平的线框,线框沿磁子午线平面放在小磁针S极的西边,当有电流通过时,便显示出最好的效应。实验时,线框与小磁针距铁环约三英尺,铁环与电池相距1 ft。

(7)在上述准备都就绪后,将电池与A边线圈的两边接通,在接通的瞬间,线框强烈地吸引小磁针,在几次振动之后便又回到它原来的自然位置,而处于静止状态,接着当切断电池的连线时,小磁针被强烈地排斥,几次振动后,又回到与前相同的位置,处于静止状态。

(8)在此,效应是明显的,但是瞬时的,然而,在切断与电池的连接时,效应的再现说明有一个平衡位置,它必须是能明显地回到那个位置。

(9)开始接通电池时,小磁针极的方向指向线框,B边线圈是A边线圈的一部分,即两者中的电流具有相同的方向;而当切断电池的连接时,由小磁针的运动方向判断此瞬间A、B两者中的电流方向相反。

(10)用一根7/8 in粗、4 in长的短铁柱,用4段14 ft长的导线缠绕,将4股导线接成一股,以代替上述扁平线框。小磁针像以前一样受到作用,然而看起来铁芯并不有助于磁力的产生,因为作用不比刚才不用铁芯的线框时的作用来得更大。作用与以前一样,也是瞬时的,可逆转的。

法拉第前后一共做了类似的几十个实验,最终认识到感应现象的暂态性,提出只有在变化时,静止导线中电流才能在另一根静止导线中感应出电流,而导线中的稳恒电流不可能在另一根静止导线中感应出电流的。法拉第历时十多年时间,只为寻求科学真谛,他的这种对科学孜孜以求的精神值得我们学习!

第十三节 薄透镜焦距的测定

光学实验方法和光学仪器在科研、生产、国防等方面应用十分广泛。例如:它可将像放大、缩小或记录贮存;可以实现不接触的高精度测量;利用光谱仪器可研究原子、分子、原子核和固体的结构,测量各种物质的成分和含量等;等等。特别是从 20 世纪 60 年代开始,由于激光的产生和发展,近代光学和电子技术密切配合,在科学研究和精密测量中应用光学方法和仪器越来越多,使光学仪器在国民经济的各个部门几乎成为不可缺少的工具。

透镜是光学仪器中常用的基本元件,透镜或透镜组的焦距是表征它特性的一个重要参数,学会测量透镜的焦距,掌握透镜的成像规律将有助于我们了解各光学仪器的功能和原理,从而能合理使用和正确调节一般的光学仪器。

一、实验目的

(1)了解光学实验的特点,掌握光学实验的操作规则;
(2)学会简单光学系统的共轴调节方法,掌握测量薄透镜焦距的原理和方法;
(3)学会用测量误差和有效数字的概念处理实验数据。

二、预习要求

(1)什么透镜的焦距? 凸透镜和凹透镜的焦距是怎样定义的?
(2)什么是自准直成像,有何特点?
(3)物距像距法中哪个是物距,哪个是像距?

三、实验原理

在薄透镜近轴的区域内,当成像光束与透镜主光轴的夹角很小时,薄透镜的成像公式为

$$\frac{1}{U} + \frac{1}{V} = \frac{1}{f}$$

(3-30)

式中:U 为物距;V 为像距;f 为焦距。由式(3-30)可知,只要测得物距 U 和像距 V,便可求出透镜的焦距 f。U、V、f 的正、负号规定见表 3-20。

表 3-20 U、V、f 的正、负号规定

	U	V	f
正号	实物	实像	凸透镜
负号	虚物	虚像	凹透镜

测量凸透镜焦距有以下几种基本方法。

1. 自准直法

将物 AB 放在凸透镜前的焦平面 P 上,物体发出的光束经过透镜折射后成为一束平行光线。如图 $3-59$ 所示,将一个垂直于透镜主光轴的平面反射镜 M 放置在光路中,反射光线也为平行光线,且通过透镜后会聚在透镜的前焦平面 P 上,形成一个与物 AB 大小相同的倒立的实像 $A'B'$。此时透镜的焦距即为

$$f = U \tag{3-31}$$

式中:$U = |X_P - X_1|$。

实验测得 X_P、X_1,计算出 U,代入式($3-31$)即可求出凸透镜的焦距。

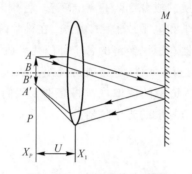

图 $3-59$ 自准直法光路图

2. 贝塞尔法

取位于 P 处的物 AB 与像屏 Q 之间的距离 $L > 4f$,透镜在 P、Q 之间移动,则必能在屏上两次成像,如图 $3-60$ 所示。

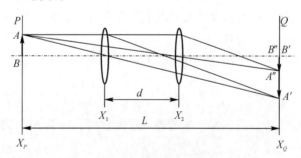

图 $3-60$ 贝塞尔法路图

透镜在 X_1 位置时,$U_1 < V_1$,屏上得到放大的实像 $A'B'$;透镜在 X_2 位置时,$U_2 > V_2$,屏上得到缩小的实像 $A''B''$。设两次成像时透镜的位移为 d,显然 $d = |X_2 - X_1|$,由式($3-30$)得

$$\frac{1}{f} = \frac{1}{U_1} + \frac{1}{L - U_1} \tag{3-32}$$

透镜在 X_2 时,由式($3-30$)得

$$\frac{1}{f}=\frac{1}{U_1+d}+\frac{1}{L-(U_1+d)} \tag{3-33}$$

联立式(3-32)和式(3-33)得

$$\frac{1}{U_1}=\frac{L-d}{2} \tag{3-34}$$

将式(3-34)代入式(3-32)得

$$f=\frac{L^2-d^2}{4L} \tag{3-35}$$

式中：$L=|X_Q-X_P|$。

由实验测得 X_P、X_Q、X_1、X_2，算出 L 和 d，代入式(3-35)，即可求出焦距 f。

四、仪器介绍

实验仪器包括光具座、凸透镜、凹透镜、平面反射镜、白光源、物屏、像屏等。

光具座由导轨和一些基本的光学部件组成，它可以测量透镜的焦距和透镜组的组合焦距，研究透镜的成像规律，观察光的干涉、衍射等现象，还能够测量光波的波长、激光发散度等光学量。因此，光具座是一种多用途的光学仪器平台。

1.光具座的结构

GDL 型光具座的结构如图 3-61 所示。

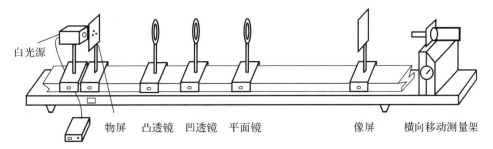

白光源　　　物屏　凸透镜　凹透镜　平面镜　　　　像屏　横向移动测量架

图 3-61　光具座结构示意图

2.光具座读数方法

在实际测量时，由于对成像清晰程度的判断总免不了有一定的误差，所以常采用左右逼近法读数。先使透镜由左向右移，当像清晰时停止，记下透镜位置的读数，再使透镜由右向左移，当像清晰时又可读一数，取两次读数的平均值，作为成像清晰时透镜的位置。

3.光源(物)的布置和像的接收

从光路图看，物是发出光线的中心，但实际中的发光体往往不是平面状，其位置不易准确确定。例如，用一个火焰作为物，那么物的位置究竟以火焰中心为准呢？还是以火焰前边缘或后边缘为准呢？就很难确定。因此，通常用一个垂直于轴的平面图形作物，但平面图形本身不发光，还需要光源加以照明。

本实验用三孔屏作物，用白光源照明。白光源与物屏间加一块毛玻璃，如图 3-62 所示。毛玻璃起漫射作用，使物屏平面上任何一点都可以形成一束光线的中心，物上各点得到比较均匀的照明。像是对应于物的同心光束会聚的中心,直接用眼睛可以观察到实像,但能看到像的范围仅在 φ' 角的延长线(见图 3-62 虚线)内,由于 φ' 角往往不大,眼睛观察就很不容易,通常用白纸或毛玻璃作屏,产生漫反射,使光线到屏上后再射向各个方向,从而在各个角度都能观察到屏上的像。

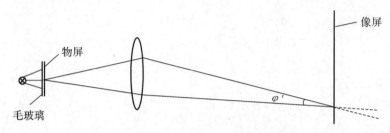

图 3-62　光源布置和接受成像示意图

4.光学元件同轴等高的调节

透镜成像公式仅在近轴光线条件下才能成立,对于一个透镜的装置,应使发光点处于该透镜的主光轴上;对于由几个光学元件组成的光路,应使各光学元件的主光轴重合,才能满足近轴光线的要求。习惯上各光学元件光轴重合称为同轴等高。同轴等高是光学测量的先决条件,也是减小测量误差、确保实验成功的重要的步骤,必须反复地、仔细地进行调节。调节分两步进行:

(1)粗调:将安置在支座上的有关光学元件沿导轨靠拢在一起,用眼睛观察,使镜面、屏面互相平行并与光具座导轨垂直,各光学元件的中心等高。这样各元件的光轴大致重合。

(2)细调:以贝塞尔法为例进行调节。实验光路如图 3-60 所示。调节透镜主光轴的高低、方位、使主光轴上的物点 B 在透镜处于 X_1 和 X_2 时,两次成像的像点 B'、B'' 均在主光轴上,即在屏上重合,此系统即处于同轴等高。

五、实验内容

1.自准直法测凸透镜焦距

(1)实验光路如图 3-59 所示。调节平面反射镜 M,使之垂直主光轴,移动凸透镜的位置,直至在物屏所在的平面上得到一个等大、倒立的清晰实像,如图 3-63 所示。

(2)记录物的位置 X_P,用左右逼近法确定透镜的位置 X_1。

(3)保持物的位置 X_P 不变,移动透镜位置,重复步骤(2)测 5 次。

图 3-63　成像示意图

2.贝塞尔法测凸透镜焦距

(1)实验光路如图 3-60 所示。调节光学元件同轴等高。固定物与屏的位置,将凸透镜沿光具座的导轨自左向右缓慢移动,若屏上两次出现倒立、清晰的实像,则说明此时光路满足测量条件 $L>4f$。

(2)移动凸透镜,当屏上呈现清晰的放大实像时,用左右逼近法确定透镜的位置 X_1;再向右移动凸透镜,当屏上呈现清晰的缩小实像时,用左右逼近法确定透镜的位置 X_2。

（3）记录物屏、像屏的位置 X_P、X_Q。

（4）保持物屏、像屏的位置不变，重复步骤（2），共测 5 次。

六、数据记录与处理

1. 实验数据记录

将实验测得数据填入表 3-21 中。

表 3-21 测凸透镜焦距数据记录表 （单位：cm）

次 数	项 目					
	自准直		贝塞尔法			
	$X_P =$		$X_P =$		$X_Q =$	
	X_1		X_1		X_2	
	左	右	左	右	左	右
1						
2						
3						
4						
5						

2. 实验数据处理

（1）自准直法测凸透镜焦距。将实验测得数据填入表 3-22 中，并计算凸透镜的平均焦距。

表 3-22 自准直法测凸透镜焦距数据处理表

物屏位置 $X_P =$ ____ cm

次 数	项 目			
	透镜位置 X_1/cm			$f_i = |X_P - X_1|$/cm
	左	右	平均	
1				
2				
3				
4				
5				
平均焦距 $\overline{f}$/cm				

（2）贝塞尔法测凸透镜焦距。将实验测得数据填入表 3-23 中，并计算透镜的平均焦距。

表 3-23 贝塞尔法测凸透镜焦距数据处理表

次 数	项 目					
	物屏位置 $X_P=$ cm			像屏位置 $X_Q=$ cm		
	X_1/cm			X_2/cm		
	左	右	平 均	左	右	平 均
1						
2						
3						
4						
5						
平 均						

$$L=|X_Q-X_P|,\ \bar{d}=|\overline{X_2}-\overline{X_1}|,\ \bar{f}=\frac{L^2-\bar{d}^2}{4L}=\cdots$$

七、注意事项

(1)严格按实验流程进行操作,注意用电安全。

(2)实验过程中不要用手触摸透镜、平面镜等元件的光学表面。如果元件表面脏了,可用镜头纸从内向外擦拭。

(3)调整光具座配件螺丝时须持稳透镜架,避免透镜架急坠造成透镜损坏。

八、拓展训练

在熟练掌握凸透镜焦距的测量方法的基础上,练习利用物距像距法测量凹透镜的焦距。

九、思考与讨论

(1)为什么要对光具座上的光学系统进行同轴等高调节?

(2)用贝塞尔法测凸透镜焦距时,为什么必须满足条件 $L>4f$?

(3)自准直法测凸透镜焦距利用了凸透镜的什么光学特性?

十、课堂延伸

物距像距法测量凹透镜的焦距

1.物距像距法测凹透镜焦距的原理

凹透镜不能如凸透镜那样成实像于屏上,因此测凹透镜的焦距时总要借助于一块凸透镜。在图 3-64(a)中,物 AB 发出的光线经过凸透镜在屏 Q 上成实像 $A'B'$。在凸透镜和屏 Q 之间的 X_1 处插入一个凹透镜,如图 3-64(b)所示,作为凹透镜虚物的 $A''B''$ 将成实像 $A''B''$ 于 P 处的屏上。

根据透镜成像的光路可逆性特点,如果将 $A''B''$ 作为位于 P 处的实物,那么经凹透镜折

射后形成的虚像 $A'B'$ 必位于 Q 处。由式(3-30)及 U、V、f 的正、负号规定可得

$$\frac{1}{-f}=\frac{1}{U}-\frac{1}{V}$$

则凹透镜的焦距为

$$f=\frac{UV}{U-V} \tag{3-36}$$

式中: $U=|X_P-X_1|$; $V=|X_Q-X_1|$; f 是焦距的绝对值。

由实验测得 X_1、X_P、X_Q，算出 U 和 V，代入式(3-36)，即可求出凹透镜的焦距。

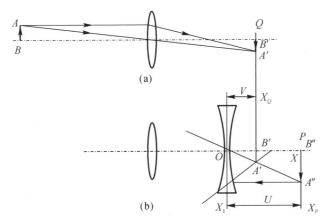

图 3-64　物距像距法光路图

2. 物距像距法测凹透镜焦距的实验步骤

(1)实验光路如图 3-64 所示。凹透镜先不放入光具座中，移动凸透镜，使像屏上出现清晰的缩小实像 $A'B'$。移动像屏，用左右逼近法确定 $A'B'$ 的位置 X_Q。

(2)保持凸透镜位置不变，共测 5 次。

(3)保持凸透镜位置不变，将凹透镜插入凸透镜和像屏之间，使 $OQ<f$，移动像屏到 P 处，此时可以找到清晰的放大实像 $A''B''$。若找不到成像，说明 OQ 的距离过大，向后调整凹透镜，一般 OQ 为 5～6 cm 即可。

(4)记录凹透镜位置 X_1，用左右逼近法确定 $A''B''$ 的位置 X_P。

(5)保持凹透镜位置 X_1 不变，重复步骤(4)，共测 5 次，将数据记录在表 3-24 内。

表 3-24　物距像距法测薄透镜焦距数据记录表

$X_1=$ ____ cm

次　数	项　目			
	X_Q/cm		X_P/cm	
	左	右	左	右
1				
2				
3				
4				
5				

3.物距像距法测凹透镜焦距数据处理

将实验测得数据填入下表 3 - 25 中,并计算凹透镜的平均焦距。

表 3 - 25　物距像距法测凹透镜焦距数据处理表

凹透镜位置 $X_1 = \_\_\_\_$ cm

次数	项目						物距 $U = \|X_P - X_1\|$/cm	像距 $V = \|X_Q - X_1\|$/cm
	物位置 X_P/cm			像位置 X_Q/cm				
	左	右	平均	左	右	平均		
1								
2								
3								
4								
5								
平均								

$$\overline{f} = \frac{\overline{U} \cdot \overline{V}}{\overline{U} - \overline{V}} = \cdots = \cdots (\text{cm})。$$

第十四节　光的衍射实验

光的衍射现象是光的波动性的一种表现,光的直线传播可以理解为衍射现象不显著时的近似结果。光的衍射分为菲涅耳衍射与夫朗和费衍射两种。菲涅耳衍射是指光源或衍射屏(观察衍射图样的屏幕)到衍射物的距离为有限远时的衍射,即所谓的近场衍射;夫朗和费衍射是指光源和衍射屏到衍射物的距离均为无限远时的衍射,即所谓的远场衍射(又称平行光衍射)。研究光的衍射不仅有助于加深对光波动特性的理解,也有助于进一步学习近代光学实验技术,如光谱分析、晶体结构分析、全息照相、光学信息处理等。本实验将观察单缝的夫朗和费衍射现象。

一、实验目的

(1)观察单缝夫朗和费衍射现象,了解单缝衍射光强的分布规律,加深对光的衍射理论的理解;

(2)利用衍射图样测量单缝的宽度。

二、预习要求

(1)什么是夫琅和费衍射? 观察到衍射的条件是什么?

(2)单缝衍射条纹的特点有哪些? 缝宽与条纹疏密的关系怎样?

(3)为什么衍射现象能测量微小长度?

三、实验原理

1.单缝衍射实验装置

用一束平行光垂直照射在单缝上时,根据惠更斯-菲涅耳原理,单缝上每一点都可以看成向各方向发射球面子波的新波源,波将在接收屏上叠加形成一组平行于单缝的明暗相间的条纹。为实现平行光的衍射,即要求光源 S 及接收屏到单缝的距离都是无限远或接近无限远,可以借助两个透镜来实现,如图 3-65 所示。

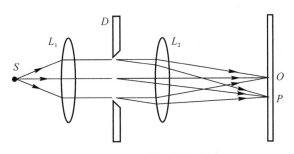

图 3-65　单缝衍射光路图

位于透镜 L_1 的前焦平面上的单色狭缝光源 S,经透镜 L_1 后变成平行光,垂直照射在单缝 D 上,通过单缝 D 衍射在透镜 L_2 的后焦平面上,呈现出单缝的衍射图样。当使用激光器作光源时,由于激光器的准直性,可将透镜 L_1 去掉。若屏远离单缝,则透镜 L_2 也可省略,如图 3-66 所示。

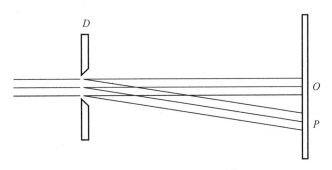

图 3-66　单缝衍射光路图

与单缝平面垂直的衍射光束会聚于接收屏上 $x=0$ 处(O 点),是中央亮条纹的中心,设其光强为 I_0;与光轴成角 θ 的衍射光束会聚于 P_θ 处,由惠更斯、菲涅耳原理可得 P_θ 处的光强为 I_θ 为

$$I_\theta = I_0 \frac{\sin^2 u}{u^2}, \quad u = \frac{\pi a \sin\theta}{\lambda} \tag{3-37}$$

式中:a 为单缝的宽度;λ 为单色光波长。

2.单缝衍射的特征

(1)当 $\theta=0$ 时,$I=I_0$ 是中央主极大。

（2）当 $\sin\theta = \dfrac{k\lambda}{a}$ 时，出现暗条纹，其中

$k = \pm 1, \pm 2, \cdots$ 在暗条纹处，光强 $I = 0$。由于 θ 很小，$\sin\theta \approx \theta$，所以近似认为暗条纹出现在 $\theta = k\lambda/a$ 处。中央亮条纹的角度 $\Delta\theta = 2\lambda/a$，其他任意两条相邻暗条纹之间夹角 $\Delta\theta = \lambda/a$，即暗条纹以 $x = 0$ 处为中心，等间距地左右对称分布。

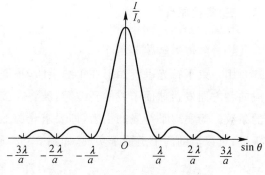

图 3 - 67　单缝衍射光强分布图

（3）除中央主极大外，两相邻暗条纹之间是各级亮条纹，这些亮条纹光强的最大值称为次极大。经过计算，这些次极大的衍射角 θ

的位置是 $\sin\theta = \pm 1.43\,\dfrac{\lambda}{a}, \pm 2.46\,\dfrac{\lambda}{a}, \pm 3.47\,\dfrac{\lambda}{a}, \cdots$ 它们的相对光强分别是 $\dfrac{I_\theta}{I_0} = 0.047$，

$0.017, 0.008, \cdots$ 单缝衍射的相对光强分布曲线如图 3 - 67 所示。

3. 单缝宽度的计算

若单缝至屏距离 $z \gg a$，则 θ 很小，因此 $\sin\theta \approx \tan\theta = \dfrac{x_k}{z}$，对于各级暗条纹衍射角有

$$\sin\theta = \frac{k\lambda}{a} \approx \frac{x_k}{z}$$

进而可得单缝的宽度为

$$a = \frac{k\lambda z}{x_k} \tag{3-38}$$

式中：k 是暗条纹级数；z 为单缝至接收点之间的距离；x_k 为第 k 级暗条纹距中央主极大中心位置的距离。

四、仪器物品

本实验装置包括导轨和滑动座、激光器及电源、激光器架、可调单缝、横向移动测量架、光电接收器和光电流放大器、光靶、白屏。实验装置如图 3 - 68 所示。

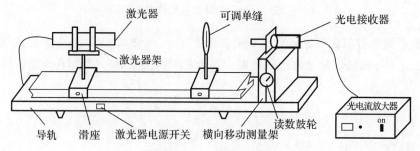

图 3 - 68　实验装置图

1.导轨和滑动座

导轨用于承载光学器件,主要起到准直作用,导轨采用铝制导轨,带有燕尾槽,导轨前侧带有刻度尺。滑动座用于安装各种光学器件,通过其上的指示刻线读取器件的位置。滑动座分为三种,分别是:一维滑动座、二维滑动座、三维滑动座。一维滑动座可以沿导轨轴向调节,二维滑动座增加垂直轴向的横向调节,三维滑动座再增加高低调节。

2.激光器及电源、激光器架

光源采用氦氖激光器,波长 $\lambda = 632.8$ nm,激光器的电源安装在导轨内部,电源开关在导轨的左侧。激光器安装在激光器架上,激光器架上有两组调节旋钮,用于调整激光器的光线出射方向。

3.可调狭缝

可调狭缝具有缝宽调节和偏转角调节,缝宽调节由螺旋测微计调整。

4.横向移动测量架

主要结构是一个百分读数鼓轮转动时带动一个支架做横向移动,在支架上有进光管和光电接收器。鼓轮转动一周,支架移动 1 mm,所以鼓轮转动一个小格,支架移动 0.01 mm。同时毫米以上的读数由指针在直尺上读出。

5.光电接收器和光电流放大器

光电接收器也叫光电探头,主要用于相对光强的测量。波长范围:200~1 050 nm。光电接收器的输出通过航空插头与光电流放大器连接。光电流放大器前面板上除数字显示窗和开关外,只设一个增益调节旋钮。示数显示范围为 0~1 999,如遇较高光强超出显示范围而溢出时,窗口显示"1",可适当减小增益,以恢复正常显示。

五、实验内容

1.观察衍射现象

(1)将激光管装入激光器架,安置到导轨的左端,使用一维滑动座。可调单缝放置在激光器前面,导轨左侧,使用二维滑动座。将接收白屏放置到导轨的右端。

(2)打开激光器电源开关,粗调激光器的出射方向(直接松开滑座紧固螺丝调整,不需用激光器架细调),使光束能够照射到狭缝上。

(3)调整可调单缝的横向位置(用二维滑动座上的调节旋钮),使光线照射到缝隙中央,产生衍射现象。改变缝宽,观察衍射条纹的变化。

2.利用衍射现象测量单缝宽度

(1)光路调节。

1)将激光器、光靶和白屏放入光路中,激光器和光靶均使用一维滑动座。光靶用于调整光束的方向,在其上部中央有一个通光孔,称为靶心。此通光孔的高度与横向测量架上进光管的高度是一致的。

2)接通激光器电源,沿导轨移动光靶,调整的要求是:不论光靶在光路近端还是远端,激光束均能通过靶心。方法是调节激光器架上的六个手钮,改变光束的方向,此过程需要反复调节。

(2)衍射条纹的调节。

1)取下光靶,放入可调单缝,单缝使用二维滑动座,固定在导轨 35 cm 处,此时单缝距离光电接收器距离为 80 cm。

2)用二维滑动座的横向调节旋钮调节狭缝横向位置,使激光束通过狭缝,注意此时不能再调动激光器。观察衍射图样,调节可调单缝铅直旋钮,使衍射图样水平,从而保证缝体铅直;精确调整横向位置使衍射条纹左右基本对称,中央条纹明亮,明暗相间的条纹分明。

3)根据衍射图样的状况,适当调节狭缝宽度,各级分开的距离适中,建议从中央亮纹到三级暗纹之间的距离大约为 6~8 mm。调好以后单缝不要再动。

(3)测量衍射光强分布。

1)将滑动座上的白屏取下,并打开光电流放大器电源。调动横向移动测量架(转动百分鼓轮),使衍射中央主极大进入光电接收器接收口,观察光电流放大器的数显值,当数显值出现"1"时,说明放大倍数过大,数值已经溢出,应减小光电流放大器的增益,保持数值不要溢出。然后边转动读数鼓轮,边观察显示数值变化,当找到最大光强数值时,鼓轮不再转动,再次调整光电流放大器的增益,使示值达到 1 500 左右。

2)按直尺和鼓轮上的读数和光电流放大器数字显示,记下光电接收器位置和相对光强数值的对应数据,即衍射光强分布。测量时要单方向转动鼓轮,测出中央主极大到一侧三级极小之间的起伏变化。测量时每转动 0.1 mm(百分鼓轮上的 10 个格)记录一次数据。

说明:激光器的功率输出有起伏,使用前需 10~20 min 预热,显示数值起伏变化小于 10% 时,对衍射图样的绘制并无明显影响。

六、数据处理

(1)按测得的数据在坐标纸上画出相对光强与被测点位置 x 的关系曲线。

(2)从绘制的曲线中找出极大值和极小值的位置,计算出各级极小到中央主极大的距离,可以计算出三个,即 1 级、2 级、3 级极小到中央主极大的距离。列出表格,利用式(3-38)计算缝宽及误差。

(3)测出各极大值对应的光强值,并与理论计算的光强进行比较。

七、注意事项

(1)不允许用激光或其他强光照射光电接收器。
(2)单缝不允许闭合,以保证刃口不被损坏。
(3)激光电源的正负极不允许接错。

八、拓展训练

在熟练掌握光的单缝衍射实验方法的基础上,进行光的圆孔衍射实验。

九、思考与讨论

(1)单缝宽度对衍射条纹有什么影响?当缝宽增加一倍时,衍射图样的光强和条纹宽度将会怎样变化？如果缝宽减半，又怎样变化？

(2)激光器输出光强如有变动，对单缝衍射图像和光强分布曲线有无影响？有何影响？

十、课堂延伸

光的圆孔衍射实验

1. 光的圆孔衍射实验原理

圆孔衍射的理论基础是惠更斯-菲涅尔原理。经过理论计算可以得到，在验光传播方向的圆孔的中轴线上，光强总是极大，偏开中轴线一定角度，各子波相干叠加正好相消，则出现第一级暗线。由于圆孔激起的子波具有轴对称性，因此这一暗线将是一条暗环。继续增加偏离中轴线的角度，可以得到一系列暗环，暗环之间为亮环，即衍射极大。第一级暗环内部是一个最亮的亮斑，集中了 84% 左右的光能，称为艾里斑。艾里斑的大小可用半角宽度（即第一级暗环对应的衍射角）表示为

$$\theta \approx \sin\theta = 1.22\frac{\lambda}{D} \qquad\qquad (3-39)$$

式中：D 为圆孔的直径。

2. 光的圆孔衍射实验内容

(1)调整光路：调整激光束、微型圆孔、凸透镜及接收屏达到同轴等高。激光垂直照射在圆孔上，接收屏与圆孔之间的距离大于 1 m，凸透镜置于圆孔与接收屏之间，到接收屏的距离等于透镜的焦距。

(2)观察圆孔衍射现象：将激光束照亮圆孔，先用接收屏进行观察，调节圆孔左右位置，使衍射图样对称。观察衍射条纹的变化，观察各级明条纹的光强变化。

(3)圆孔的测量：从所描绘的分布曲线上确定艾里斑的直径 D，将 D 值与 f 值代入公式(3-39)中，计算出圆孔直径 D。

第十五节　用分光计测三棱镜顶角

光线在传播过程中，遇到不同媒质的分界面（如平面镜和三棱镜的光学表面）时，就要发生反射和折射，光线将改变传播的方向，结果在入射光与反射光或折射光之间就有一定的夹角。反射定律、折射定律等正是这些角度之间关系的定量表述。一些光学量，如折射率、光波波长等也可以通过测量有关角度来确定。因此，精确测量角度，在光学实验中显得尤为重要。本实验利用分光计进行玻璃三棱镜顶角的角度测量。

一、实验目的

(1)了解分光计的结构；
(2)掌握分光计的调节和使用方法；
(3)利用分光计测定三棱镜的顶角。

二、预习要求

(1)本实验中入射光的入射方向；

(2)三棱镜的顶角测量的方法；

(3)测量中三棱镜的放置方法。

三、实验物品

分光计、三棱镜、钠灯等。

四、实验原理

如图 3-69 所示，其中的正三角形表示一个三棱镜的横截面。A 为三棱镜顶角，其两侧面是透光的光学表面，又称折射面，与顶角 A 相对的面为毛玻璃面，称为三棱镜的底面。

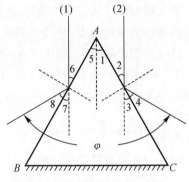

图 3-69　测三棱镜顶角光路图

一束平行光射入三棱镜顶角，光线(1)经 AB 面反射，光线(2)经 AC 面反射，两条反射线的夹角 φ 与顶角 A 的关系如下：

因为 $\angle 1 = \angle 2 = \angle 3$，$\angle 2 = \angle 4$，所以 $2\angle 1 = \angle 3 + \angle 4$；同理可证 $2\angle 5 = \angle 7 + \angle 8$。

则

$$\angle \varphi = \angle 3 + \angle 4 + \angle 7 + \angle 8 = 2(\angle 1 + \angle 5) = 2\angle A$$

即

$$\angle A = \frac{1}{2}\angle \varphi$$

由此可知，只要测出 $\angle \varphi$，即可得到 $\angle A$。

五、实验内容

(1)按分光计调节顺序操作，使分光计达到工作状态。

(2)用钠光灯将平行光管的狭缝照亮。三棱镜放在载物台上，使其顶角 A（与毛面相应的角）对准平行光管。顶角放在靠近载物台的中心部分。

(3)放松望远镜固定螺丝，转动望远镜，在棱镜的左反射面找到狭缝像，使狭缝像和双十字分划线的竖线大致重合。锁紧望远镜固定螺丝，调节望远镜微调螺丝，使双十字分划板的竖线位于狭缝像的中央。从左右两个窗口读出 $\theta_{1左}$ 和 $\theta_{1右}$。

(4)转动望远镜，在棱镜右反射面找到狭缝像，余下步骤同3，读出 $\theta_{2左}$ 和 $\theta_{2右}$。

(5)保持载物台和三棱镜不动，重复上述两步，共测量 5 次。

六、数据处理

将测量数据填入数据处理表3-26，计算出 $\theta_{1左}$、$\theta_{1右}$、$\theta_{2左}$、$\theta_{2右}$ 的平均值，然后根据表后

的公式计算出三棱镜顶角 A 的平均值。

表 3-26　分光计测棱镜顶角数据处理表

次　数	左窗口		右窗口	
	$\theta_{1左}$	$\theta_{2左}$	$\theta_{1右}$	$\theta_{2右}$
1				
2				
3				
4				
5				
平均				

$$\varphi_{12左} = |\overline{\theta_{1左}} - \overline{\theta_{2左}}| = \cdots(不大于 180°),\varphi_{12右} = |\overline{\theta_{1右}} - \overline{\theta_{2右}}| = \cdots(不大于 180°)$$

$$\overline{A} = \frac{1}{4}(\varphi_{12左} + \varphi_{12右}) = \cdots$$

七、注意事项

(1)三棱镜轻拿轻放,严禁用手触摸两个抛光面,弄脏后要用专用镜头纸擦净;

(2)钠光灯使用时要预热 3～5 min,不要反复开关。

八、思考与讨论

(1)若望远镜中小十字窗在物镜焦平面以外或以内,则从小十字窗投射出的光经过垂直于望远镜光轴的平面反射镜反射的像将在何处(用作图法确定)?

(2)在测三棱镜顶角时,放在载物台上的三棱镜顶角为什么不能太靠近平行光管呢? 画出上述情况下的光路图并说明其原因?

(3)除了用反射法测定三棱镜顶角外,还有一种常用的自准直法,请扼要说明这种方法的基本原理和测量步骤。

九、课堂延伸

用分光计测定玻璃三棱镜的折射率

最小偏向角法是测定三棱镜折射率的基本方法之一,如图 3-70 所示,三角形 ABC 表示玻璃三棱镜的横截面,AB 和 AC 是透光的光学表面,又称折射面,其夹角 A 称为三棱镜的顶角;BC 面为毛玻璃面,称为三棱镜的底面。

一束单色光以角 i_1 入射到 AB 面上,经棱镜两次折射后,从 AC 面射出来,出射角为 i'_2。入射光和出射光之间的夹角 δ 称为偏向角。当棱镜顶角 A 一定时,偏向角 δ 的大小随入射角的变化而变化。而当 $i_1 = i'_2$ 时,δ 为最小。这时的偏向角称为最小偏向角,记

为 $\delta_{\min}$。

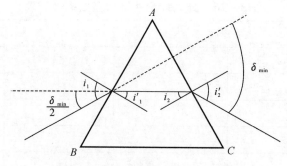

图 3 - 70　测三棱镜折射率的光路图

由图 3 - 70 可以看出，在最小偏向状态，有

$$i'_1 = i_2 = \frac{A}{2}$$

根据几何关系可得

$$\frac{\delta_{\min}}{2} = i_1 - i'_1 = i_1 - \frac{A}{2}$$

因此

$$i_1 = \frac{\delta_{\min} + A}{2}$$

设棱镜材料折射率为 n，则 $\sin i_1 = n \sin i'_1 = n \sin \frac{A}{2}$，故

$$n = \frac{\sin i_1}{A} = \frac{\sin \dfrac{\delta_{\min} + A}{2}}{A}$$

由此可知，要求得棱镜材料的折射率 n，必须测出其顶角 A 和最小偏向角。

阅读材料——十大物理学中的最美实验

物理是来自实验的自然科学，实验对于物理学的前进与发展起着至关重要的作用。可能很多人认为物理实验是枯燥、繁琐、无聊的，但事实上，真正优秀的实验必须首先是美丽的。下面就是世界知名物理学家们联合评选出的物理学史上十大最美丽的实验。

这十大实验中的绝大多数是科学家独立完成的，最多有一两个助手。所有的实验都抓住了物理学家眼中最漂亮的科学之魂。这种漂亮是一种经典概念：使用最简单的仪器和设备，发现了最根本、最单纯的科学概念，就像是一座座历史丰碑一样，人们长久的困惑和含糊顷刻间一扫而空，对自然界的认识更加清晰。

（一）傅科钟摆证明地球自转（排名第十）

1851 年，法国科学家傅科在公众面前做了一个实验，用一根长为 220 ft 的钢丝将一个 62 lb（1 lb＝0.454 kg）的头上带有铁笔的铁球悬挂在屋顶下，观测记录它前后摆动的轨迹，如图 3-71 所示。

图 3-71 傅科实验

周围观众发现钟摆每次摆动都会稍稍偏离原轨迹并发生旋转时,无不惊讶。实际上这是因为房屋在缓缓移动。如果地球不自转,那么摆锤摆动时不受外力,将保持固定的摆动方向。如果地球自转,那么摆锤将会受到重力、惯性等各方面因素,运动轨迹也会发生偏差。傅科的演示说明地球是在围绕地轴自转的。

在巴黎的纬度上,钟摆的轨迹是顺时针方向,30 h 一周期。在南半球,钟摆应是逆时针转动,而在赤道上将不会转动。在南极,转动周期是 24 h。

此后,人们为了纪念傅科的伟大实验,把用来实验的巨摆称作傅科摆,而世界各地的好多天文馆和物理教学场所都会设置傅科摆。

(二)卢瑟福发现核子实验(排名第九)

1911 年,卢瑟福还在曼彻斯特大学做放射能实验时,原子在人们的印象中好像是"葡萄干布丁",如图 3-72 所示,大量正电荷聚集的糊状物质,中间包含着电子微粒。

但是卢瑟福和他的助手发现向金箔发射带正电的 α 微粒时有少量被弹回,这使他们非常吃惊。卢瑟福计算出原子并不是一团糊状物质,大部分物质集中在一个中心小核上,也就是原子核,电子在它周围环绕。卢瑟福提出了原子结构的行星模型,如图 3-73 所示,为原子结构的研究做出了很大的贡献。

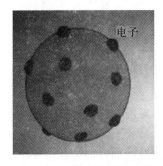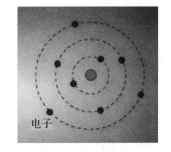

图 3-72 葡萄干布丁模型　　　　**图 3-73 行星模型**

(三)伽利略的加速度实验(排名第八)

伽利略提炼他有关物体移动的观点。他做了一个 6 m 多长、3 m 多宽的光滑直木板槽,再把这个木板槽倾斜固定,让钢球从木槽顶端沿斜面滑下,并用水钟测量钢球每次下滑的时间,研究它们之间的关系,如图3-74所示。

图3-74 伽利略在做实验

亚里士多德曾预言滚动球的速度是均匀不变的:铜球滚动两倍的时间就走出两倍的路程。伽利略却证明钢球滚动的路程和时间的平方成比例:两倍的时间里,铜球滚动了4倍的距离,因为存在恒定的重力加速度,如图3-75所示。

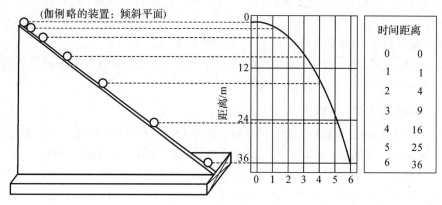

图3-75 伽利略斜面实验

(四)埃拉托色尼测量地球圆周长(排名第七)

古埃及有一个小镇叫塞伊尼,现名为阿斯旺。在这个小镇上,夏至日正午的阳光悬在头顶,物体没有影子,阳光直接射入深水井中。

埃拉托色尼是公元前3世纪亚历山大图书馆的馆长,他意识到这一信息可以帮助他估计地球的周长。在以后几年里的同一天、同一时间,他在亚历山大测量了同一地点的物体的影子。发现太阳光线有轻微的倾斜,在垂直方向偏离了大约7°,如图3-76所示。

假设地球是球状,那么它的圆周应跨越360°。如果两座城市成7°,就是7/360的圆周,就是当时5 000个希腊运动场的距离。因此,地球周长应该是25万个希腊运动场。今天,通过航迹测算,我们知道埃拉托色尼的测量误差仅仅在5%以内。

(五)卡文迪什扭秤实验(排名第六)

牛顿的另一伟大贡献是他的万有引力定律,但是万有引力到底多大?

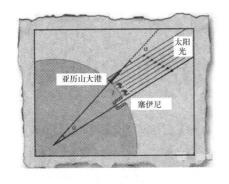

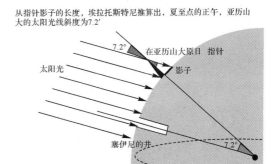

从指针影子的长度,埃拉托斯特尼推算出,夏至点的正午,亚历山大的太阳光线斜度为7.2′

图 3-76　埃拉托色尼测量地球圆周

18 世纪末,英国科学家亨利·卡文迪什决定要找出这个引力。如图 3-77 所示,他将小金属球系在长为 6 ft 的木棒的两边并用金属线悬吊起来,这个木棒就像哑铃一样。再将两个 350 lb 的铜球放在相当近的地方,以产生足够的引力让哑铃转动,并扭转金属线。然后用自制的仪器测量出微小的转动。

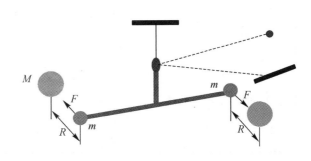

图 3-77　卡文迪什扭秤实验

测量结果惊人地准确,他测出了万有引力恒量的参数,在此基础上卡文迪什计算地球的密度和质量(6.0×10^{24} kg)。

(六)托马斯·杨的光干涉实验(排名第五)

在多次争吵后,牛顿让科学界接受了这样的观点:光是由微粒组成的,而不是一种波。但牛顿也不是永远正确的。1830 年,英国医生、物理学家托马斯·杨用实验来验证这一观点。

他在百叶窗上开了一个小洞,然后用厚纸片盖住,再在纸片上戳一个很小的洞。让光线透过,并用一面镜子反射透过的光线。然后他用一个厚约 1/30 ft 的纸片把这束光从中间分成两束,结果看到了相交的光线和阴影。

这说明两束光线可以像波一样相互干涉。这个实验为一个世纪后量子学说的创立起到了至关重要的作用。

(七)牛顿的棱镜色散实验(排名第四)

牛顿出生那年,伽利略与世长辞。牛顿于 1665 年毕业于剑桥大学的三一学院,因躲避鼠疫在家里待了两年,后来顺利地得到了工作。

当时大家都认为白光是一种纯的没有其他颜色的光(亚里士多德就是这样认为的),而彩色光是一种不知何故发生变化的光。

为了验证这个假设,牛顿把一面三棱镜放在阳光下,透过三棱镜,光在墙上被分解为不同颜色,后来人们将其称为光谱,如图3-78所示。

图3-78 牛顿分解自然光

人们知道彩虹的五颜六色,但却不知其原因。牛顿的结论是:正是这些红、橙、黄、绿、青、蓝、紫基础色有不同的色谱才形成了表面上颜色单一的白色光,如果你深入地看,就会发现白光是非常美丽的。

(八)密立根的油滴实验(排名第三)

很早以前,科学家就在研究电。人们知道这种无形的物质可以从天上的闪电中得到,也可以通过摩擦头发得到。1897年,英国物理学家托马斯已经确立电流是由带负电粒子即电子组成的。1909年,美国科学家罗伯特·密立根开始测量电流的电荷。

如图3-79所示,密立根用一个香水瓶的喷头向一个透明的小盒子里喷油滴。小盒子的顶部和底部分别连接一个电池,让一边成为正电极,另一边成为负电极。当小油滴通过空气时,就会吸一些静电,油滴下落的速度可以通过改变电板间的电压来控制。

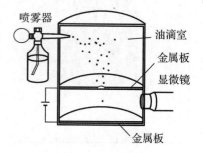

图3-79 密立根油滴仪

密立根不断改变电压,仔细观察每一颗油滴的运动。经过反复实验,10年后,密立根得出结论:电荷的值是某个固定的常量,最小单位就是单个电子的带电量。

(九)伽利略的自由落体实验(排名第二)

在16世纪末,人人都认为质量大的物体比质量小的物体下落得快,因为伟大的亚里士多德已经这么说了。伽利略,当时在比萨大学任职,他大胆地向公众的观点挑战。如图3-80所示,著名的比萨斜塔实验已经成为科学中的一个故事:他从斜塔上同时扔下一轻一重的物体,让大家看到两个物体同时落地。

伽利略挑战亚里士多德的代价是使他失去了工作,但他展

图3-80 比萨斜塔实验

示的是自然界的本质,而不是人类的权威,科学做出了最后的裁决。

(十) 托马斯·杨的双缝演示应用于电子干涉实验(排名第一)

牛顿和托马斯·杨对光的性质研究得出的结论都不完全正确。光既不是简单地由微粒构成,也不是一种单纯的波。20世纪初,普朗克和爱因斯坦分别指出一种叫光子的东西发出光和吸收光,但是其他实验还是证明光是一种波状物。经过几十年发展的量子学说最终总结了两个矛盾的真理:光子和亚原子微粒(如电子、光子等)是同时具有两种性质的微粒,物理上称它们具有波粒二象性。

托马斯·杨的双缝衍射实验,如图3-81所示,经过改造可以很好地说明这一点。科学家们用电子流代替光束来进行实验,如图3-82所示。

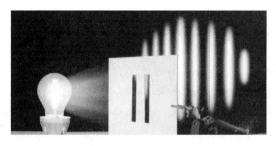

图3-81　光的双缝干涉实验

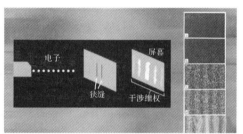

图3-82　电子的双缝干涉实验

实验现象如图3-83所示。根据量子力学,电粒子流被分为两股,被分得更小的粒子流产生波的效应,它们相互影响,以致产生像托马斯·杨的双缝演示中出现的加强光和阴影。这说明微粒也有波的效应。

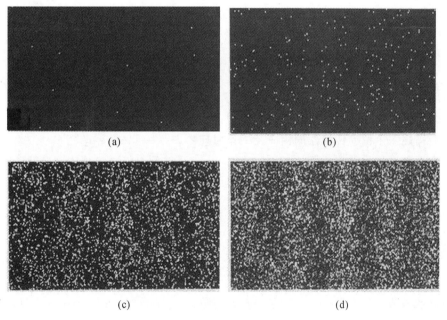

图3-83　电子的双缝干涉图样

第四章　综合性实验

第一节　霍尔位移传感器测量杨氏模量

杨氏模量是因为 1807 年英国医生兼物理学家托马斯·杨通过实验所得到的结果而命名，可以描述固体材料抵抗形变能力。杨氏模量是工程技术中常用的参数，是选定机械零件材料的依据之一。本实验根据梁弯曲法，利用读数显微镜和霍尔位移传感器分别测量黄铜和冷轧钢板的杨氏模量。霍尔位移传感器杨氏模量测定仪是在梁弯曲法测量固体材料杨氏模量的基础上，加装霍尔位移传感器而成的。通过霍尔位移传感器的输出电压与位移量线性关系的定标和微小位移量的测量，有利于联系科研和生产实际，使学生了解和掌握微小位移的非电量电测新方法。

一、实验目的

(1)掌握弯曲法测量杨氏模量的原理和方法；
(2)学会构建、使用霍尔位移传感器测量微小位移；
(3)能够熟练使用螺旋测微计。

二、预习要求

(1)能够讲述弯曲法测量杨氏模量的原理；
(2)能描述霍尔位移传感器的构成及工作原理；
(3)会组装霍尔位移传感器。

三、仪器物品

(一)仪器

实验仪器包括 FD-HY-1 型杨氏模量实验仪、0~25 mm 螺旋测微计。

(二)技术指标

(1)读数显微镜。型号：JC-10 型。放大倍数：20。分度值：0.01 mm。测量范围：0~8 mm。

(2)砝码：10.00 g、20.00 g。

（3）三位半数字面板表：0～1 999 mV。

（4）测量仪放大倍数：3～5 倍。

（5）螺旋测微计：0.01 mm。

杨氏模量测定仪主体装置如图 4-1 所示。

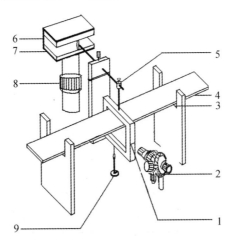

图 4-1　杨氏模量实验仪构造

1—铜刀口基线；2—读数显微镜；3—刀口；4—横梁；5—铜杠；6—磁铁盒；7—磁铁；8—调节架；9—砝码

为实现均匀梯度的磁场，可以两块相同的磁铁（磁铁截面积及表面磁感应强度相同）相对放置，即 N 极与 N 极相对，两磁铁之间留一等间距间隙，霍尔元件平行于磁铁放在该间隙的中轴上，如图 4-2 所示。

间隙大小要根据测量范围和测量灵敏度要求而定，间隙越小，磁场梯度就越大，灵敏度就越高。磁铁截面要远大于霍尔元件，以尽可能地减小边缘效应影响，提高测量精确度。

若磁铁间隙内中心截面处的磁感应强度为零，则霍尔元件处于该处时，输出的霍尔电势差应该为零。当霍尔元件偏离中心沿 Z 轴发生位移时，由于磁感应

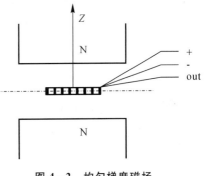

图 4-2　均匀梯度磁场

强度不再为零，霍尔元件也就产生相应的电势差输出，其大小可以用数字电压表测量。由此可以将霍尔电势差为零时元件所处的位置作为位移参考零点。

霍尔电势差与位移量之间存在一一对应关系，当位移量较小（< 2 mm），这一对应关系具有良好的线性。

四、实验原理

(一)弯曲法测量杨氏模量

1. 杨氏模量

物体在外力作用下发生的形状大小的变化，称为形变。如果在一定限度内，物体因外力

作用而发生形变,撤销外力作用后物体能恢复到原来状态,这种形变称为弹性形变。假设有一根长为 L、横截面积为 S 的粗细均匀的金属丝,在受到沿其长度方向的外力作用下伸长 ΔL。根据胡克定律,在弹性限度内,钢丝相对伸长量 $\Delta L/L$(应变)与其单位面积上所受的作用力 F/S(应力)成正比,则有

$$\frac{F}{S} = Y\frac{\Delta L}{L} \tag{4-1}$$

式中:比例系数 Y 称作杨氏模量。

2.杨氏模量的测量方法

杨氏模量的测量方法有很多,主要包括拉伸法(静态法)、振动法(动态法)、梁弯曲法(静态法)等。其中拉伸法适用于利用金属丝状材料测量杨氏模量。常用方法为:在金属丝的下端悬挂砝码,测量悬挂砝码时金属丝的伸长量。振动法(动态法)适用于棒状或其他形状的材料。振动法测杨氏模量是以自由梁的振动分析理论为基础,测量其谐振频率得到的。梁弯曲法(静态法)适用于棒状或其他形状的材料。

随着科技和测试技术的发展,还出现了利用光纤位移传感器、莫尔条纹、电涡流传感器和波动传递技术(微波或超声波)等实验技术和方法测量杨氏模量。

梁弯曲法测量杨氏模量的原理如图 4-3 所示。

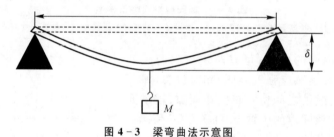

图 4-3 梁弯曲法示意图

杨氏模量测定仪主体装置如图 4-3 所示,将横梁自由搭在两刀口上,杨氏模量 Y 可以表示为

$$Y = \frac{d^3 Mg}{4a^3 b\delta} \tag{4-2}$$

式中:d 为两刀口之间的距离;M 为所加砝码的质量;a 为梁的厚度;b 为梁的宽度;δ 为梁中心由于外力作用而下降的距离;$Y = \dfrac{d^3 \Delta Mg}{4a^3 b\Delta\delta}$,为重力加速度。[式(4-2)的具体推导参见"知识探究——矩形梁杨氏模量计算公式推导"]

杨氏模量 Y 通常用下式计算:

$$Y = \frac{d^3 \Delta Mg}{4a^3 b\Delta\delta} \tag{4-3}$$

式中:$\Delta\delta$ 为梁中心由于外力作用而下降距离的变化量。

(二)霍尔位移传感器

1.霍尔效应

霍尔效应是美国物理学家霍尔于 1879 年在研究载流导体在磁场中受力时发现的一种

奇特的电磁效应,根据霍尔效应,人们用半导体材料制成霍尔元件,它具有对磁场敏感、结构简单、体积小、频率响应宽、输出电压变化大和使用寿命长等优点,因此,在测量、自动化、计算机和信息技术等领域得到广泛的应用。

如图 4-4 所示,假设一块 N 型矩形半导体材料薄片置于 xoy 平面内,磁场的磁感应强度 $\boldsymbol{B}$ 沿 z 轴方向,在与磁场垂直的方向通以电流强度为 I 的电流,而 N 型半导体材料中导电的主要载流子为电子,因此电子在电源驱使下定向移动的方向沿 x 轴的负方向。

电子在磁场中运动时,要受到洛仑兹力的作用,洛仑兹力的方向与速度和磁场均垂直并指向 y 轴正向,因此,电子在做定向移动的同时,发生偏转运动,结果在下边界面附近聚集了多余的负电荷,而在相对的另一面出现了多余的正电荷,正、负电荷发生分离就会产生空间电场,显然电场强度的方向指向 y 轴正向。

根据电场的基本特性,定向移动的电子又要受到电场力的作用,并且电场力的方向与洛仑兹力的方向相反,阻碍电子的偏转运动。随着正、负电荷的分离,电场逐渐增强,最终电场力与洛仑兹力达到平衡,电子不再发生偏转运动,内部形成稳恒的电场,在这两个边界面之间产生稳定的电势差,这种电磁效应称为霍尔效应,产生的电势差称为霍尔电势差 U_{H}。理论推导和实验都证明,霍尔电势差与电流强度和磁感应强度的乘积成正比

$$U_{\mathrm{H}} = KIB \tag{4-4}$$

式中:比例系数 K 为霍尔元件的灵敏度,由材料的特性和几何尺寸确定,对于确定的霍尔元件 K 是一个常数。通过控制电流的大小或磁场的强弱,可以控制霍尔元件的输出电压,因此,霍尔元件在自动控制、计算技术等科技领域有着广泛的应用。

2. 霍尔位移传感器测位移原理

若保持霍尔元件的电流 I 不变,而使其在一个均匀梯度的磁场中移动时,则输出的霍尔电势差变化量为

$$\Delta U_{\mathrm{H}} = KI \frac{\mathrm{d}B}{\mathrm{d}Z} \Delta Z \tag{4-5}$$

式中:ΔZ 为位移量。

当 $\mathrm{d}B/\mathrm{d}Z$ 也为常数时,ΔU_{H} 与 ΔZ 成正比。

把横梁下降距离和传感器移动距离联系起来的是一个杠杆装置如图 4-5 所示,当在砝码架架上砝码时,根据杠杆的原理,横梁下降的距离和传感器上升的距离成正比,这样输出的霍尔电势差的变化与横梁下降的距离也成正比,即 $\Delta U_{\mathrm{H}} = K' \Delta Z'$,$\Delta Z'$ 即为横梁下降的距离,K' 为传感器的特征参数需要标定。

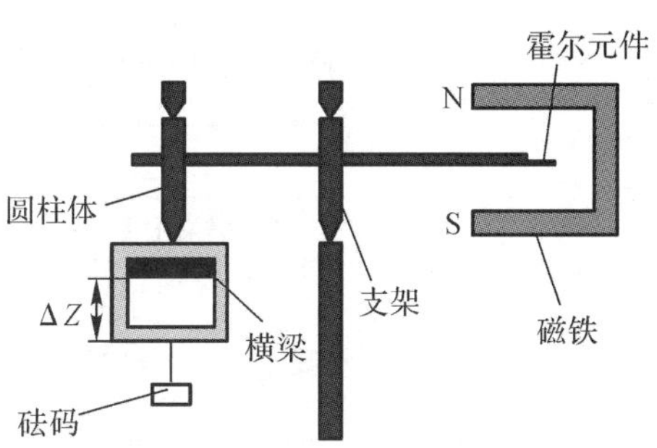

图 4-5 霍尔位置传感器测位移原理图

五、实验内容

(一)仪器的组装与调试

使用霍尔位移传感器进行实验系统的组装与调试可以参照图 4-6 所示的流程进行。

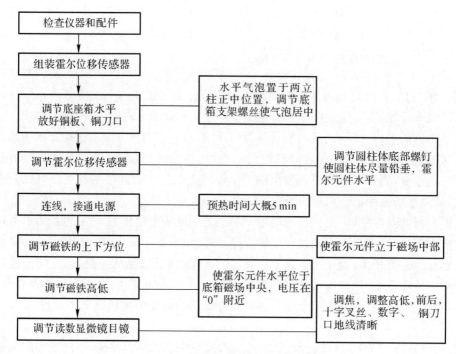

图 4-6　实验系统组装调试流程图

(二)测量铜板杨氏模量,校准霍尔位移传感器

测量铜板的杨氏模量并校准霍尔位移传感器的流程如图 4-7 所示。

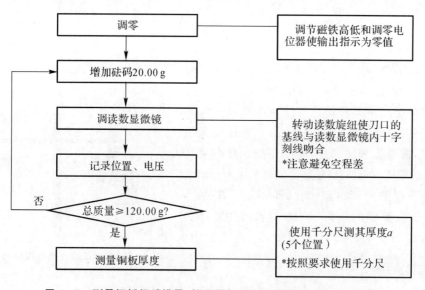

图 4-7　测量铜板杨氏模量、校准霍尔位移传感器实验操作步骤图

(三)测量钢板厚度

测量流程如图 4-8 所示。

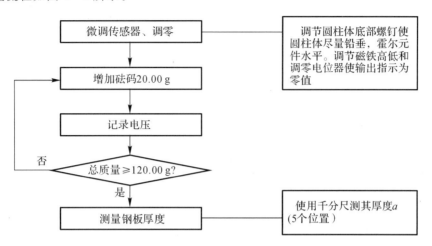

图 4-8 测量钢板厚度操作流程图

六、数据记录与处理

(一)数据记录

按照实验内容,对黄铜板和钢板分别进行测量,得到杨氏模量相关数据,结果填入表 4-1 和表 4-2 中。

表 4-1 黄铜板杨氏模量测量数据记录表

$d=$ _____23.00_____ cm, $b=$ _____2.30_____ cm

序号	1	2	3	4	5	6
M/g	20.00	40.00	60.00	80.00	100.00	120.00
Z/mm						
U/mV						

序号	1	2	3	4	5
a/mm					

表 4-2 冷轧钢板杨氏模量测量数据记录表

$d=$ _____23.00_____ cm, $b=$ _____2.30_____ cm

序号	1	2	3	4	5	6
M/g	20.00	40.00	60.00	80.00	100.00	120.00
U/mV						

序号	1	2	3	4	5
a/mm					

(二)数据处理

(1)弯曲法测量黄铜板的杨氏模量。

隔3项逐差运算,得出 $\Delta Z_i = Z_{i+3} - Z_i$,求出 $\overline{\Delta Z}$,填入表4-3中,再根据 $Y = \dfrac{d^3 Mg}{4a^3 b\, \overline{\Delta Z}}$ 求得黄铜的杨氏模量 $Y_{黄铜}(M = 60.00 \text{ g})$。

表4-3 黄铜板杨氏模量测量数据处理表

序号 i	M_i/g	Z_i/mm	M_{i+3}/g	Z_{i+3}/mm	ΔZ_i/mm
1	20.00		80.00		
2	40.00		100.00		
3	60.00		120.00		
平均值					

(2)霍尔位移传感器的标定。利用 $K' = \dfrac{\Delta U_H}{\Delta Z}$,用逐差法对表4-1中的数据进行计算,算出标定值,填入表4-4中。

表4-4 霍尔位移传感器的标定数据处理表

序号 i	U_i/mV	Z_i/mm	U_{i+3}/mV	Z_{i+3}/mm	K_i'/(V·m^{-1})
1					
2					
3					
平均值					

注:$K_i' = \dfrac{U_{i+3} - U_i}{Z_{i+3} - Z_i}(i = 1,2,3)$;$\overline{K'} = \dfrac{1}{3}(K_1' + K_2' + K_3')$。

(3)定标法计算冷轧钢板的杨氏模量。隔3项逐差运算,得出入表 $\Delta U_i = U_{i+3} - U$,求出 $\overline{\Delta U}$,填入表4-5中,再把 $\dfrac{\Delta Z = \overline{\Delta U}}{K'}$ 代入 $Y = \dfrac{d^3 Mg}{4a^3 b\Delta Z}$,求得冷轧钢板的杨氏模量 $Y_{冷轧钢板}$ $(M = 60.00 \text{ g})$。

表4-5 冷轧钢板杨氏模量测量数据处理表

序号 i	M_i/g	U_i/mV	M_{i+3}/g	U_{i+3}/mV	ΔU_i/mV
1	20.00		80.00		
2	40.00		100.00		

续表

序号 i	M_i/g	U_i/mV	M_{i+3}/g	U_{i+3}/mV	$\Delta U_i/\text{mV}$
3	60.00		120.00		
平均值					

(4)与理论值比较,计算相对误差并写出实验结果的标准形式。

黄铜材料杨氏模量的标准数据 $Y_0 = 10.55 \times 10^{10} \text{ N/m}^2$。

冷轧钢杨氏模量的标准数据 $Y_0 = 18.15 \times 10^{10} \text{ N/m}^2$。

七、注意事项

(1)梁的厚度必须测准确。在用千分尺测量黄铜厚度 a 时,转动千分尺的微分套筒,当微动螺杆将要与金属接触时,必须改为转动棘轮旋柄。当听到咯咯咯的响声时,停止旋转并锁紧锁扣,正确读出指示值。

(2)旋转微调手轮使读数显微镜的准丝对准铜挂件的标志刻度线时,注意要区别是黄铜梁的边沿,还是标志线;每次应使准丝从同一方向逼近并对准铜挂件上的基线,以消除读数手轮中机械齿轮的间隙对实验数据的影响。

(3)加砝码时,应轻拿轻放,尽量减小砝码架的晃动,更不能让手碰撞铜刀口使其移位。

(4)实验开始前,必须检查横梁是否有弯曲,如有,应矫正。

八、思考与讨论

(1)加减砝码时为什么要轻拿轻放,等系统稳定后才能读取刻度尺的读数?

(2)若所加砝码的质量超过金属丝的弹性限度,测量结果有意义吗? 为什么?

(3)光杠杆后脚尖能不能接触金属丝? 为什么?

九、知识探究

矩形梁杨氏模量计算公式推导。

固体、液体及气体在受外力作用时,形状与体积会发生或大或小的改变,这统称为形变。当外力不太大,因而引起的形变也不太大时,撤掉外力,形变就会消失,这种形变称为弹性形变。弹性形变分为长变、切变和体变三种。

一段固体棒,在其两端沿轴方向施加大小相等、方向相反的外力 F,其长度 l 发生改变 Δl,以 S 表示横截面面积,称 F/S 为应力,相对长度变化的比值 $\Delta l/l$ 为应变。在弹性限度内,根据胡克定律有

$$\frac{F}{S} = Y \frac{\Delta l}{l}$$

式中:Y 称为杨氏模量,其数值与材料性质有关。

以下具体推导式子:$Y = \dfrac{d^3 Mg}{4a^3 b\delta}$。

在横梁发生微小弯曲时,梁中存在一个中性面,面上部分发生压缩,面下部分发生拉伸,

所以整体说来,可以理解横梁发生长变,即可以用杨氏模量来描写材料的性质。

如图 4-9 所示,虚线表示弯曲梁的中性面,易知其既不拉伸也不压缩,取弯曲梁长为 $\mathrm{d}x$ 的一小段。

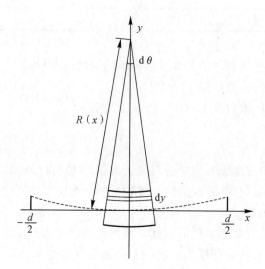

图 4-9 杨氏模量横梁弯曲示意图

设其曲率半径为 $R(x)$,所对应的张角为 d,再取中性面上部距为 y 厚为 $\mathrm{d}y$ 的一层面为研究对象,那么,梁弯曲后其长变为 $[R(x)-y]d$,因此,变化量为 $[R(x)-y]\mathrm{d}\theta-\mathrm{d}x$。

而

$$\mathrm{d}\theta = \frac{\mathrm{d}x}{R(x)}$$

因此有

$$[R(x)-y]\mathrm{d}\theta - \mathrm{d}x = (R(x)-y)\frac{\mathrm{d}x}{R(x)} - \mathrm{d}x = -\frac{y}{R(x)}\mathrm{d}x$$

应变为

$$\varepsilon = -\frac{y}{R(x)}$$

根据胡克定律有

$$\frac{\mathrm{d}F}{\mathrm{d}S} = -Y\frac{y}{R(x)}$$

又因为

$$\mathrm{d}S = b\,\mathrm{d}y$$

所以

$$\mathrm{d}F(x) = -\frac{Yby}{R(x)}\mathrm{d}y$$

对中性面的转矩为

$$\mathrm{d}\mu(x) = |\,\mathrm{d}F\,|\,y = \frac{Yb}{R(x)}y^2\,\mathrm{d}y$$

积分可得

$$\mu(x)=\int_{-\frac{a}{2}}^{\frac{a}{2}}\frac{Yb}{R(x)}y^2\mathrm{d}y=\frac{Yba^3}{12R(x)} \tag{4-6}$$

对梁上各点,有

$$\frac{1}{R(x)}=\frac{y''(x)}{[1+y'(x)^2]^{\frac{3}{2}}}$$

因为梁的弯曲微小 $y'(x)=0$,所以有

$$R(x)=\frac{1}{y''(x)} \tag{4-7}$$

当横梁达到平衡时,梁在 x 处的转矩应与梁右端支撑力 $\dfrac{Mg}{2}$ 对 x 处的力矩平衡,因此有

$$\mu(x)=\frac{Mg}{2}(\frac{d}{2}-x) \tag{4-8}$$

联立式(4-6)~式(4-8),可得

$$y''(x)=\frac{6Mg}{Yba^3}(\frac{d}{2}-x)$$

据所讨论问题的性质,存在边界条件: $y(x)=0$; $y'(x)=0$ 。

解上面的微分方程得到

$$y(x)=\frac{3Mg}{Yba^3}(\frac{d}{2}x^2-\frac{1}{3}x^3)$$

将 $x=\dfrac{d}{2}$ 代入上式可得,右端点处 $y=\dfrac{Mgd^3}{4Yba^3}$ 。取横梁中心形变量为 δ ,则 $y=\delta$ 。因此,杨氏模量为 $Y=\dfrac{d^3Mg}{4a^3b\delta}$ 。

上面式子的推导过程中用到微积分及微分方程的部分知识,之所以将这段推导写进去,是希望学生在实验之前对物理概念有一个明晰的认识。

十、课堂延伸

用光杠杆测量金属丝的杨氏模量

对于金属丝而言,可以通过杨氏模量的数据直接反映其形变程度。

设金属丝的原长为 L ,横截面积为 S ,沿长度方向施加力 F 后,若其长度改变量为 ΔL ,则金属丝单位面积上受到的垂直作用力 $\sigma=F/S$ 称为正应力,金属丝的相对伸长量 $\varepsilon=\Delta L/L$ 称为线应变。

由胡克定律可知,在弹性范围内,物体的正应力与线应变成正比,即 $\sigma=Y\varepsilon$ 。或写成 $\dfrac{F}{S}=Y\dfrac{\Delta L}{L}$,其中 E 为金属丝的杨氏模量(单位:Pa 或 $\mathrm{N/m^2}$),表示材料本身的性质, E 越大,说明要使材料发生相对形变所需要的单位横截面积上的作用力越大。

因此,对直径为 d 的圆柱形金属丝而言,其杨氏模量为

$$Y = \frac{F}{S} \cdot \frac{L}{\Delta L} = \frac{mg}{\frac{1}{4}\pi d^2} \cdot \frac{L}{\Delta L} = \frac{4mgL}{\pi d^2 \Delta L} \qquad (4-9)$$

其中，L（金属丝原长）可由米尺测量，d（金属丝直径）可用螺旋测微器测量，F（外力）可以由数字拉力计上显示的质量 m 求出（$F = mg$），ΔL 是一个微小长度变化（mm 级），利用光杠杆的光学放大作用来测量得到。

光杠杆系统是由反射镜、反射镜转轴支座和与反射镜固定联动的动足等组成，如图 4-10 所示。光杠杆上有三个尖足（f_1、f_2、f_3）的平面镜，三个尖足的边线为一等腰三角形，前两足刀口与平面镜在同一平面内（平面镜俯仰方位可调），后足在前两足刀口的中垂线上。实验时，将光杠杆的两个前足尖放在弹性模量测定仪的固定平台上，后足尖放在待测物的测量端面上。在待测物受力后，会产生微小伸长，后足尖便随着测量端面一起作微小移动，并使得光杠杆绕前足尖转动一个微小角度，从而带动光杠杆反射镜转动相应的微小角度，标尺的像在光杠杆反射镜与调节反射镜之间反射，把这一微小角位移放大成较大的线位移，就可以通过尺读望远镜（由一把竖立的毫米刻度尺和在尺旁的一个望远镜）读出数据了。

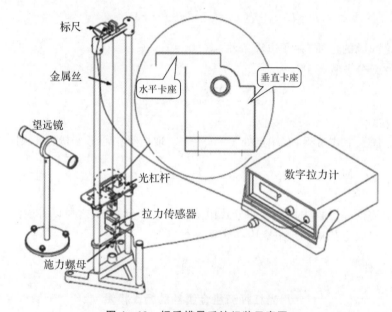

图 4-10　杨氏模量系统组装示意图

如图 4-11 所示，设开始时，光杠杆的平面镜竖直，即镜面法线在水平位置，在望远镜中恰能看到望远镜处标尺刻度 x_1 的像。当挂上重物使金属丝受力伸长后，光杠杆的前足尖 f_1 随之绕后足尖 f_2、f_3 下降 ΔL，从而带动光杠杆的反射镜转过一较小角度 $s_2 - s_1 = \Delta n$，法线也转过同一角度 $s_2 - s_1 = \Delta n$。根据光的反射定律可知，从 x_1（x_1 为标尺某一刻度）处发出的光（即进入望远镜的光线）经过平面镜反射到 x_2（x_2 为标尺另一刻度），在出射光线不变的情况下，入射光线转动了 2θ。由光路的可逆性可知，从 x_2 发出的光经平面镜反射后将进入望远镜中被观察到，$x_2 - x_1 = \Delta x$。

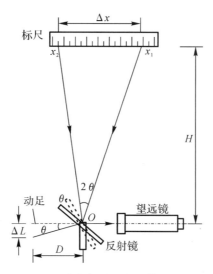

图 4 - 11 光杠杆测量杨氏模量原理图

实验中，$D \gg \Delta L$，因此 θ 甚至 2θ 会很小。从图中的几何关系中可以看出，当 2θ 很小时，有 $\Delta L \approx D\theta$，$\Delta x \approx H2\theta$。故有 $\Delta x = \dfrac{2H}{D} \cdot \Delta L$，其中 $\dfrac{2H}{D}$ 称作光杠杆法放大倍数，H 是反射镜转轴与标尺的垂直距离。

仪器中的 $H \gg D$，这样一来，便可以把一个微小位移 ΔL，放大成较大的容易测量的位移 Δx。

因为 $\Delta x = \dfrac{2H}{D} \cdot \Delta L$，所以有

$$\frac{1}{\Delta L} = \frac{1}{\Delta x} \cdot \frac{2H}{D} \tag{4 - 10}$$

将式(4 - 10)代入式(4 - 9)，可得金属丝的杨氏模量为

$$Y = \frac{8mgLH}{\pi d^2 D} \cdot \frac{1}{\Delta x} \tag{4 - 11}$$

第二节　霍尔效应法测螺线管轴向磁场

在科研生产和国防建设中，经常会遇到测量磁场的问题。目前测量磁场有多种方法，如磁电阻法、冲击电流计法、核磁共振法、霍尔效应法等。

霍尔效应现象是美国物理学家霍尔(Edwin Herbert Hall)在 1879 年发现的，他发现，当给通过电流的导体施加与电流方向垂直的磁场时，将在与磁场和电流都垂直的方向上产生电场，该现象被称为霍尔效应。随着半导体工艺和材料的发展，人们在半导体材料中发现了更加显著的霍尔效应，制成的各种霍尔元件广泛应用于自动化技术、检测技术、传感器技术及信息处理等方面。由于霍尔元件的面积可以做得很小，所以可以用它测量某点或缝隙中的磁场，并间接进行位移测量、角位移测量、电流测量等。霍尔效应也是研究半导体性能

的基本方法,通过半导体的霍尔效应测定,能够获得其导电类型、载流子浓度、电导体和迁移率等重要参数。

本实验将应用霍尔元件测量通电螺线管内的轴向磁场分布。

一、实验目的

(1)了解霍尔效应法测量磁场的原理;
(2)掌握测量通电螺线管轴向磁场分布的基本方法。

二、预习要求

(1)能分析霍尔效应现象;
(2)能简述霍尔效应法测磁场的原理;
(3)能说出仪器的结构和各部分的作用。

三、仪器物品

仪器:霍尔效应实验仪,包括霍尔效应测试仪(见图 4 - 12)、螺线管实验架(见图 4 - 13)。

物品:导线。

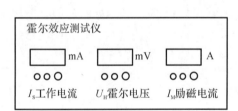

图 4 - 12   霍尔效应测试仪

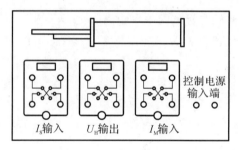

图 4 - 13   螺线管实验架

四、实验原理

(一)螺线管轴向磁场分布

螺线管是用一根长导线绕成密集排列的螺旋线组成,对于密绕的螺线管可近似地看成一系列圆线圈排列起来的。当螺线管的长度 L 比螺旋线圈的半径 R 大得多时,螺线管轴线上的中心区域是一个均匀的磁场区。磁感应强度为

$$B = \mu_0 nI \qquad (4-12)$$

式中:μ_0 为真空磁导率,$\mu_0 = 12.57 \times 10^{-7}$ T·m·A^{-1};n 为螺线管单位长度上的匝数;I 为通过螺线管线圈的励磁电流,单位为安培(A)。

螺线管两端管口处的磁感应强度为

$$B = \frac{\mu_0 nI}{2} \qquad (4-13)$$

即端口磁感应强度为中部磁感应强度的一半。

本实验所用螺线管的线圈匝数 $N = 1\,800$ 匝,螺线管的长度 $L = 181$ mm。

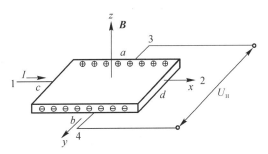

图 4 - 14　霍尔效应法测磁场

(二)霍尔效应法测磁场

实验采用霍尔效应法测磁场(霍尔效应原理参见本章第一节),霍尔电压与磁感应强度及通过霍尔元件的电流强度成正比,即

$$U_{\mathrm{H}} = K_{\mathrm{H}} I B \tag{4 - 14}$$

根据式(4 - 14),如果给霍尔元件通以电流 I,使待测磁场 B 垂直穿过霍尔元件,测出霍尔元件所产生的霍尔电压 U_{H},那么利用下式即可算出磁场的磁感应强度

$$B = \frac{U_{\mathrm{H}}}{K_{\mathrm{H}} I} \tag{4 - 15}$$

本实验所用的霍尔片为 N 型砷化镓半导体,如图 4 - 14 所示,cd 两个面上的引线(1、2)接控制电流的电极,ab 两个面上引出霍尔电压的电极 3、4。实验时把霍尔片封在有机玻璃内,并固定在一标尺上做成一个能伸入螺线管内测量磁场的探头。当旋动旋钮时,探头(霍尔片)可沿螺线管轴向移动位置,通过测量各点处霍尔片 3、4 电极之间的电压,即霍尔电压 U_{H},就可以得到通电螺线管轴向各点处的磁感应强度。

(三)实验中产生的副效应及其消除

在实验中要求金属电极与霍尔元件之间尽量是纯电阻的欧姆接触。但实际上常常由于这类接触不是理想的欧姆接触,同时电极与霍尔元件材料不同,因此在测量过程中伴随有"热电现象"和"温差电现象"发生,并将引起一些副效应。这样,实验中实际测得的并不只是 U_{H},还包括由各种副效应带来的附加电压。因此,必须了解这些副效应产生的原因和规律,并设法在测量中加以消除。

1. 厄廷好森效应

由于电子的速率不同,它们所受的洛伦兹力大小不同,所以电子的偏转程度不同。且不同速度的电子具有不同的能量,因此在霍尔元件的 y 方向上会形成温度梯度。由于引线材料和霍尔元件材料不同,所以 y 方向的温差梯度将引起 y 方向上的附加电势差 U_{E},这一电动势与电流和磁场的方向均有关。

2. 能斯脱效应

由于 1、2 两个电极在 c 和 d 面上的接触电阻不同,通电后将会产生不等的热效应,即在

x 方向存在温度差,从而产生热扩散电流,在磁场的作用下,如同霍尔效应一样将在 y 方向产生一个电势差,此电势差用 U_N 表示。U_N 的方向与磁场的方向有关,与电流的方向无关。

3. 里纪-勒杜克效应

能斯脱效应所产生的热电流中,由于电子的速率不同,也会导致 y 方向产生温度差,该温度差将产生电势差 U_{RL},它的方向与磁场的方向有关,与电流方向无关。

4. 不等势电压降

如图 4-15 所示,由于材料本身的不均匀或电压引线焊接的不对称,即使未加磁场,当有电流沿 x 方向流过霍尔元件时,在 3、4 引线之间也会存在一定的电压降 U_0。U_0 的方向与电流的方向有关,与磁场的方向无关。

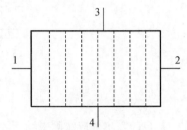

图 4-15 等势面示意图

以上副效应所产生的附加电压叠加在霍尔电压上,使所测电压值不准确。因此必须采用一定的方法减小或消除副效应的影响。如果依次改变电流和磁场的方向,取测量值的平均值,即可将副效应所产生的 U_N、U_{RL}、U_0 消除掉。

实验时,需测量下列四组数据:

当 B 为正,I 为正时,测得电压为

$$U_1 = U_H + U_E + U_N + U_{RL} + U_0 \qquad (4-16)$$

当 B 为正,I 为负时,测得电压为

$$U_2 = -U_H - U_E + U_N + U_{RL} - U_0 \qquad (4-17)$$

当 B 为负,I 为负时,测得电压为

$$U_3 = U_H + U_E - U_N - U_{RL} - U_0 \qquad (4-18)$$

当 B 为负,I 为正时,测得电压为

$$U_4 = -U_H - U_E - U_N - U_{RL} + U_0 \qquad (4-19)$$

从式(4-16)~式(4-19)结果可得

$$U_H + U_E = \frac{1}{4}(U_1 - U_2 + U_3 - U_4)$$

由于 U_E 的方向同 U_H 的方向始终保持一致,所以在实际中无法消去,但 U_E 的值一般比较小,可以忽略。霍尔电压为

$$U_H = \frac{1}{4}(U_1 - U_2 + U_3 - U_4) \qquad (4-20)$$

五、实验内容

(1)将螺线管实验架和测试仪上对应的接线柱连接起来,控制连接线与测试仪背部的插孔相连接,并将测试仪上的 I_S 和 I_M 调节旋钮逆时针旋到底,经教师检查无误后打开电源;

(2)将测试仪上霍尔电压输入端短接,调节调零旋钮使电压表显示零;

(3)调节工作电流 $I_S = 3.00$ mA,励磁电流 $I_M = 0.50$ A,移动标尺,将霍尔片置于螺线管最左端(标尺刻度约为 200.0 mm),记录以下四种情况下相应的电压值,

当 I 为"+"，B 为"+"时，测得电压 U_1；

当 I 为"+"，B 为"一"时，测得电压 U_2；

当 I 为"一"，B 为"一"时，测得电压 U_3；

当 I 为"一"，B 为"+"时，测得电压 U_4。

(4)将霍尔片逐渐向螺线管内移动，每隔 5 mm 记录一组电压值，直至螺线管另一端(约 20.0 mm)；

(5)测量完毕后将 I_S 和 I_M 调到零，关闭电源，拆线并整理仪器。

六、数据记录与处理

根据所测数据和式(4-20)计算霍尔片在螺线管轴向磁场各位置的霍尔电压 U_H。按照式(4-15)算出通电螺线管轴向各点的磁感应强度 B 的值(K_H 见仪器上所贴的标签)。数据处理见表4-6。以霍尔元件的位置坐标 x 为横坐标轴，磁感应强度 B 为纵坐标轴作出 B-x 曲线。在曲线的对称图形上找出中心点 O'，并由中心点沿 x 轴平行方向往左、右各量出 90.5 mm(螺线管长为 181 mm)，分别找出 P 点和 P′点，验证 P、P′点处的磁感应强度是否为螺线管中央处的 1/2。

根据绘出的 B-x 曲线作定性讨论，由式(4-12)、式(4-13)计算出螺线管中部和两端的磁感应强度与实验值比较，分析产生误差的原因。

表4-6 霍尔元件测螺线管轴向磁场数据处理表

$I_S = \_\_\_\_$ mA；$K_H = \_\_\_\_$ mV·(mA·T)$^{-1}$

位置刻度/mm	200.0	195.0	...	...	...	20.0
U_1/mV						
U_2/mV						
U_3/mV						
U_4/mV						
U_H/mV						
B/T						

七、注意事项

(1)实验架面板上的"I_S 输入""I_M 输入""U_H 输出"三对接线柱一定要与测试仪上的三对相应的接线柱接线正确才可以接通电源，否则一旦通电，将损坏霍尔片。

(2)接通和关闭电源前都要确保测试仪的 I_S 和 I_M 的调节旋钮逆时针方向旋到底，使其输出电流趋于最小状态。

(3)注意保护霍尔片，严禁用手触摸。

(4)移动标尺的调节范围有限，在调节到两边停止移动后，不可继续调节，以免错位而损坏移动标尺。

八、拓展训练

用霍尔效应实验仪测量双线圈径向磁场分布。

九、思考与讨论

(1)试分析实验误差来源及其修正方法。

(2)霍尔效应现象在实际中还有哪些应用？

(3)除了霍尔效应法测磁场,实际中还有哪些测量磁场的方法？

十、课堂延伸

霍尔传感器及其在国防中的应用

霍尔传感器是应用广泛的传感器之一,它是根据霍尔效应制作的一种磁场传感器,是基于霍尔效应将被测量(电磁参量或非电磁参量)转换成电动势输出的一种传感器。霍尔传感器具有结构简单、体积小、坚固、频率响应宽、动态范围大、使用寿命长、可靠性高、易于微型化和集成化等优点。它不仅用于测量电压、电流、功率、磁感应强度等电磁参量,还广泛用于力、力矩、压力、应力、位置、位移、速度、加速度、转速等非电磁量参数的测量。

霍尔传感器主要有霍尔开关传感器和霍尔线性传感器两类。霍尔开关传感器是利用霍尔效应与集成电路技术而制成的一种磁敏传感器,能感知一切与磁信息有关的物理量,并以开关信号形式输出。霍尔开关传感器的输出只有低电平和高电平两种状态,而霍尔线性传感器的输出是对外加磁场的线性感应,一般由霍尔元件和放大器组成。当外加磁场时,霍尔元件产生与磁场成线性比例变化的霍尔电压,该电压经放大器放大后输出,因此被广泛用于电磁参量和非电磁参量的测量和控制。

霍尔传感器在航天、航空、兵器等国防军事领域有着广泛的应用,如神舟飞船、嫦娥卫星、导航卫星、天宫飞行器、各种小卫星、运载火箭和导弹等。例如,在飞行器的电源系统中,利用霍尔传感器实时跟踪电源的电流、电压、功率变化情况及供电运行状态,监测供电线路的过负荷、短路及短路等故障,使飞行器能够根据监测信息迅速自主作出判断和处理,确保系统和设备的正常运行。霍尔传感器在其他军工产品的测量和控制方面也有着广泛应用,如军用电源系统电流检测,发射系统电源检测、微波功率管的过流保护,高频电源伺服系统、高压电源系统电压保护,船舰警戒探测系统电源检测保护,船舶中的霍尔行程开关,飞机雷达天线的限位传感器,太阳能电池阵驱动机构零位传感器,军用车辆发动机转速检测的霍尔齿轮传感器,导弹发射控制的霍尔角度传感器,等等。

虽然霍尔传感器在民用领域和军事领域已经扮演着非常重要的角色,但是由于霍尔传感器体积相对较大,在设备小型化方面的应用受到了一定的限制。今后,对霍尔传感器的研究将朝着微型化、微功耗、高灵敏度、高精度、高稳定性、智能化和多功能化方向开展。

<h1 style="text-align:center">第三节 磁滞回线和磁化曲线的测定</h1>

在交通、通信、航天、自动化仪表等领域中,大量应用各种特性的铁磁材料。常用的铁磁材料多数是铁和其他金属元素或非金属元素组成的合金以及某些包含铁的氧化物(铁氧体)。铁磁材料的主要特性是磁导率 μ 非常高,在同样的磁场强度下铁磁材料中磁感应强度要比真空或弱磁材料中的大几百至上万倍。

磁滞回线和磁化曲线表征了磁性材料的基本磁化规律,反映了磁性材料的基本磁参数,对铁磁材料的应用和研制具有重要意义。

随着传感器技术和数字电路技术的发展,一种以霍尔元件为传感器的高精度数字式磁感应强度测定仪(数字式特斯拉计)大量生产,为磁性材料磁特性测量提供了准确度高、稳定可靠、操作简便的测量手段。

特斯拉计,又称高斯计,是根据霍尔效应原理制成的测量和显示单位面积平均磁通密度或磁感应强度的精密仪器,它由霍尔探头和测量仪表构成。霍尔探头在磁场中因霍尔效应而产生霍尔电压,测出霍尔电压后根据霍尔电压公式和已知的霍尔系数可确定磁感应强度的大小,读数以高斯或千高斯为单位。

本实验用特斯拉计测量绕有一组线圈的环形磁路极窄间隙中均匀磁场区的磁感应强度,观察磁性材料的磁滞现象,测量材料的磁滞回线和磁化曲线,了解材料剩磁的消磁方法。

一、实验目的

(1)掌握霍尔法测量磁滞回线的原理及操作方法;

(2)测量材料的磁滞回线和磁化曲线;

(3)了解材料剩磁的消磁方法。

二、预习要求

(1)知道什么是铁磁物质的磁滞现象;

(2)能阐述测量磁滞回线和磁化曲线的具体操作步骤。

三、仪器物品

(1)数字式特斯拉计:四位半 LED 显示,量程为 2.000 T,分辨率为 0.1 mT,带霍尔探头。

(2)恒流源:四位半 LED 显示,可调恒定电流 0~600.0 mA。

(3)磁性材料样品:条状矩形结构,截面长为 2.00 cm、宽为 2.00 cm、隔隙为 2.00 mm,平均磁路长度 $l=0.240$ cm(样品与固定螺丝为同种材料)。

(4)磁化线圈总匝数 $N=2\,000$。

(5)双刀双掷开关、霍尔探头移动架、双叉头连接线。

(6)实验平台(箱式)。

四、仪器使用方法

（1）仪器接通电源后须预热 10 min，再进行实验。

（2）将数字式特斯拉计的同轴电缆插座与霍尔探头的同轴电缆插头接通，方法是将插头缺口对准插座的突出口，手拿住插头的圆柱体往插座方向推入即可，卸下时按住有条纹的外圈套往外拉，仪器连接方法如图 4 - 16 所示。

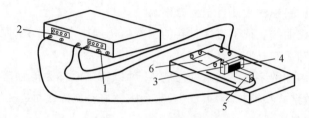

图 4 - 16　仪器结构示意图

1—恒流源；2—数字式特斯拉计；3—待测磁性材料样品；

4—磁化线圈；5—霍尔探头及移动架；6—双刀双掷开关（换向开关）

（3）数字式特斯拉计调零方法：将霍尔探头移至远离磁性材料样品时，若样品已消磁或磁性很弱，则可调节特斯拉计的调零电位器，调至读数为零。

（4）磁性材料样品退磁方法：将霍尔探头调到样品气隙中间位置，向上闭合换向开关，调大电流至 600 mA，然后逐渐调小至零，再向下闭合换向开关，逐渐调大电流使输出电流为 550 mA，再逐渐调至零，以后电流不断反向，逐渐减小线圈电流的绝对值，不断重复上述过程，最终使剩磁降至零，数字式特斯拉计示值，也随之趋于零，即完成对样品的退磁。

使用注意事项：

（1）霍尔探头请勿用力拉动，以免损坏。

（2）霍尔探头的位置可借助移动架上指示的标尺读数记录。

（3）绝大多数情况仪器均能退磁到零（0 mT），但个别学生因种种原因只能退磁到 2 mT 以下，可以认为"基本退磁"。

（4）磁锻炼时，线圈通以 600 mA 电流。此时拉动双刀双掷开关动作须慢些，既延长开关的使用寿命，又可避免火花产生。

（5）霍尔元件是在探头离笔尖 3 mm 左右处，而不是在笔尖。标志线指示零值时，霍尔元件正好在间隙中间位置。

五、实验原理

（一）铁磁物质的磁滞现象

铁磁性物质的磁化过程很复杂，这主要是由于它具有磁性的原因。一般都是通过测量磁化场的磁场强度 H 和磁感应强度 B 之间的关系来研究其磁化规律的。

如图 4 - 17 所示，当铁磁物质中不存在磁化场时，H 和 B 均为零，在 $B - H$ 图中则相当于坐标原点 O。随着磁化场 H 的增加，B 也随之增加，但两者之间不是线性关系。当 H 增加到一定值时，B 不再增加或增加得十分缓慢，这说明该物质的磁化已达到饱和状态。H_m 和 B_m 分别为饱和时的磁场强度和磁感应强度（对应于图 4-17 中的 A 点）。若再使 H 逐步退到零，则与此同时 B 也逐渐减小。然而，其轨迹并不沿原曲线 AO，而是沿另一曲线 AR 下降到 B_r，这说明当 H 下降为零时，铁磁物质中仍保留一定的磁性。将磁化场反向，再逐渐增加其强度，直到 $H = -H_m$，这时曲线达到 H_m 点（即反向饱和点），然后，先使磁化场退回到 $H = 0$；再使正向磁化场逐渐增大，直到饱和值 H_m 为止。由此就得到一条与 H_c 对称的曲线 H'_c，而自 A 点出发又回到 A

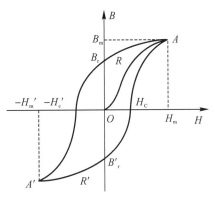

图 4-17　磁滞回线和磁化曲线

点的轨迹为一闭合曲线，称为铁磁物质的磁滞回线，此属于饱和磁滞回线。其中，回线和 H 轴的交点 H_c 和 H'_c 称为矫顽力，回线与 B 轴的交点 B_r 和 B'_r 称为剩余磁感应强度。

（二）磁化曲线和磁滞回线的测量

在待测的铁磁材料样品上绕上一组磁化线圈，环形样品的磁路中开一极窄均匀气隙，气隙应尽可能小，磁化线圈中，在对磁化电流最大值 I_m 磁锻炼的基础上，对应每个磁化电流 I_k 值，用数字式特斯拉计，测量气隙均匀磁场区中间部位的磁感应强度 B，得到该磁性材料的磁滞回线。图 4-17 中的 $ARA'R'A$，组成的曲线为磁滞回线，OA 曲线为材料的初始磁化曲线。对于一定大小的回线，磁化电流最大值设为 I_m，对于每个不同的 I_k 值，使样品反复地磁化，可以得到一簇磁滞回线，如图 4-18 所示。

把每个磁滞回线的顶点以及坐标原点 O 连接起来，得到的曲线称基本磁化曲线。

测量磁化曲线和磁滞回线要求：

（1）测量初始磁化曲线或基本磁化曲线都必须由原始状态 $H = 0$，$B = 0$ 开始，因此测量前必须对待测量样品进行退磁，以消除剩磁。

（2）为了得到一个对称而稳定的磁滞回线，必须对样品进行反复磁化，即"磁锻炼"。这可以采取保持最大磁化电流大小不变，利用电路中的换向开关使电流方向不断改变。在环形样品的磁化线圈中通过的电流为 I，则磁化场的磁场强度 H 为

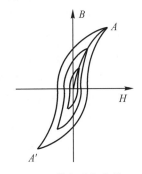

图 4-18　基本磁化曲线

$$H = \frac{N}{\bar{l}} I \qquad (4-21)$$

N 为磁化线圈的匝数，$\bar{l}$ 为样品平均磁路长度，H 的单位为 A/m。为了从间隙中间部位测得样品的磁感应强度 B 值，根据一般经验，截面方形样品的长和宽的线度应大于或等于间隙宽度 8～10 倍，且铁芯的平均磁路长度 $\bar{l}$ 远大于间隙宽度 l_g，这样才能保证间隙中有一个较大区域的磁场是均匀的，测到的磁感应强度 B 的值，才能真正代表样品中磁场在中间部位实际值，具体推导见附录。

六、实验内容

(一)必做内容

测量模具钢的初始磁化曲线和磁滞回线。

(1)用数字式特斯拉计测量样品间隙中剩磁的磁感应强度 B 与位置 X 的关系,求得间隙中磁感应强度 B 的均匀区范围 Δx 值。

表 4-7 样品间隙中剩磁的磁感应强度 B 与位置 X 的关系

X/mm	B/mT	X/mm	B/mT	X/mm	B/mT	X/mm	B/mT
−10.0	130.7	−4.0	168.1	1.0	168.4	6.0	167.4
−9.0	165.3	−3.0	168.3	2.0	168.4	7.0	166.8
−8.0	166.1	−2.0	168.4	3.0	168.4	8.0	165.3
−7.0	167.0	−1.0	168.4	4.0	168.4	9.0	160.6
−6.0	167.4	0.0	168.4	5.0	168.0	10.0	123.1

(2)测量样品的起始磁化曲线,测量前先对样品进行退磁处理。若使磁化电流不断反向,且幅值由最大值逐渐减小至零,最终使样品的剩磁 B 为零。若电流值由 0 增至 600 mA 再逐渐减小至 0,然后双刀开关换为反向电流由 0 增至 500 mA,再由 500 mA 调至零,这样磁化电流不断反向,最大电流值每次减小 100 mA,当剩磁减小到 100 mT 时,每次最大电流减小量还需小些,最后将剩磁消除,退磁过程如图 4-18 所示。然后测量 $B-H$ 关系曲线。

(3)测量模具钢的磁滞回线前的磁锻炼。由初始磁化曲线可以得到 B 增加得十分缓慢时,磁化线圈通过的电流值 I_m,然后保持此电流 I_m 不变,把双刀换向开关来回拨动 50～100 次,进行磁锻炼。(开关拉动时,应使触点从接触到断开的时间长些,这是为什么?磁锻炼的作用是什么?)

(4)测量模具钢的磁滞回线。通过磁化线圈的电流从饱和电流 I_m 开始逐步减小到 0,然后双刀换向开关将电流换向,电流又从 0 增加到 $-I_\mathrm{m}$,重复上述过程,即 $(H_\mathrm{m}, B_\mathrm{m}) - H_\mathrm{m}(-H_\mathrm{m}, -B_\mathrm{m})$,再从 $(-H_\mathrm{m}, -B_\mathrm{m}) H_\mathrm{m}(H_\mathrm{m}, -B_\mathrm{m})$。每隔 50 mA 测一组 (I_i, B_i) 值。由式(4-21)求出 H_i 值。用作图纸作模具钢材料的起始磁化曲线和磁滞回线(见图 4-19),记录模具钢的饱和磁感应强度 B_m 和矫顽力 H_C。

(5)测量模具钢的样品平均磁路长度 $\bar{l}$ 和间隙宽度 l_g,用附录中式(4-25)对 H_C 和 H_m 值进行修正,得到准确的矫顽力 H_C 和材料饱和时磁场强度 H_m 值。

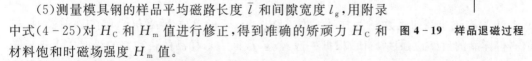

图 4-19 样品退磁过程

(二)选做内容

测量 45″钢或电工用纯铁材料的磁滞回线和初始磁化曲线。

(1)正式测量前须对样品进行退磁处理。

(2)测量磁化曲线的过程中,应保证磁化电流依次单调增加,否则应立即退磁,并重新开始。测量 B - H 关系,作磁滞回线。

七、注意事项

(1)霍尔探头请勿用力拉动,以免损坏;

(2)霍尔探头的位置可借助移动架上指示的标尺读数记录;

(3)测量磁化曲线过程中,应保证磁化电流依次单调增加,否则应立即退磁,并重新开始;

(4)磁锻炼时,线圈通以 600 mA 的电流,拉动双刀双掷开关动作要慢,既可以延长开关的使用寿命,又可以避免火花产生;

(5)霍尔元件是在探头离笔尖 3 mm 左右处,而不是在笔尖。标志线指示零值时,霍尔元件正好在间隙中间位置。

八、附录

用霍尔传感器测量铁芯材料初始磁化曲线和磁滞回线,铁芯中的缝隙对实验测量的影响。

如果铁芯磁路中有一个小平行间隙 l_g,铁芯中平均磁路长度为 $\bar{l}$,而铁芯线圈匝数为 N,通过电流为 I,那么由安培回路定律可知

$$H\bar{l} + H_g l_g = NI \tag{4-22}$$

式中:H_g 为间隙中的磁场强度。

一般来说,铁芯中的磁感应强度不同于缝隙中的磁感应强度。但是在缝很窄的情况下,即正方形铁芯截面的长和宽$\gg l_g$,且铁芯中平均磁路长度 $l \gg l_g$ 情况,此时有

$$B_g S_g = BS \tag{4-23}$$

式中:S_g 为缝隙中磁路截面;S 为铁芯中磁路截面。在上述条件下,$S_g \approx S$,因此 $B_g = B$。即霍尔传感器在间隙中间部位测出的磁感应强度 B_g,就是铁芯间部位磁感应强度 B。又在缝隙中,有

$$B_g = \mu_0 \mu_r H_g \tag{4-24}$$

式中:μ_0 为真空磁导率;μ_r 为相对磁导率,在间隙中,$\mu_r = 1$。因此 $H_g = \dfrac{B_g}{\mu_0}$。这样,铁芯中磁场强度 H 与铁芯中磁感应强度 B 及线圈安培匝数 NL 满足

$$H\bar{l} + \frac{1}{\mu_0} B l_g = NI \tag{4-25}$$

在实际科研测量时,应使待测样品满足 $H\bar{l} \gg \dfrac{1}{\mu_0} B l_g$ 条件,即线圈的安培匝数 $\bar{l}$ 保持不变时,平均磁路总长度 $\bar{l}$ 须足够大,间隙 l_g 尽可能小,这样,$H = NI$。如果 $\dfrac{1}{\mu_0} B l_g$ 对 $H\bar{l}$ 不可忽略,就可利用式(4-25)对初始磁化曲线中 H 值进行修正,得出 H 值准确的结果。

九、思考与讨论

(1)什么叫磁滞回线？测绘磁滞回线和磁化曲线为何要先退磁？

(2)怎样使样品完全退磁，使初始状态在 $H=0$，$B=0$ 的点上测量？

(3)为什么用电学量来测量磁学量？

(4)在什么条件下，环形铁磁材料的间隙中测得的磁感应强度能代表磁路中的磁感应强度？

十、课堂延伸

用示波器观测铁磁材料动态磁滞回线

用交流正弦电流对磁性材料进行磁化，测得的磁感应强度与磁场强度关系曲线称为动态磁滞回线，或者称为交流磁滞回线，它与直流磁滞回线是有区别的。可以证明：磁滞回线所包围的面积等于使单位体积磁性材料反复磁化一周时所需的功，并且因功转化为热而表现为损耗。测量动态磁滞回线时，材料中不仅有磁滞损耗，还有涡流损耗，因此，同一材料的动态磁滞回线的面积要比静态磁滞回线的面积稍大些。

电路原理图如图 4-20 所示。

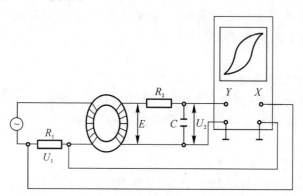

图 4-20　用示波器测动态磁滞回线的电路图

将样品制成闭合环状，其上均匀地绕以磁化线圈 N_1 及副线圈 N_2。交流电压 u 加在磁化线圈上，线路中串联了一取样电阻 R_1，将 R_1 两端的电压 U_1 加到示波器的 X 轴输入端上。副线圈 N_2 与电阻 R_2 和电容 C 串联成一回路，将电容 C 两端的电压 U_2 加到示波器的 Y 轴输入端，按照此电路连接，在示波器上就可以显示和测量铁磁材料的磁滞回线。

(一)磁场强度 H 的测量

设环状样品的平均周长为 l，磁化线圈的匝数为 N_1，磁化电流为交流正弦波电流 i_1，由安培回路定律 $H=\dfrac{N_1 u_1}{l R_1}$，而 $H=\dfrac{N_1 u_1}{l R_1}$，因此可得

$$H=\frac{N_1 u_1}{l R_1} \tag{4-26}$$

式中：u_1 为取样电阻 R_1 上的电压。

由式(4-26)可知,在已知 R_1、l、N_1 的情况下,测得 u_1 的值,即可计算磁场强度 H 的值。

(二)磁感应强度 B 的测量

设样品的截面积为 S,根据电磁感应定律,在匝数为 N_2 的副线圈中感生电动势 E_2 为

$$E_2 = -N_2 S \frac{dB}{dt} \qquad (4-27)$$

式中:$\frac{dB}{dt}$ 为磁感应强度 B 对时间 t 的导数。

若副线圈所接回路中的电流为 i_2,且电容 C 上的电量为 Q,则有

$$E_2 = R_2 i_2 + \frac{Q}{C} \qquad (4-28)$$

在式(4-28)中,考虑到副线圈匝数不太多,因此自感电动势可忽略不计。在选定线路参数时,将 R_2 和 C 都取较大值,使电容 C 上电压降 $U_C = \frac{Q}{C} << R_2 i_2$,可忽略不计,于是式(4-28)可写为

$$E_2 = R_2 i_2 \qquad (4-29)$$

把电流 $i_2 = \frac{dQ}{dt} = C \frac{du_C}{dt}$ 代入式(4-29)得

$$E_2 = R_2 C \frac{du_C}{dt} \qquad (4-30)$$

把式(4-30)代入式(4-27)得

$$-N_2 S \frac{dB}{dt} = R_2 C \frac{du_C}{dt}$$

在将此式两边对时间积分时,由于 B 和 u_C 都是交变的,积分常数项为零。因此,在不考虑负号(在这里仅仅指相位差 $\pm\pi$)的情况下,磁感应强度为

$$B = \frac{R_2 C u_C}{N_2 S} \qquad (4-31)$$

式中:N_2、S、R_2 和 C 皆为常数,通过测量电容两端电压幅值 u_C 代入式(4-31),可以求得材料磁感应强度 B 的值。

当磁化电流变化一个周期,示波器的光点将描绘出一条完整的磁滞回线,以后每个周期都重复此过程,形成一个稳定的磁滞回线。

(三)操作方法

把示波器光点调至荧光屏中心。磁化电流从零开始,逐渐增大磁化电流,直至磁滞回线上的磁感应强度 B 达到饱和(即 H 值达到足够高时,曲线有变平坦的趋势,这一状态属饱和)。磁化电流的频率 f 取 50 Hz 左右。示波器的 X 轴和 Y 轴分度值调整至适当位置,使磁滞回线的 B_m 和 H_m 值尽可能充满整个荧光屏,且图形为不失真的磁滞回线图形。

记录磁滞回线的顶点 B_m 和 H_m,剩磁 B_r 和矫顽力 H_c 三个读数值(以长度为单位),在作图纸上画出软磁铁氧体的近似磁滞回线。

对 X 轴和 Y 轴进行校准。计算软磁铁氧体的饱和磁感应强度 B_m 和相应的磁场强度

H_m、剩磁 B_r 和矫顽力 H_C。磁感应强度以 T 为单位,磁场强度以 A/m 为单位。

测量软磁铁氧体的基本磁化曲线。现将磁化电流慢慢从大至小,退磁至零。从零开始,由小到大测量不同磁滞回线顶点的读数值 B_i 和 H_i,用作图纸作铁氧体的基本磁化曲线($B-H$ 关系)及磁导率与磁感应强度关系曲线($\mu-H$ 曲线),其中 $\mu = B/H$。

第四节　密立根油滴法测定电子电荷

1833 年,法拉第发现了电解定律:从电解质中分解出 1 g 当量原子的任何物质,都需要用相同的电量通过相应的电解质。由于物质组成是量子化的,这一定律的成立,自然引导人们讨论,电量也是量子化的。

密立根油滴实验是美国芝加哥大学物理学家罗伯特·安德鲁·密立根(R. A. Millikan)及其探究学生哈维·福莱柴尔(Harvey Fletcher)为了验证电量的量子化,在前人工作的基础上进行的实验,他从 1907 年开始进行基本电荷量的测量,并于 1911 年发表了他的成果,并因此获得了 1923 年的诺贝尔物理学奖。

密立根油滴实验在近代物理学的发展史上有着十分重要的作用,它证明了任何带电体所带的电荷都是某一最小电荷——基本电荷的整数倍,明确了电荷的不连续性,精确测定了基本电荷的数值,为从实验上测定其他一些基本物理量提供了可能性。

密立根油滴实验设计巧妙、原理清楚、设备简单、结果准确,是一个著名且有启发性的物理实验。

一、实验目的

(1)了解实验原理和实验步骤;

(2)会根据实验原理选择合适的带电油滴进行数据测量;

(3)能通过正确处理数据,测定电子的电荷值 e,并验证电荷的不连续性;

(4)培养严肃认真和一丝不苟的科学实验方法和态度。

二、预习要求

(1)能阐述实验原理和实验步骤;

(2)会描述选择带电油滴的方法;

(3)会分析实验中出现的各类油滴运动产生的原因。

三、仪器物品

仪器:MOD-4 型油滴仪。

MOD-4 型油滴仪的外形如图 4-21 所示。密立根油滴仪包括油滴盒、油滴照明装置、调平系统、测量显微镜、供电电源以及电子停表、喷雾器等部分。

其中油滴盒(1.1)是由两块经过精磨的平行极板(上、下电极板)中间垫以胶木圆环组成。平行极板间的距离为 d。胶木圆环上有进光孔、观察孔和石英玻璃窗口。油滴盒放在防风罩(1.2)中。上电极板中央有一个 $\phi = 0.4$ mm 的小孔,油滴从油雾室(1.3)经油雾孔和小孔落入上下电极板之间。如图 4-22 所示,油滴由照明装置(2.1)、(2.2)照明。油滴盒可用调平螺丝(3.1)调节,并由水准泡(3.2)检查其水平。

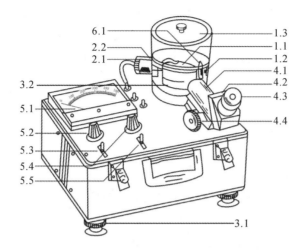

图 4－21　密立根油滴仪实物图

1.1—油滴盒;1.2—防风罩;1.3—油雾室;2.1—油滴照明灯室;2.2—导光棒;3.1—调平螺丝;3.2—水准泡;

4.1—测量显微镜;4.2—目镜头;4.3—接目镜;4.4—调焦手轮;5.1—电压表;5.2—平衡电压调节旋钮;

5.3—平衡电压换向开关;5.4—升降电压调节旋钮;5.5—升降电压换向开关;6.1—特制紫外线灯

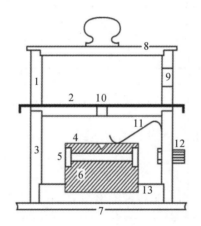

图 4－22　密立根油滴仪剖面图

1—油雾室;2—油雾孔开关;3—防风罩;4—上电极板;5—胶木圆环;6—下电极板;7—底板;8—上盖板

9—喷雾口;10—油雾孔;11—上电极板压簧;12—上电极板电源插孔;13—油滴盒底座

油滴盒防风罩前装有测量显微镜(4.1),通过胶木圆环上的观察孔观察平行极板间的油滴。目镜头(4.2)中装有分划板,其纵向总刻度相当于视场中的 0.300 cm,用以测量油滴运动的距离 L。分划板的刻度如图 4－23 所示。分划板中间的横向刻度尺用来测量布朗运动。

电源部分提供三种电压:

(1) 2.2 V 油滴照明电压。

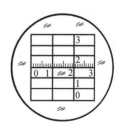

图 4－23　分划板刻度示意图

(2)500 V 直流平衡电压,此电压可连续调节,并从电压表(5.1)上直接读出,还可由平衡电压换向开关(5.3)换向,以改变上、下电极板的极性。换向开关倒向"+"侧时,能达到平衡的油滴带正电,反之带负电。换向开关放在"0"位置,上、下电极板短路,不带电。

(3)300 V 直流升降电压,该电压可以连续调节,但不稳定,它可通过升降电压换向开关(5.5)叠加(加或减)在平衡电压上,以便把油滴移到合适的位置。升降电压高,油滴移动速度快,反之则慢。该电压在电压表上无指示。

MOD-4 型油滴仪装有紫外线光源(6.1),按下电钮,可以改变油滴所带的电量 q。

四、实验原理

用油滴法测量电子的电荷,可以用静态(平衡)测量法和动态(非平衡)测量法,本实验采用静态测量法。

用喷雾器将油喷入两块相距为 d 的水平放置的平行极板之间。油在喷射撕裂成油滴时,一般都是带电的。设油滴的质量为 m,所带的电荷为 q,两极板间的电压为 u,则油滴在平行极板间将同时受到重力 mg 和静电力 qE 的作用,如图 4-24 所示。

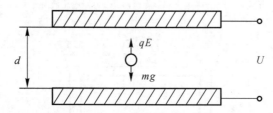

图 4-24 油滴在平行极板受力分析示意图

如果调节两极板间的电压 U,可使该两力达到平衡,那么这时

$$mg = qE = q\frac{U}{d} \qquad (4-32)$$

从式(4-32)可见,为了测出油滴所带的电量 q,除了需测定 U 和 d 外,还需要测量油滴的质量 m。m 很小,需用如下特殊方法测定:平行极板不加电压时,油滴受重力作用而加速下降,由于空气阻力的作用,下降一段距离达到某一速度 v_g 后,阻力 f_r 与重力 mg 平衡,如图 4-25 所示(空气浮力忽略不计),油滴将匀速下降。

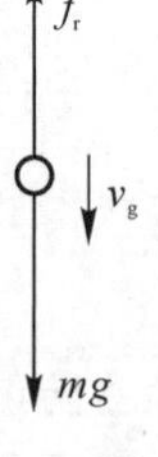

根据斯托克斯定律,油滴匀速下降时,有

$$f_r = 6\pi a\eta v_g = mg \qquad (4-33)$$

式中:η 是空气的黏滞系数;a 是油滴的半径(由于表面张力的原因,油滴总是呈小球状)。设油的密度为 ρ,油滴的质量 m 可表示为

$$m = \frac{4}{3}\pi a^3 \rho \qquad (4-34)$$

由式(4-33)和式(4-34),得到油滴的半径为

图 4-25 受力分析图

$$a = \sqrt{\frac{9\eta v_{\mathrm{g}}}{2\rho g}} \qquad (4-35)$$

对于半径小到 10^{-6} m 的小球,空气的黏滞系数 η 应作如下修正:

$$\eta' = \frac{\eta}{1+\dfrac{b}{pa}}$$

这时,斯托克斯定律应改为

$$f_{\mathrm{r}} = \frac{6\pi a \eta v_{\mathrm{g}}}{1+\dfrac{b}{pa}}$$

式中:b 为修正常数,$b = 6.17 \times 10^{-6}$ m·cm(Hg);p 为大气压强,单位用 cm(Hg)。

由此可得

$$a = \sqrt{\frac{9\eta v_{\mathrm{g}}}{2\rho g} \cdot \frac{1}{1+\dfrac{b}{pa}}} \qquad (4-36)$$

式中:根号中还包含油滴的半径 a,但因为它处于修正项中,不需十分精确,所以可用(4-35)式计算。

将式(4-36)代入式(4-34),得

$$m = \frac{4}{3}\pi \cdot \frac{9\eta v_{\mathrm{g}}}{2\rho g} \cdot \frac{1}{1+\dfrac{b}{pa}} \qquad (4-37)$$

至于油滴匀速下降的速度 v_{g},可用下法测出:当两极板间的电压为零时,设油滴匀速下降的距离为 l,时间为 t_{g},则

$$v_{\mathrm{g}} = \frac{l}{t_{\mathrm{g}}} \qquad (4-38)$$

将式(4-38)代入式(4-37),将式(4-37)式代入式(4-32),得

$$q = \frac{18\pi}{\sqrt{2\rho g}} \cdot \left[\frac{\eta l}{t_{\mathrm{g}}\left(1+\dfrac{b}{pa}\right)} \right]^{\frac{3}{2}} \cdot \frac{d}{U} \qquad (4-39)$$

式(4-39)是用平衡测量法测定油滴所带电荷的理论公式。

实验发现,对于某一颗油滴,若我们改变它所带的电量 q,则能够使油滴达到平衡的电压必须是某些特定值 U_{n}。研究这些电压变化的规律发现,它们都满足下列方程

$$q = mg\frac{d}{U_{\mathrm{n}}} = ne \qquad (4-40)$$

式中:$n = \pm1, \pm2, \cdots$,e 则是一个不变的值。

对于任一颗油滴,可以发现同样满足式(4-40),而且 e 值是一个相同的常数。由此可见,所有带电油滴所带的电量 q,都是最小电量 e 的整数倍。这个事实说明,物体所带的电荷不是以连续方式出现的,而是以一个个不连续的量出现,这个最小电量 e,就是电子的电荷值,即

$$e = \frac{q}{n} \tag{4-41}$$

式(4-39)和式(4-41)是用平衡测量法测量电子电荷的理论公式。

五、实验流程

(一)调整仪器

仪器调整操作流程图如图4-26所示。

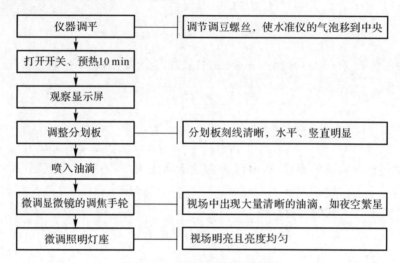

图4-26 仪器调整操作流程图

(二)练习调节

实验仪器练习操作流程图如图4-27所示。

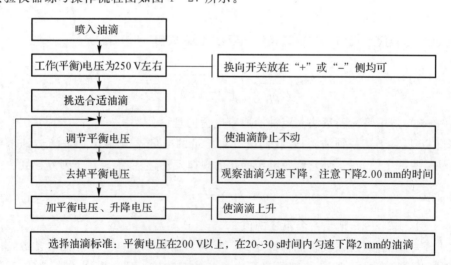

图4-27 实验仪器练习操作流程图

(三)正式测量

密立根油滴实验操作流程图如图 4-28 所示。

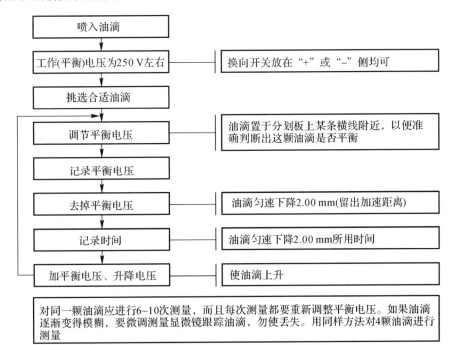

图 4-28 测量实验操作流程图

六、数据记录与处理

按表 4-8 记录数据。

表 4-8 密立根油滴法测定电子电荷数据记录表

组	试 验	U/V	T/s
1	1		
	2		
	3		
	4		
	5		
	6		
2	1		
	2		
	3		
	4		
	5		
	6		

续表

组	试　验	U/V	T/s
3	1		
	2		
	3		
	4		
	5		
	6		
4	1		
	2		
	3		
	4		
	5		
	6		

平衡测量法根据式(4-39)：

$$q = \frac{18\pi}{\sqrt{2\rho g}} \cdot \left[\frac{\eta l}{t_g(1+\frac{b}{pa})} \right]^{\frac{3}{2}} \cdot \frac{d}{U}$$

式中：$q = \sqrt{\frac{9\eta l}{2\rho g t_g}}$；油的密度 $\rho = 981$ kg·m^{-3}；重力加速度 $g = 9.80$ m·s；空气的黏滞系数 $\eta = 1.83 \times 10^{-5}$ kg·m^{-1}·s^{-1}；油滴匀速下降的距离取 $l = 2.00 \times 10^{-3}$ m；修正常数 $b = 6.17 \times 10^{-6}$ m·cm(Hg) $= 8.23 \times 10^{3}$ m·Pa；大气压强 $p = 76.0$ cm(Hg) $= 1.01 \times 10^{5}$ Pa；平行极板距离 $d = 5.00 \times 10^{-3}$ m。

将以上数据代入公式得

$$q = \frac{1.43 \times 10^{-14}}{\left[t_g(1 + 0.02\sqrt{t_g}) \right]^{\frac{3}{2}}} \cdot \frac{1}{V}$$

显然，由于油的密度 ρ，空气的黏滞系数 η 都是温度的函数，重力加速度 g 和大气压强 p 又随实验地点和条件的变化而变化，所以，上式的计算是近似的。在一般条件下，这样的计算引起的误差约1%，但它带来的好处是使运算方便得多，对于学生实验，这是可取的。为了证明电荷的不连续性和所有电荷都是基本电荷 e 的整数倍，并得到基本电荷 e 值，应对实验测得的各个电量 q 求最大公约数。这个最大公约数就是基本电荷 e 值，也就是电子的电荷值。但由于学生实验技术不熟练，测量误差可能要大些，要求出 q 的最大公约数有时比较困难，通常用"倒过来验证"的办法数据处理。即用公认的电子电荷值 $e = 1.60 \times 10^{-19}$ ℃去除实验测得的电量 q。得到一个接近于某一个整数的数值，这个整数就是油滴所带的基本电荷的数目 n。再用这个 n 去除实验测得的电量，即得电子的电荷值 e。所有数据均记录在表4-9中。

表 4-9　密立根油滴法测定电子电荷数据处理表

次数	U/V	T/s	$Q/(\times10^{-19}C)$	n	$e/(\times10^{-19}C)$	$\Delta e/C$
1						
2						
3						
1						
2						
3						
1						
2						
3						
1						
2						
3						
平均值						

$$\Delta e = |\bar{e} - e|$$

$$\Delta E = \frac{\Delta e}{\bar{e}}$$

七、注意事项

(1)调整仪器时,如果打开有机玻璃油雾室,就必须先将平衡电压反向开关(5.3)放在"0"位置;

(2)喷油时,只需喷一两下即可,不要喷得太多,不然会堵塞小孔;

(3)油滴从静止到匀速下降需要一段距离(约 0.10 mm 即可);测量的一段距离应该在平行极板之间的中央部分,即视场中分划板的中央部分;

(4)擦拭极板时要关掉电源,防止触电;

(5)喷油后要将风口盖住,防止空气流动对油滴的影响。

八、思考与讨论

(1)油滴室两极板不平行时对测量有何影响?

(2)为什么必须使油滴做匀速运动?实验上怎样才能保证油滴做匀速运动?

九、课堂延伸

用动态(非平衡)测量法测量电子电荷

动态(非平衡)测量法则是在平行极板上加以适当的电压 V,但并不调节 V 使静电力和重力达到平衡,而是使油滴受静电力作用加速上升。由于空气阻力的作用,上升一段距离达到某一速度 v 后,空气阻力、重力与静电力达到平衡(空气浮力忽略不计),油滴将匀速上升,如图 4-29 所示。

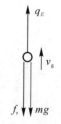

图 4-29 受力分析图

这时,有

$$6\pi a\eta v_e = q\frac{U}{d} - mg \qquad (4-42)$$

在去掉平行极板上所加的电压 U 后,油滴受重力作用而加速下降。当空气阻力和重力平衡时,油滴将以匀速 v 下降,这时,有

$$6\pi\eta v_g = mg \qquad (4-43)$$

把平衡法中油滴的质量代入,得

$$q = \frac{18\pi}{\sqrt{2\rho g}} \cdot \left[\frac{\eta l}{\left(1+\dfrac{b}{pa}\right)}\right]^{\frac{3}{2}} \cdot \frac{d}{U}\left(\frac{1}{t_g}+\frac{1}{t_e}\right)\left(\frac{1}{t_e}\right)^{\frac{1}{2}} \qquad (4-44)$$

用动态测量法实验时要测量的量有三个:上升电压、油滴匀速下降和上升一段距离所需的时间 t_g、t_e。

选定测量的一段距离(一般取 $l=0.200$ cm 比较合适),应该在平衡极板之间的中央部分,然后把开关拨向"下降",使油滴自由下落。

测量油滴匀速下降经过选定测量距离所需要的时间 t_g,为了在按动计时器时有思想准备,应先让它下降一段距离后再测量时间。

测完 t_g 把开关拨向"平衡",做好记录后,再拨向"提升",使油滴匀速上升经过原选定的测量距离,测出所需时间 t_e。同样也应先让它上升一段距离后再测量时间。

测完 t_e 做好记录,并为下次测量做好准备。

1897 年,汤姆生发现了电子的存在后,人们进行了多次尝试,以精确确定它的性质。汤姆生又测量了这种基本粒子的比荷(荷质比),证实了这个比值是唯一的。许多科学家为测量电子的电荷量进行了大量的实验探索工作。电子电荷的精确数值最早是美国科学家密立根于 1917 年用实验测得的。密立根在前人工作的基础上,进行基本电荷量 e 的测量,他作了几千次测量,一个油滴要盯住几个小时,可见其艰苦的程度。

密立根通过油滴实验,精确地测定基本电荷量 e 的过程,是一个不断发现问题并解决问题的过程。为了实现精确测量,他创造了实验所必需的环境条件,例如油滴室的气压和温度的测量和控制。开始他是用水滴作为电量的载体的,由于水滴的蒸发,不能得到满意的结果,后来改用了挥发性小的油滴。最初,由实验数据通过公式计算出的 e 值随油滴的减小而增大,面对这一情况,密立根经过分析后认为导致这个谬误的原因在于,实验中选用的油滴很小,对它来说,空气已不能看作连续介质,斯托克斯定律已不适用,因此他通过分析和实验对斯托克斯定律作了修正,得到了合理的结果。

密立根的实验装置随着技术的进步而得到了不断的改进,但其实验原理至今仍在当代物理科学研究的前沿发挥着作用,例如,科学家用类似的方法确定出基本粒子——夸克的电量。

油滴实验中将微观量测量转化为宏观量测量的巧妙设想和精确构思,以及用比较简单的仪器,测得比较精确且稳定的结果等都是富有启发性的。

第五节 迈克尔逊干涉仪的调整和使用

19世纪的物理学家坚信所有物理现象归根结底都起源于力学。为了解释电磁波的传播规律,他们提出了"以太"理论。"以太"的存在,将使光在真空中沿各个方向的速度略有不同。在证实"以太"存在的众多实验中,最重要的是迈克尔逊于1881年用自己发明的光学干涉仪进行的干涉实验。1887年,迈克尔逊又与莫雷合作进行了更精密的研究,实验结果证明了光的传播速度 c 的不变性,从而否定了"以太"的存在。这个著名实验为近代物理学的诞生和兴起开辟了道路。

迈克尔逊干涉仪原理简明、构思巧妙,堪称精密光学仪器的典范。随着对仪器的不断改进,还能用于光谱线精细结构的研究和利用光波标定标准米尺等实验。目前,根据迈克尔逊干涉仪的基本原理研制的各种精密仪器已广泛应用于生产和科研领域。本实验应用迈克尔逊干涉仪观察等倾干涉条纹,并测量 Na 光的波长。

一、实验目的

基本要求:(1)了解迈克尔逊干涉仪的结构、原理及调节方法;
　　　　　(2)观察等倾干涉条纹,测量 Na 光的波长。
拓展要求:了解迈克尔逊干涉仪除了测量钠光波长外的其他应用。

二、预习要求

(1)知道光的干涉条件,什么是等倾干涉和等厚干涉;
(2)能够阐述迈克尔逊干涉仪测量光波波长的基本原理;
(3)能够简单说出迈克尔逊干涉仪基本的仪器结构构造情况。

三、仪器物品

仪器:迈克尔逊干涉仪。
物品:钠光灯、毛玻璃板、实验小凳等。
迈克尔逊干涉仪的基本结构如图 4-30 所示。

图 4-30 迈克尔逊干涉仪结构图

两个平面反射镜和 M_1 和 M_2 放置在相互垂直的两臂上,它们由光学平面玻璃涂金属反射膜构成。M_1 是固定的,背面有三个螺丝可以调节镜面的倾斜度,下端还有两个方向相互垂直的微动螺丝,用来精确调节镜面的倾斜度。

M_2 的镜面一般预先调好,不要去动它后面的螺丝。它可以沿导轨移动,具有两种移动速度:一是快移,用粗调手轮调整 M_2 的位置;二是微量移动,用微调鼓轮,可对干涉条纹计数。M_2 的位置读数,毫米以上由导轨上的主尺读出,毫米以下十分位、百分位由读数窗读出,千分位、万分位由鼓轮上读出,并可估读到十万分位,即 10^{-5} mm。

在两臂轴相交处设有与两个与两臂各成 45°角的平行平面玻璃板和 G_1 和 G_2。G_1 是分光板,它的第二平面上涂有半反射(透射)膜,能将入射光分为振幅(或光强)近于相等的一束反射光和一束透射光。G_2 与 G_1 厚度相同,折射率也相同,叫补偿玻璃板。用钠光灯的扩展光源,就用干涉仪配备的望远镜来观察;若用 He - Ne 激光做实验,则用 90 mm 观察屏来观察。

钠光灯:其型号为 GP20 - Na,其两条黄光谱线的平均波长为 5 893 Å。

四、实验原理

从同一单色光源发出的两列相干波,在空间某点如因相遇时的相位不同,将产生相长或相消干涉。一般可以通过让一列波比另一列波走更长或短距离的方法,来改变两者的相位。迈克尔逊干涉仪就是根据这一原理设计的光学干涉仪。

图 4 - 31 是迈克尔逊干涉仪的原理图。光束 S 经毛玻璃后成扩展的光束,玻璃板 G_1 的第二表面上涂有半透射膜,能将入射光分成两束,一半透射,一半反射,故称为分光板。G_2 为补偿板,其材料和厚度与 G_1 完全相同,起光程补偿作用。G_1、G_2 二者互相平行,并与光束中心线成 45°倾斜。M_1 与 M_2 互相垂直并与 G_1 和 G_2 都成 45°角的平面反射镜。被 M_1 和 M_2 反射回来的两束光在 E 处相遇时,由于满足光的干涉条件,因此能观察到干涉现象。为了便于说明,图中还画出了 M_1 的虚像 M_1'。在 E 处的干涉可等效为由 M_1' 和 M_2 反射的光线所形成的。对于点光源发出的光线,也可以等效为图 4 - 32 所示的两个虚光源 S_2 和 S_1' 发出的相干光束。

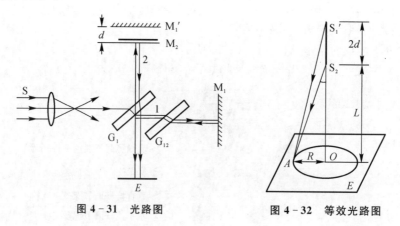

图 4 - 31 光路图　　　　图 4 - 32 等效光路图

设 M_2、M_1' 的距离为 d,那么 S_2 和 S_1' 的间距为 $2d$。钠光的相干性很好,在 E 处置一望远镜,便可以很容易地观察到干涉条纹。设干涉花样是以 O 点为圆心的一组同心圆环,S_2、S_1' 与 O 点应在同一条直线上。两虚光源发出的光线到达 E 处距 O 点 R 处的某点 A 时,其光程差为

$$\begin{aligned}
\delta &= \overline{AS_1'} - \overline{AS_2} \\
&= \sqrt{(L+2d)^2 + R^2} - \sqrt{L^2 + R^2} \\
&= \sqrt{L^2 + 4Ld + 4d^2 + R^2} - \sqrt{L^2 + R^2} \\
&= \sqrt{L^2 + R^2} \left(\sqrt{1 + \frac{4Ld + 4d^2}{L^2 + R^2}} - 1 \right)
\end{aligned} \tag{4-45}$$

通常 $L \gg d$,利用展开式:

$$\sqrt{1+x} = 1 + \frac{1}{2}x - \frac{1}{2 \times 4}x^2 + \cdots$$

可将式(4-45)改写成

$$\begin{aligned}
\delta &= \sqrt{L^2 + R^2} \left[\frac{1}{2} \frac{4Ld + 4d^2}{L^2 + R^2} - \frac{1}{8} \frac{16L^2 d^2}{(L^2 + R^2)^2} \right] \\
&= \frac{2Ld}{\sqrt{L^2 + R^2}} \left[1 + \frac{dR^2}{L(L^2 + R^2)} \right]
\end{aligned} \tag{4-46}$$

令 $\angle AS_2 O = \theta$,则式(4-46)可写成

$$\delta = 2d\cos\theta \left(1 + \frac{d}{L}\sin^2\theta \right) \tag{4-47}$$

由式(4-47)可知,倾角 θ 相同的光线,光程差必相同,因此干涉情况也相同,当 M_1 和 M_2 完全垂直,即 M_1' 与 M_2 严格平行时,得到的是以 O 点为中心的环形等倾干涉条纹,$\theta = 0$ 时,光程差最大,O 点处对应的干涉级别最高,这与牛顿环干涉情况恰好相反,角 θ 不太大时,式(4-47)可以简化为

$$\delta = 2d\cos\theta \tag{4-48}$$

第 K 级亮条纹对应的入射光应满足的条件是

$$K\lambda = 2d\cos\theta_k \tag{4-49}$$

第 $(K+1)$ 级亮条纹应在第 K 级亮条纹的内侧,对同一级来讲,如改变 d,θ 角将增大或减小,因此可以在屏上观察到环形条纹将向外"涌出"或向内"缩入"的现象,如果 S_1' 和 S_2 的间距改变 Δd,屏上将观察到有 N 个条纹自中心"涌出"或陷入,因每改变一个 $\lambda/2$ 的距离,条纹将变化一次,故

$$\Delta d = N\frac{\lambda}{2}$$

则

$$\lambda = \frac{2\Delta d}{N} \tag{4-50}$$

由式(4-50)可求得入射波的波长。如果 M_1 和 M_2 不严格垂直,那么还会形成其他形状的干涉条纹,这方面内容本实验不作讨论。

五、实验内容

1. 干涉仪的调整和观察等倾干涉条纹

干涉仪的调整:①用钠光灯垂直照射 M_1,用灯罩上的针孔板挡光,转动干涉仪的粗调手轮,使 M_2 和 M_1 距 G_1 的中心大体上一致,M_2 的标志线约在主尺的 $31\sim34$ mm 之间,以便调出干涉条纹。用眼睛观察针孔在 M_2 中的像,可以看到两组像,一组是 M_2 反射产生的,另一组是 M_1 反射产生的,如图 4-33 所示。②细心调节 M_1 背面的三个螺丝,使两组像的主点(主点是指最亮的点,若一组像中两个亮点难以区分,则右边的亮点是主点)重合。更换针孔板为毛玻璃板,即可看到干涉条纹。若 M_2 中未出现干涉条纹,则重新仔细调节 M_1 背面的三个螺丝,直至干涉条纹出现。若干涉条纹很细,则可适当转动粗调手轮移动 M_2,使条纹宽度适当,而且变清晰一些。轻轻地交替调节 M_1 下面的两个微动螺丝,直到干涉环出现并使其中心约在 M_2 的中央位置。

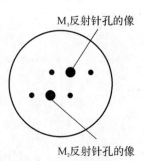

M₁反射针孔的像

M₂反射针孔的像

图 4-33 针孔像

观察等倾干涉条纹:安装好望远镜,调节其目镜,再轻轻调节 M_1 下面的两个微动螺丝,使干涉环清晰。缓慢转动微调鼓轮,观察干涉环"涌出"或"陷入"的现象。

2. 测量 Na 光波长 λ

轻微调整粗调手轮,使中央条纹清晰。单方向转动微调鼓轮,消除微调鼓轮的空程,直到有条纹连续"涌出"(或"陷入"),松手停下,记下 M_2 的初读数 d_1。继续朝原方向转动微调鼓轮,从望远镜观察并记数"涌出"或"陷入"亮环或暗环数 $N=100$ 条时,记下末读数 d_2,按照 $\Delta d=|d_2-d_1|$,计算出钠光波长。

六、数据记录与处理

(1)利用式(4-50)计算钠光波长,写出结果表达式。

(2)将测量结果和公认值 $\lambda=5\,893$ Å 比较,求出相对误差。

七、注意事项

(1)迈克尔逊干涉仪是精密光学仪器,必须小心爱护。

(2) G_1、G_2、M_1、M_2 的表面绝对不能擦拭。表面不清洁时应请指导教师处理。

(3)两个反射镜中 M_2 预先已经调好,实验时不再调整。

(4)调整 M_1 时背后三个粗调螺丝以及下方的两个微调螺丝都应配合调整,且任意一个方向不能拧得过紧,防止滑扣。

(5)注意消除空程误差,测量前先沿测量方向多转几圈,测量过程不能反转。

八、拓展训练

思考迈克尔逊干涉仪除了测量钠光波长还有哪些其他用途,并设计其中的一个实验。

九、思考与讨论

(1)分析迈克尔逊干涉仪中所形成的等倾干涉条纹和牛顿环的异同。

(2)分析本实验中 d 的改变方向和等倾干涉条纹的"吞""吐"现象之间的对应关系(可试用公式 $2d\cos\theta_k = K\lambda$ 进行理论分析),并在实验中加以验证。

(3)分析虚光源 S_2 与 S_1' 的间距为何是 $2d$。如果 d 很小,且 $\cos\theta = 1 - R^2/2L^2$(式中:$R$ 是环形干涉条纹的半径;L 是虚光源到观察屏的距离;θ 是入射光倾角),试证明亮条纹条件式又可写成 $2d(1 - R_k^2/2L) = k\lambda$,并请设计一个测量 λ 的方法(d 可测)。

(4)如果 G_1 分离的两束光强度并不相等,那么对于最后的干涉花样有什么影响?

十、课堂延伸

迈克尔逊干涉仪

迈克尔逊干涉仪,是 1883 年美国物理学家迈克尔逊和莫雷合作,为研究"以太"漂移而设计制造出来的精密光学仪器。它利用分振幅法产生双光束以实现干涉。通过调整该干涉仪,可以产生等厚干涉条纹,也可以产生等倾干涉条纹,主要用于长度和折射率的测量,若观察到干涉条纹移动一条,便是 M_2 的动臂移动量为 $\lambda/2$,等效于 M_1 与 M_2 之间的空气膜厚度改变 $\lambda/2$。在近代物理和近代计量技术中,如在光谱线精细结构的研究和用光波标定标准米尺等实验中,其都有着重要的应用。利用该仪器的原理,研制出多种专用干涉仪。

(一)迈克尔逊干涉仪的应用

迈克尔逊干涉仪的最著名应用即它在迈克尔逊-莫雷实验中对以太风观测中所得到的零结果,这朵十九世纪末经典物理学天空中的乌云为狭义相对论的基本假设提供了实验依据。除此之外,由于激光干涉仪能够非常精确地测量干涉中的光程差,在当今的引力波探测中迈克尔逊干涉仪以及其他种类的干涉仪都得到了相当广泛的应用。激光干涉引力波天文台(LIGO)等诸多地面激光干涉引力波探测器的基本原理就是通过迈克尔逊干涉仪来测量由引力波引起的激光的光程变化,而在计划中的激光干涉空间天线(LISA)中,应用迈克尔逊干涉仪原理的基本构想也已经被提出。迈克尔逊干涉仪还被应用于寻找太阳系外行星的探测中,虽然在这种探测中马赫-曾特干涉仪的应用更加广泛。迈克尔逊干涉仪还在延迟干涉仪,即光学差分相移键控解调器(Optical DPSK)的制造中有所应用,这种解调器可以在波分复用网络中将相位调制转换成振幅调制。

(二)非线性型

在所谓非线性迈克尔逊干涉仪中,标准的迈克尔逊干涉仪的其中一条干涉臂上的平面镜被替换为一个 Gires-Tournois 干涉仪或 Gires-Tournois 标准具,从 Gires-Tournois 标准具出射的光场和另一条干涉臂上的反射光场发生干涉。由于 Gires-Tournois 标准具导致的相位变化和光波长有关,并且具有阶跃的响应,非线性迈克尔逊干涉仪有很多特殊的应用,例如光纤通信中的光学梳状滤波器。另外,迈克尔逊干涉仪的两条干涉臂上的平面镜都可以被替换为 Gires-Tournois 标准具,此时的非线性迈克尔逊干涉仪会产生更强的非线性效应,并可以用来制造反对称的光学梳状滤波器。

(三)思想实验

设想在迈克尔逊干涉仪处于静止时和匀速直线运动时分别做实验,以形成两个干涉条纹图案。由于干涉条纹是平面的图案,所以只要都以垂直角度观察,静止系和动系里的观察者所见应是一致的。而比较这两个图案,结果只可能是相同或不相同这两者中的一种。若分别以这两种可能的情形为据进行分析,就可以考察狭义相对论所宣称的"钟慢尺缩"物理效应和光速不变原理,在其理论框架中的相容性。

由于是思想实验,因此不妨先假设运动前后干涉条纹相同。

为简化问题起见,设静止时实验装置两个方向(x 和 y)的光路是一样长的,即 $l_x = l_y$。按光速不变原理,这两个方向的光速均为 c。若在分光镜处放上一个精度足够高的钟,就可记录自分光镜分成两路的光,再各自回到分光镜所需的时间 t_x 和 t_y。由 $l_x = l_y$、$t_x = 2l_x/c$、$t_y = 2l_y/c$,可知钟记录两路光来回的时间值是相等的,即 $t_x = t_y$。(按相对论的说法钟记录的时间被称为固有时,具有物理意义,而非坐标时的数学意义。)

现设迈克尔逊干涉仪沿其中一条光路 x 的方向作匀速直线运动,所形成的干涉条纹与静止时是一样的。这就表明运动时,两路光来回所花的时间 t_x' 和 t_y' 也相等,即 $t_x' = t_y'$。这是因为迈克尔逊干涉仪是通过干涉图案是否变化,来判断两路光来回的时间差是否变化,这也是迈克尔逊和莫雷用它来验证以太是否存在的依据。如若不然,迈克尔逊-莫雷实验的结果,就不能被用来验证光速不变了。再按相对论的说法无论是否运动,钟在其所在的惯性系里测得的时间都是有效的,因此运动时分光镜处的那个钟,所记录下的两路光来回所花的时间就设为 t_x' 和 t_y'。

由于假设运动仅发生在 x 方向,与之垂直的 y 方向上没有速度变化,按狭义相对论的说法,y 方向光路的长度(空间尺度及数值)不会变,即 $l_y' = l_y$。而相对于这个钟,运动前后各方向的光速仍然是同一个值 c。由 $l_y = l_y'$、$t_y = 2l_y/c$、$t_y' = 2l_y'/c$,可知 $t_y = t_y'$,即运动前后该钟所测 y 方向的光来回的时间值是相等的,而且这个钟的计量尺度也不该有改变。因为只有这样,由 $2l_y'/t_y'$ 计算所得的光速值才能与运动前的计算值 $2l_y/t_y$ 完全一样。如果运动后仅仅钟的计量尺度有所改变,那么这时所测的光速是不可能与运动前所测的真正一样,这好比用快慢不同的钟来测速,数值一样并不能保证速度一样。

有了 $t_x = t_y$、$t_y = t_y'$、$t_x' = t_y'$,自然就可推出 $t_x = t_x'$;再根据光速不变原理及速度公式,由 $2l_x/v = 2l_x'/t_x'$,还可推出 $l_x = l_x'$。同理,由于运动前后钟的计量尺度没有变化,因此 x 方向的空间尺度也不会发生变化。既然得出了 $l_x = l_x'$ 及 $t_x = t_x'$ 的结论,那么狭义相对论所预言的运动将会产生"钟慢尺缩"的物理效应又去哪了呢?

显然要在狭义相对论的框架下,对本思想实验第一个假设情形作分析,是发现不了物理意义上的"钟慢尺缩"效应的。如果说有此物理效应的话,将会出现与本假设情形及光速不变原理格格不入的局面,这将在接下来分析另一假设情形中体现出来。且不说迈克尔逊干涉仪运动前后,干涉条纹图案不一样的假设情形符不符合相对性原理,以下将基于这第二个假设情形,接着考察光速不变原理和"钟慢尺缩"的物理效应在相对论体系中的相容性。

如前所述,迈克尔逊干涉仪静止时两条光路等长($l_x = l_y$),所形成的干涉条纹表示两路光来回的时间是一样的($t_x = t_y$)。若按现假设,实验装置沿 x 方向做匀速直线运动时,干涉条纹与静止时的不一样了,以迈克尔逊干涉仪的原理来看,两路光来回的时间不再一样了。

按狭义相对论的说法，x 方向若有运动变化，该方向上就会有"钟慢尺缩"的物理效应，即 x 方向的光路由静止时的 l_x 变为运动时的 l_x'，钟记录光来回的时间也由静止时的 t_x 变为运动时的 t_x'。而按速度公式 $2l_x'/t_x'$ 计算运动时 x 方向的光速值仍然是 c，与静止时按 $2l_x/t_x$ 计算的值是一样的，符合光速不变原理。

这时由于 y 方向的运动速度并没有改变，所以不会有"尺缩"效应，即 $l_y'=l_y=l_x$，却不同于 l_x'。按光速不变原理，x 和 y 方向的光速还是一样的 c，由速度、距离、时间关系式可知，两路光来回的时间将不一样，即 $t_y'=2l_y'/c$ 将不等于 $t_x'=2l_x'/c$，这倒也吻合运动前后所形成的干涉条纹不一样的假设情形。那么运动前后，y 方向的光来回的时间，即由同一个钟记录的 t_y 是否等于 t_y' 呢？

如果 $t_x\neq t_y$，因为 $l_y=l_y'$，那么由速度公式计算运动前后 y 方向的光速就不会是同一个值了，即 $2l_y/t_y\neq 2l_y'/t_y$，这显然不符合光速不变原理。而要符合光速不变原理，同一个钟记录的运动前后 y 方向的光来回的时间就须相等，即 $t_y=t_y'$，可这还能说该钟因运动而变慢吗？于是无论 t_y 与 t_y' 是否相等，狭义相对论对第二个假设情形的解读，都会让其陷入两难的境地。

当然，相对论可以否认第二个假设情形的真实存在，那就只剩第一个假设情形了。可前面在分析第一个假设情形时，并没有发现狭义相对论所预言的"钟慢尺缩"物理效应的任何蛛丝马迹，这不得不让人生疑：狭义相对论能同时容纳光速不变原理和物理意义上的"钟慢尺缩"效应吗？

第六节　利用光栅测光波波长

光栅是一种根据多缝衍射原理制成，将复色光分解成光谱的重要分光元件。它能够产生亮度较大，间距较宽的匀排光谱。光栅不仅适用于可见光波，还能用于红外和紫外光波，常被用来精确地测定光波的波长及进行光谱分析。

一、实验目的

(1)观察光线通过光栅后的衍射现象；
(2)学会用分光仪测定光波波长的方法；
(3)进一步熟悉分光仪的调节和使用。

二、预习要求

(1)什么是光栅，它的特征参数是什么？
(2)光栅测量波长利用的是什么光学原理？
(3)光波长的其他测量方法还有哪些？

三、仪器物品

仪器分光仪(使用方法见常用仪器介绍部分)、衍射光栅、汞灯等。

四、实验原理

用光学刻线机在涂膜的薄玻璃片上刻一组很密的等距离的平行线即构成平面光栅。当光射到光栅面上时,刻痕处因发生漫反射而不能透光,光线只能从两条刻痕之间的狭缝中通过,故平面光栅可以看成一系列密集的、均匀而平行排列的狭缝,如图 4-34 所示。

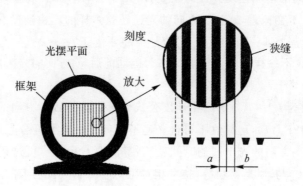

图 4-34 光栅

图 4-34 中 a 和 b 分别为狭缝和刻痕的宽度。相邻两狭缝对应点之间的距离 $d=a+b$,称为光栅常数。根据夫朗和费衍射理论,当一束单色平行光垂直照射到光栅平面上时,每条狭缝对光波都发生衍射,各条狭缝的衍射光又彼此发生干涉,故光栅衍射条纹是衍射和干涉的总效果。

如衍射角 φ_k 符合条件:

$$d\sin\varphi_k = k\lambda, \quad k = 0, \pm 1, \pm 2, \cdots \qquad (4-51)$$

在该衍射角 φ_k 方向上的光将会加强。式中:k 为衍射亮条纹的级数;φ_k 为第 k 级亮纹对应的衍射角,即衍射光线与光栅平面法线之间的夹角;λ 为入射光的波长。

若用凸透镜把这些衍射后的平行光汇聚起来,则在透镜的焦平面上将形成一系列彼此平行、间距相同的亮条纹,称为谱线。在 $\varphi_0=0$ 的方向上可看到零级亮条纹。其他级数的谱线对称地分布在零级谱线的两侧,如图 4-35 所示。

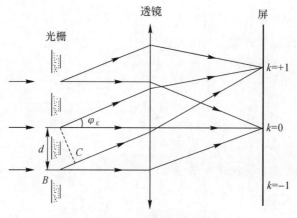

图 4-35 光栅成像光路图

若光源发出的是不同波长的复色光,则由式(4-51)可以看出,不同波长光的同一级谱线,将有不同的衍射角 φ_k。因此,在透镜的后焦平面上出现按波长大小、谱线级次排列的各种颜色的谱线,称为光谱。图 4-36 为汞光源的光栅衍射光谱。

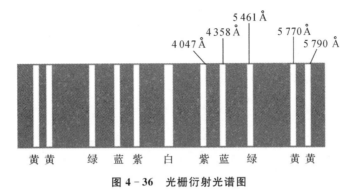

图 4-36 光栅衍射光谱图

用分光仪可以观察到各种波长的光栅衍射光谱,并可以测出与 k 级亮条纹对应的衍射角 φ_K。若已知光栅常数 d,则根据下式可以求出入射光的波长:

$$\lambda = \frac{d \sin\varphi_k}{k}, \quad k = \pm 1, \pm 2, \cdots \tag{4-52}$$

五、实验步骤

(1)调整分光仪置工作状态。

(2)用低压汞灯将平行光管的狭缝照亮,光栅放置在载物台上,使光栅刻线与分光仪主轴平行,同时使入射光垂直照射到光栅平面上。

(3)转动望远镜,观察汞光源发出的衍射光谱线,如图 4-36 所示。

(4)锁紧载物台锁紧螺丝。将望远镜转至最左端,粗调、细调望远镜从左到右依次测定绿线、蓝线的 -2、-1、$+1$、$+2$ 级的位置。

(5)记下光栅常数。

六、数据记录与处理

根据所测得的光栅常数的数据和式(4-52),计算出各谱线的波长,然后把各谱线波长的平均值与标准值比较,求出相对误差,写出测量汞灯绿蓝两条谱线波长的结果表达式。

提示:衍射角 $\varphi_k = \dfrac{1}{4}\left[(\theta_{2左} - \theta_{1左}) + (\theta_{2右} - \theta_{1右})\right]$。

七、注意事项

(1)光栅是精密光学器件,严禁用手触摸刻痕,以免弄脏或损坏。

(2)水银灯的紫外线很强,不可直视,以免灼伤眼睛。

八、拓展训练

在完成汞灯光波波长测量的基础上,尝试利用某种波长已知的光波测量另一个光栅的光栅常数。

九、思考与讨论

(1)怎样利用本实验的装置测量光栅常数？

(2)当用钠光($\lambda = 5\,893$ Å)垂直入射到每毫米内有 500 条刻痕的平面透射光栅上时，最多能看到第几级光谱？

(3)为什么光栅刻痕的数量不但要多且要均匀？

十、课堂延伸

光栅传感器

所谓光栅其实就是一条条在光学玻璃上的长方形的刻线，这些刻线是等间距的，一般来说刻线的密度大约为 10～100 line/mm。光栅式大应变传感器的结构设计主要是以光栅莫尔条纹测量位移距离的原理为依据，它将光电二极管阵列当作传感器的光电探测器，利用这个光电探测器对莫尔信号进行接收，然后再经过一定的分析和处理的过程将信号转化为数字脉冲的输出。这种光栅式大应变传感器可以广泛应用于飞机机翼的拉伸、土工织物、TOC 仪器等，相比于只能测量小应变的、传统的电阻应变式电测法，这种传感器成本低、精度高、应变量范围广。

第七节　微波单缝衍射和双缝干涉实验

微波技术是近代发展起来的一门尖端科学技术，它不仅在通信、原子能技术、空间技术、量子电子学以及农业生产等方面有着广泛的应用，在科学研究中也是一种重要的观测手段，微波的研究方法和测试设备都与无线电波的不同。从电磁波分布图 4-37 可以看出，微波的频率范围是处于光波和广播电视采用的无线电波之间，因此它兼有两者的性质，却又区别于两者。与无线电波相比，微波有下述几个主要特点。

(1)波长短(1 mm～1 m)：具有直线传播的特性，利用这个特点，就能在微波波段制成方向性极好的天线系统，也可以收到地面和宇宙空间各种物体反射回来的微弱信号，从而确定物体的方位和距离，为雷达定位、导航等领域提供了广阔的应用。

(2)频率高：微波的电磁振荡周期为 $10^{-9} \sim 0^{-12}$ s，这已经和电子管中电子在电极间的飞跃时间可以比拟，甚至还小，因此普通电子管不能再用在微波器件中，而必须采用原理完全不同的微波电子管(速调管、磁控管和行波管等)、微波固体器件和量子器件来代替。另外，微波传输线、微波元件和微波测量设备的线度与波长具有相近的数量级，在导体中传播时趋肤效应和辐射变得十分严重，一般无线电元件如电阻、电容、电感等元件都不再适用，也必须用原理完全不同的微波元件(波导管、波导元件、谐振腔等)来代替。

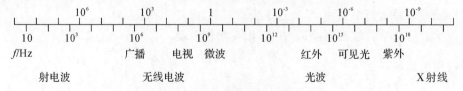

图 4-37　电磁波分布图

（3）研究方法不同：微波在研究方法上不像无线电那样去研究电路中的电压和电流，而是研究微波系统中的电磁场，以波长、功率、驻波系数等作为基本测量参量。

（4）量子特性：在微波波段，电磁波每个量子的能量范围大约是 10^{-6} ~10^{-3} eV，而许多原子和分子发射和吸收的电磁波的波长也正好在微波波段内。人们利用这一特点来研究分子和原子的结构，发展了微波波谱学和量子电子学等尖端科学，并研制了低噪音的量子放大器和准确的分子钟、原子钟。

（5）能穿透电离层：微波可以畅通无阻地穿越地球上空的电离层，为卫星通信，宇宙通信和射电天文学的研究和发展提供了广阔的前途。

微波具有自己的特点，不论在处理问题时运用的概念和方法上，还是在实际应用中微波系统的原理和结构上，都与普通无线电不同。微波实验是近代物理实验的重要组成部分。

一、实验目的

（1）学习微波的基本知识；
（2）了解微波在空间中的传播特点，掌握微波基本测量技术；
（3）学习用微波作为观测手段来研究电磁波的衍射和干涉现象。

二、预习要求

（1）微波的波长在哪个数量级？
（2）实验的衍射是哪种类型？
（3）天线发射的电磁波电场的振动方向对衍射结果有没有影响？

三、仪器物品

DH926B 微波分光仪一套、DH1121B 三厘米固态信号源一套、配套的反射板、单缝板、双缝板等。

四、实验原理

微波和其他电磁波如光波、X 射线一样，在均匀介质中沿直线传播，而且都存在反射、折射、干涉、衍射和偏振等现象。

本实验利用微波分光仪产生的平面偏振波作为入射波源，研究微波的反射、衍射和干涉现象，由于微波的波长较光波的波长大，因此产生这些现象所用器件的尺度比光学器件要大许多，这样可以更加直观地了解这些物理现象。

1. 反射实验

入射波的方向性研究：在微波发射天线和接收天线之间不放置任何介质，调节接收天线的接收角度，记录接收信号的强弱和偏转角度的关系，了解微波发射的准直性和波束的宽度。

反射波的研究：电磁波在传播过程中如遇到障碍物，必定要发生反射。以一块大的金属板作为障碍物来研究当电波以某一入射角投射到此金属板上所遵循的反射定律，即反射线在入射线和通过入射点的法线所决定的平面上，反射线和入射线分居在法线两侧，反射角等于入射角。

2.单缝衍射实验

当一束平面波入射到一个宽度和波长可比拟的狭缝时,就要发生衍射现象,如图 4 - 38 所示。在狭缝后面出现的衍射波强度并不是均匀的,中央最强,同时也最宽,称为零级极大。在中央的两侧衍射波强度迅速减小,直至出现衍射波强度的最小值,即一级极小,然后随着衍射角增大,衍射波强度又逐渐增大,出现一级极大值。衍射波强度分布如图 4 - 39 所示。

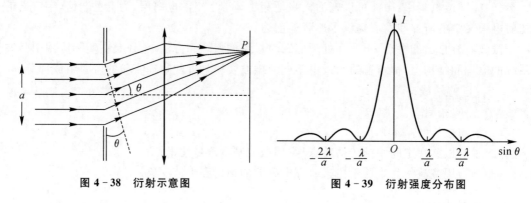

图 4 - 38　衍射示意图　　　　　　　　图 4 - 39　衍射强度分布图

衍射后的光强为

$$I = I_0 \frac{\sin^2 u}{u^2}$$

式中:$u = \dfrac{\pi a \sin\theta}{\lambda}$,$\lambda$ 是波长,a 是狭缝宽度。当 $u = k\pi$ 时,I 取极小值,衍射角为 $\theta = \sin^{-1} \dfrac{k\lambda}{a}$;当 $u = \tan u$ 时,I 取极大值。当 $u = 1.43\pi$ 时,出现第一级极大值,衍射角为 $\theta = \sin^{-1} \dfrac{1.43\lambda}{a}$。

3.双缝干涉实验

当一束平面波垂直入射到一个金属板的两条狭缝时,每一条狭缝就是次级波的波源。由两条狭缝发出的次级波是相干波,所以在金属板后面的空间中,将产生干涉现象。当然,波通过每个缝也存在衍射现象。因此,实验现象是衍射和干涉两者结合的结果。将通过双缝后的光强和入射光的强度比较,有如下关系式:

$$I = I_0 \frac{\sin^2 u}{u^2} \cos^2 v$$

式中:$\dfrac{\sin^2 u}{u^2}$ 是衍射对强度的影响,$u = \dfrac{\pi a \sin\theta}{\lambda}$,$a$ 是狭缝宽度;$\cos^2 v$ 是干涉对强度的影响,$v = \dfrac{\pi(a+b)\sin\theta}{\lambda}$,$b$ 是两狭缝之间的距离。

为了研究双缝干涉的结果,令每条缝的宽度 a 接近 λ,此时出现第一级极小(强度为零)的衍射角 $\theta = \sin^{-1} \dfrac{\lambda}{a}$ 就比较大。例如,当 $a = 40$ mm,$\lambda = 32$ mm 时,单缝的一级极小接近

$53°$,因此衍射效应只有中央的零级极大。这时取较大的 b,则单缝衍射的影响可以不予考虑,只考虑双缝干涉即可。其中:干涉加强的角度为 $\theta = \sin^{-1}\left(\dfrac{k\lambda}{a+b}\right)$,式中,$k = 0,1,2\cdots$;干涉减弱的角度为 $\theta = \sin^{-1}\left(\dfrac{2k+1}{2} \cdot \dfrac{\lambda}{a+b}\right)$,式中,$k = 0,1,2\cdots$。

五、实验内容

1.反射实验

实验仪器的布置如图 4-40 所示。

(1)仪器连接时,两喇叭天线口面应互相正对,它们各自的轴线应在一条直线上。指示两喇叭天线位置的指针分别指于工作平台的 $90°$ 刻度处。

(2)打开微波信号源的电源开关,调制方式为等幅。调节衰减器的螺杆,使检波器指示表接近最大。

图 4-40 反射实验仪器的布置

(3)将反射金属板放到支座上,同时将带支座的金属反射板一起放到平台上。放置时金属板平面与支座小圆盘上的刻线一致,小圆盘上的刻线与平台上 $90°$ 刻度的刻线对齐。此时平台上的 $0°$ 刻度就与金属板的法线方向一致。利用平台上四个压紧螺钉压紧支座。

(4)转动平台,使固定臂指针指在某一角度处,这角度读数就是入射角,然后转动活动臂在表头上找到某一最大指示,此时活动臂上的指针所指的刻度就是反射角。如果此时表头指示太大或太小,那么应调整衰减器,使表头指示接近满量程。做此项实验时,入射角取 $30°$ 至 $65°$ 之间为宜。如果入射角太大,接收喇叭就有可能直接接收入射波。实验时注意系统的调整和周围环境的影响。

2.单缝衍射实验

实验仪器的布置如图 4-41 所示。

图 4-41 单缝衍射实验的仪器布置

（1）调整单缝板的缝宽为 70 mm。

（2）仪器连接时，将单缝衍射板放到支座上时，应使狭缝平面与支座下面小圆盘上刻线一致，此刻线应与工作平台上的 90°刻度线对齐，小平台的 0°就是狭缝平面的法线方向。

（3）转动平台使固定臂的指针在平台的 180°处。调整信号电平使表头指示 80～90 μA。然后从 0°开始，在单缝的两侧使衍射角每改变 2°读取一次表头读数，并记录下来。两侧各测量到 50°。

（4）根据测量结果，画出单缝衍射强度与衍射角的关系曲线。根据微波波长和缝宽算出一级极小和一级极大的衍射角，并与实验曲线上求得的一级极小和一级极大的衍射角进行比较。实验曲线的中央较平，甚至还有稍许的凹陷，原因是衍射板尺寸不够大。

3. 双缝干涉实验

将图 4－41 中的单缝板换为双缝板。

（1）调整双缝板的缝宽为 40 mm，缝间距离为 50 mm。

（2）仪器调整同单缝衍射实验。

（3）从 0°开始，角每改变 1°读取一次表头读数，并记录下来。两侧各测量到 25°。

（4）根据测量结果，画出波强度与出射角的关系曲线，并根据微波波长、缝宽和缝间距算出一级极小和一级极大的角度，并与实验曲线上求得的一级极小和一级极大的角度进行比较。

六、数据处理

1. 反射实验

将实验测得数据填入表 4－10 中。

表 4－10　反射实验数据记录表

入射角/(°)		30	35	40	45	50	55	60	65
反射角/(°)	左侧								
	右侧								

2. 单缝衍射实验

将实验测得数据填入表 4－11 中。$a=70$ mm，$\lambda=32$ mm。

表 4－11　单缝衍射实验数据记录表

ψ_0	0	2	4	6	8	10	12	14
$I_右$								
$I_左$								
ψ_0	16	18	20	22	24	26	28	30
$I_右$								
$I_左$								

续表

ψ_0	32	34	36	38	40	42	44	46
$I_右$								
$I_左$								
ψ_0	48	50						
$I_右$								
$I_左$								

3.双缝干射实验

将实验测得数据填入表 4-12 中。$a=40$ mm,$b=50$ mm,$\lambda=32$ mm。

表 4-12 双缝干射实验数据记录表

ψ_0	0	1	2	3	4	5	6	7
$I_右$								
$I_左$								
ψ_0	8	9	10	11	12	13	14	15
$I_右$								
$I_左$								
ψ_0	16	17	18	19	20	21	22	23
$I_右$								
$I_左$								
ψ_0	24	25						
$I_右$								
$I_左$								

七、注意事项

(1)电源连接无误后,打开电源使微波源预热 10 min 左右。

(2)微波实验干扰较强,实验过程中不要随意走动,不要挪动仪器方向和位置!

第八节 用牛顿环测透镜的曲率半径

光的干涉现象是光的基本特征之一,在对于光的本性的认识过程中,为光的波动性提供了有力的证据。光的干涉现象应用甚广,例如:可以用来精确测量微小长度、厚度或角度以及它们的微小变化;检测一些光学表面的光滑度以及平行度;研究零件的内应力;等等。牛顿环是一种典型的光的干涉现象。在实际工作中,通常用它来测量透镜的曲率半径,或者用来检测物体的平面度或光洁度。

一、实验目的

(1)观察、研究等厚干涉现象及其特点；
(2)学会用干涉方法测量平凸透镜的曲率半径；
(3)学会调节和使用读数显微镜；
(4)学会用逐差法处理实验数据。

二、预习要求

(1)了解读数显微镜的结构原理和调节方法；
(2)掌握牛顿环测透镜曲率半径的基本原理。

三、仪器物品

读数显微镜实验、钠光灯、牛顿环仪等。

四、实验原理

图 4-42 为牛顿环原理示意图。

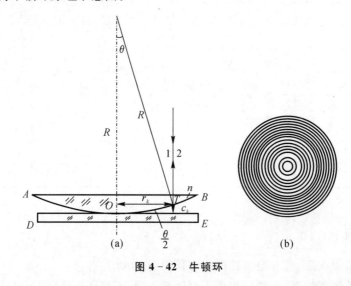

图 4-42 牛顿环

如图 4-42(a)所示，在精磨的玻璃平板 DE 上放置一个曲率半径很大的平凸透镜 AOB 其凸面和平板 DE 相切于 O 点，因此在它们之间形成一层以 O 点为中心，向四周逐渐增厚的空气薄膜。若以平行单色光垂直照射时，由于透镜下表面所反射的光 1 和玻璃平板上表面所反射的光 2 发生干涉，在透镜凸面 T 处产生等厚干涉条纹。两束光的光程差为

$$\delta = 2e_k + \frac{\lambda}{2} \tag{4-53}$$

式中：e_k 是半径为 r_k 处空气薄膜的厚度；λ 为入射光的波长，$\lambda/2$ 是附加光程差，它是由于

光从光疏媒质(空气)射向光密媒质(玻璃)的交界面上反射时,发生半波损失而引起的。

根据干涉条件

亮环:

$$\delta = 2e_k + \frac{\lambda}{2} = k\lambda = k\lambda, \quad k = 1,2,3\cdots \tag{4-54}$$

暗环:

$$\delta = 2e_k + \frac{\lambda}{2} = (2k+1)\frac{\lambda}{2}, \quad k = 1,2,3\cdots \tag{4-55}$$

从式(4-53)可知,光程差 δ 仅与 e_k 有关,即厚度相等的地方干涉情况相同,因此干涉条纹是一组明暗相间的同心圆环,称为牛顿环,参见图 4-42(b)。

由图 4-42(a)的几何关系可得

$$r_k^2 = R^2 - (R - e_k)^2 = 2Re_k - e_k^2$$

因为 $R \gg e_k$,所以 $2Re_k \gg e_k^2$,可以将 e_k^2 从式中略去,得

$$e_k = \frac{r_k^2}{2R} \tag{4-56}$$

将式(4-56)代入式(4-55),得

$$R = \frac{r_k^2}{k\lambda} \tag{4-57}$$

由式(4-57)可知,若测出第 k 级暗环的半径 r_k,且单色光源的波长 λ 为已知,就能算出球面的曲率半径 R。但在实验中由于机械压力引起的形变,使得凸面和平面接触处不可能是一个理想的点,而是一个不很规则的圆斑,由于镜面上可能存在的微小灰尘,从而引起附加的光程差,所以很难准确地测出 k 与 r_k。实际上,我们可以通过两条暗环半径的平方差值来计算 R。这样可消除灰尘带来的附加光程差的系统误差。若第 m 条暗环和第 n 条暗环的半径各为 r_m 和 r_n,则由式(4-57)可得

$$r_m^2 - r_n^2 = (m-n)R\lambda$$

即

$$R = \frac{r_m^2 - r_n^2}{(m-n)\lambda} \quad \text{或} \quad R = \frac{D_m^2 - D_n^2}{4(m-n)\lambda} \tag{4-58}$$

式中:D_m 和 D_n 分别是第 m 条暗环和第 n 条暗环的直径。这样,在实验中不必确定暗环的级数及环的中心,只要测出 $D_m^2 - D_n^2$ 及环数差 $m-n$ 即可得到 R。

经过上述变换,避开了难测的量 r_k 和 k,提高了测量的精确度。这是物理实验中消除系统误差的常用方法。

五、实验步骤

(1)观察牛顿环仪室内灯光的干涉条纹,调节牛顿环仪的三个螺丝,使干涉条纹处于牛顿环仪的中央位置。

(2)将读数显微镜的读数准线放置在标尺的中央,并按图 4-43 放置实验仪器。打开钠灯电源,调节 45°半反射镜,使显微镜视场中亮度最大。这时基本满足入射光垂直入射的要求。

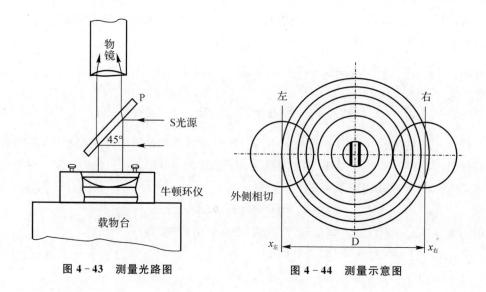

| 图 4-43 测量光路图 | 图 4-44 测量示意图 |

（3）调节读数显微镜，直到能同时看清干涉条纹和十字叉丝。

（4）测量牛顿环直径。

1）使显微镜的十字叉丝焦点与牛顿环中心大致重合，并使一条十字叉丝与标尺平行。

2）转动测微鼓轮，先使镜筒向左移动，顺序数到第 55 环，再反向转到 $m=50$ 环，使叉丝与环的外侧相切，如图 4-44 所示，并记录读数。

3）继续转动测微鼓轮，使叉丝依次与 49 环、48 环、47 环、46 环、25 环、24 环、23 环、22 环、21 环的外侧相切，顺次记下读数。

4）再继续转动测微鼓轮，使叉丝依次与圆心右方 21 环、22 环、23 环、24 环、25 环、46 环、47 环、48 环、49 环、50 环的内侧相切，顺次记下各环的读数。

在测量过程中，测微鼓轮应沿一个方向旋转，中途不得反转。

六、数据记录与处理

将实验数据填入表 4-13 中，用逐差法处理数据，并计算出曲率半径的平均值。

表 4-13 逐差法处理数据表

环数 m	读数/mm		直径 D_m （左方－右方）	环数 n	读数/mm		直径 D_n （左方－右方）	$D_m^2 - D_n^2$
	左方	右方			左方	右方		
50				25				
49				24				
48				23				
47				22				
46				21				
平均值								

$$\bar{R}=\frac{\overline{D_m^2-D_n^2}}{4(m-n)\lambda}=\cdots$$

七、注意事项

(1)注意在叉丝与环相切的位置数环,一边切内侧,一边切外侧。

(2)注意消除空程误差,测量前先沿测量方向多转几圈,测量过程不能反转。

八、思考与讨论

(1)透射光的牛顿环是怎样形成的? 它和反射光的牛顿环在明暗上有何关系?

(2)为什么相邻两暗环(或亮环)之间的距离靠近中心的要比边缘的大?

(3)分析实验中遇到下列情况时,对实验结果有无影响,为什么?

1)牛顿环中心是亮斑而非暗斑。

2)测 D 时,叉丝交点没有通过圆环的中心因而测量的是弦而非直径。

第九节　声速的测量

声速(Speed of Sound):顾名思义即声音的速度,也叫音速。声音以波的形式传播,与一般所谓物体的速度是不同的。声波能在固体、液体、气体中传播。声波在媒质中的传播速度与媒质的特性和状态等因素有关,因而声波的测量在声波定位、探伤、显示、测距等应用中具有十分重要的意义,特别是海洋探测中起着重要的作用,如声呐是各国海军进行海洋探测的重要手段。

声速的测量因介质不同而改变。气体中声速的测量方法有时差法、驻波法、相位法等。本实验利用压电晶体换能器测量声波在空气中的传播速度。

一、实验目的

(1)能阐述声速的测量原理和方法;

(2)会熟练使用信号源和示波器等仪器;

(3)会正确使用逐差法处理数据。

二、预习要求

(1)会熟练使用示波器;

(2)能阐述驻波法和相位法的测量原理;

(3)会叙述实验流程。

三、仪器物品

仪器:超声声速测定仪、SVX－5 型信号源、GOS620 型模拟示波器。

物品:同轴线缆等。

(一)超声声速测定仪

本仪器采用压电陶瓷超声换能器来实现声压和电压之间的转换。用压电陶瓷超声换能器的结构如图 4 - 45 所示。

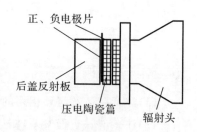

图 4 - 45　换能器结构图

压电陶瓷超声换能器由压电陶瓷环片和轻重两种金属组成。压电陶瓷片由一种多晶结构的压电材料(如碳酸钡)制成。在压电陶瓷片的两个底面加上正弦交变电压,它就会按正弦规律发生纵向伸缩,即厚度按正弦规律产生形变,从而发生超声波。同样压电陶瓷片也可以使声压变化转化为电压的变化,用来接收信号。

压电换能器产生的波具有平面性、单色性好以及方向性强等特点,而且可以控制频率在超声波范围内,使一般的音频对它没有干扰。当频率提高时,其波长就变短,这样能在较短的距离内测到多个波长、用逐差法取其平均值测定波长的方法比较准确。

超声声速测定仪如图 4 - 46 所示。在仪器架上装有数显游标尺和数显表头。发射用的换能器 S_1 固定在主尺的左端,接收用的换能器 S_2 装在游标尺上,转动鼓轮可以改变 S_2 的位置。两只换能器的相对位移(S_2 的位置)可以从数显头上读出。

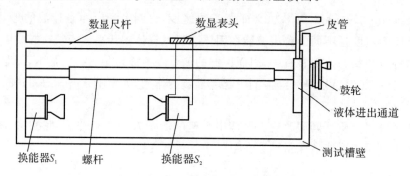

图 4 - 46　声速测定仪结构图

(二)SVX - 5 型信号源

图 4 - 47 是 SVX - 5 声速测试仪信号源面板。

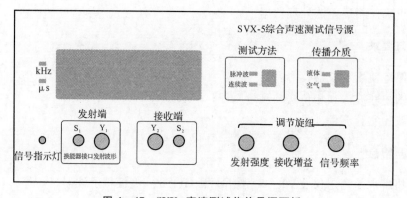

图 4 - 47　SVX - 声速测试仪信号源面板

调节旋钮的作用：

信号频率——用于调节输出信号的频率；

发射强度——用于调节输出信号电功率（输出电压）；

接受增益——用于调节仪器内部的接受增益。

四、实验原理

声速 u、频率 f 和波长 λ 之间的关系式为 $u = \lambda f$。如果能用实验方法测量声波的频率 f 和波长 λ，即可求得声速 u。

声音频率可以通过示波器测量，也可以采取其他方法直接读取。但声波的波长测量较为困难。根据测量声波波长方法的不同，本实验采用振幅法和相位法（两个相互垂直谐振动的合成法）。

（一）振幅法

实验装置如图 4 – 48 所示。

图 4 – 48 中，S_1、S_2 为压电陶瓷换能器，S_1 接信号源，S_2 为接收器，由于逆压电效应，因此它能把接收到的声波转换成电信号，且能在接收声波的同时反射部分声波。这样，S_1 发出的超声波和 S_2 反射的超声波在它们之间的区域内相干涉，在一定条件下能够形成驻波。

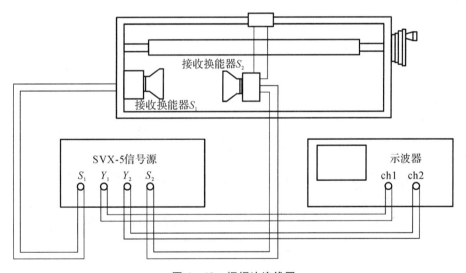

图 4 – 48　振幅法连线图

若入射波和反射波振幅相同，即 $A_1 = A_2 = A$，则得到波动方程

$$y = 2A\cos\left(2\pi\,\frac{x}{\lambda}\right)\cos\omega t \qquad (4-59)$$

在声速实验中，S_1、S_2 为两边界，且 S_2 必定是波节，其间声波经过了多次反射，形成了较为复杂的干涉形式。当两个换能器之间的距离满足

$$L = n\,\frac{\lambda}{2}, \quad n = 1,2,3\cdots \qquad (4-60)$$

形成的驻波强度和稳定性都是最好的,此时驻波有最大振幅,在示波器上得到信号幅度最大。因此在移动 S_2 的过程中,驻波系统在 S_2 产生的声压也相继经历了一系列的变化。由式(4-60)可知:任意两个相邻声压振动的振幅极大值出现时。即 S_2 所移过的距离为

$$\Delta L = L_{k+1} - L_k = (n+1)\frac{\lambda}{2} - n\frac{\lambda}{2} = \frac{\lambda}{2} \tag{4-61}$$

当 L 不满足式(4-59)时,驻波的振幅随之减小。因此当 S_1 和 S_2 之间的距离 L 连续改变时,示波器上的信号幅度出现一个周期性变化,相当于 S_1 和 S_2 之间的距离改变了 $\lambda/2$,此距离可由游标尺测得,频率由信号源读出,根据 $u = \lambda f$,可求得声速。

(二)相位法

实验装置如图4-48所示。

图4-48中,S_1 接 SVX-5 信号源,信号源的发射波形接示波器的 ch1 轴,S_2 通过信号源由接收波形接示波器的 ch2 轴。S_1 发出的平面超声波通过媒质到达接收器 S_2,在发射波和接收波之间产生相位差。当个换能器之间的距离满足

$$L = n\frac{\lambda}{2}, \quad n = 1,2,3\cdots \tag{4-62}$$

相应的相位差为

$$\Delta\varphi = 2\pi\frac{L}{\lambda} = k\pi, \quad n = 1,2,3\cdots \tag{4-63}$$

其他位置则不满足此条件。$\Delta\varphi$ 可以用李萨如图形进行测量。

设信号源的信号(发射波)为

$$x = A_1\cos(\omega t + \varphi_1) \tag{4-64}$$

输入到示波器的 x 通道。

受迫振动的信号(接收波)为

$$y = A_2\cos(\omega t + \varphi_2) \tag{4-65}$$

输入到示波器的 y 通道。

式(4-64)和式(4-65)中:A_1、A_2 分别为 X、Y 方向振动的振幅;ω 为圆频率;φ_1、φ_2 分别为 X、Y 方向振动的初位相。

从式(4-64)和式(4-65)中消去 t,得到亮点在荧光屏上运动的轨迹方程为

$$\frac{x^2}{A_1^2} + \frac{y^2}{A_2^2} - \frac{2xy}{A_1 A_2}\cos(\varphi_2 - \varphi_1) = \sin^2(\varphi_2 - \varphi_1) \tag{4-66}$$

式(4-66)说明亮点的轨迹为李萨茹图形,在一般情况下为一椭圆。当 $\varphi_2 - \varphi_1 = 0$ 时,由式(4-66)得 $y = \dfrac{A_2}{A_1}x$,即亮点轨迹为第一和第三象限的一条直线[见图4-49(a)]。

当 $\varphi_2 - \varphi_1 = \pi$ 时,得 $y = -\dfrac{A_2}{A_1}x$,即亮点的轨迹为处于第二和第四象限的一条直线[见图4-49(c)]。

当 $\varphi_2 - \varphi_1 = \dfrac{\pi}{2}$ 时,得 $\dfrac{x^2}{A_1^2} + \dfrac{y^2}{A_2^2} = 1$,运动轨迹是以坐标轴为主轴的椭圆[见图4-49(b)]。

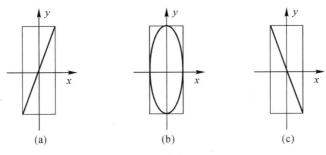

图 4 - 49　李萨茹图形

改变 S_1 和 S_2 之间的 L,相当于改变了发射波和接收波之间的位相差 $\varphi_2 - \varphi_1$,荧光屏上的图形也随之不断变化。

每改变半个波长的距离 $L_2 - L_1 = \dfrac{\lambda}{2}$,相位差 $\varphi_2 - \varphi_1$ 改变 π。随着振动的位相差从 $0 \sim \pi$ 的变化,李萨如图形从斜率为正的直线变为椭圆,再变到斜率为负的直线。因此,每移动半个波长,就会垂直出现斜率符号相反的直线。测得了波长 λ 和频率 f,根据 $u = \lambda f$,可计算出室温下声音在媒质中传播的速度。

五、实验内容

(一)仪器连接与调试

(1)系统连接、预热:在通电后,自动工作在连续波方式,初始状态选择的介质为空气,预热 15 min;连接装配如图 4 - 50 所示。

(2)最佳工作频率调试:先使 S_2 靠近 S_1。调节信号频率(25~45 kHz),观察频率调节时接收波电压幅度的变化,找出电压幅度最大的频率点,同时声速测试仪信号源的信号指示灯亮,此频率即压电换能器相匹配的点。

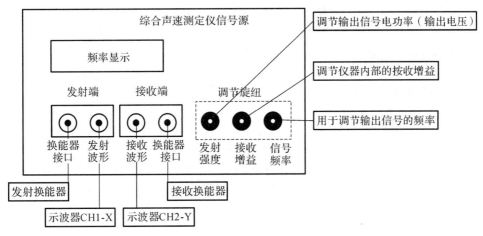

图 4 - 50　系统连接示意图

（二）振幅法测量声速

振幅法测量声速实验步骤如图 4 - 51 所示。

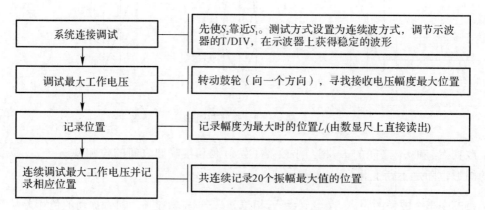

系统连接调试	先使S_2靠近S_1。测试方式设置为连续波方式，调节示波器的T/DIV，在示波器上获得稳定的波形
调试最大工作电压	转动鼓轮（向一个方向），寻找接收电压幅度最大位置
记录位置	记录幅度为最大时的位置L_i(由数显尺上直接读出)
连续调试最大工作电压并记录相应位置	共连续记录20个振幅最大值的位置

图 4 - 51　振幅法测量声速实验步骤

（三）相位法测量声速

相位法测量声速实验步骤如图 4 - 52 所示。

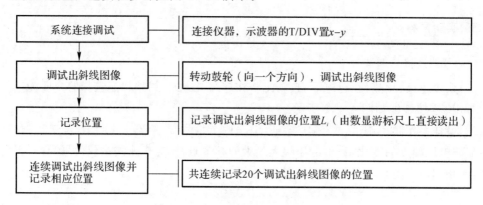

系统连接调试	连接仪器，示波器的T/DIV置$x-y$
调试出斜线图像	转动鼓轮（向一个方向），调试出斜线图像
记录位置	记录调试出斜线图像的位置L_i（由数显游标尺上直接读出）
连续调试出斜线图像并记录相应位置	共连续记录20个调试出斜线图像的位置

图 4 - 52　位法测量声速实验步骤

六、数据记录与处理

（一）实验数据处理表格

建立表格并记录数据，见表 4 - 14。

表 4 - 14　振幅法/相位法测量空气中声速数据处理表格

$f=$____ kHz, $t=$____ ℃

测量次数	位置 L/mm	测量次数	位置 L/mm	$\lambda = \dfrac{L_{i+10} - L_i}{5}$
1		11		
2		12		

续表

测量次数	位置 L/mm	测量次数	位置 L/mm	$\lambda = \dfrac{L_{i+10} - L_i}{5}$
3		13		
4		14		
5		15		
6		16		
7		17		
8		18		
9		19		
10		20		
声波波长平均值				
声速				

(二)数据处理

求出 $u_{理} = u_0 \sqrt{T/T_0}$ 求出 $u_{理}$，与测量 $\bar{u}$ 比较，求出相对误差。式中 $u_0 = 331.30 \ \text{m·s}^{-1}$ 为 $T_0 = 273.15 \ \text{K}$ 时的声速，$T = T_0 + t$。

七、注意事项

(1)电表使用前要调零校准；

(2)电表使用时要注意电表的正负极性以及量程选取。

八、拓展训练

通过实验比较时差法、驻波法、相位法测量声速的精度。

九、思考与讨论

(1)振幅法时最小振幅为什么不为零？

(2)如何操作能够测量到最佳位置？

(3)测量声波波长,振幅法和相位法比较,哪种更准确？为什么？

十、课堂延伸

声波的应用

声波是声音的传播形式,发出声音的物体称为声源。声波是一种机械波,由声源振动产生,声波传播的空间就称为声场。人耳可以听到的声波的频率一般在 $20 \sim 20 \ \text{kHz}$ 之间。声波可以理解为介质偏离平衡态的小扰动的传播。这个传播过程只是能量的传递过程,而不发生质量的传递。若扰动量比较小,则声波的传递满足经典的波动方程,是线性波。若扰动很大,则不满足线性的声波方程,会出现波的色散和激波的产生。表现为可视化波形的声波,声音始于空气质点的振动,如吉他弦、人的声带或扬声器纸盆产生的振动。这些振动一起推动邻近的空气分子,而轻微增加空气压力。压力下的空气分子随后推动周围的空气分子,后者又推动下一组分子,以此类推。高压区域穿过空气时,在后面留下低压区域。当这些压力波的变化到达人耳时,会振动耳中的神经末梢,我们将这些振动听为声音。根据声波频率的不同,可以分为以下几类:频率低于 20 Hz 的声波称为次声波或超低声;频率 20～20 kHz 的声波称为可闻声;频率 20 kHz～1 GHz 的声波称为超声波;频率大于 1 GHz 的声波称为特超声或微波超声。

声波在研究地球的内部物质组成和结构、建筑工程学、油气勘探中的声波测井等方面具有重要作用。此外超声波和次声波由于其特有的性质,还具有其他特殊的用途。

(一)超声波

超声波的"超"字是因为其频段下界超过人的听觉而来,但如果按波长角度来分析,实际上超声波的波长更短。科学家们将一个波相邻两个波峰或波谷间的距离称为波长,人类耳朵能听到的机械波波长为 2 cm～20 m。因此,我们把波长短于 2 cm 的机械波称为超声波。但在实际应用中,一般波长在 3.4 cm 以下(10 000 Hz 以上)的机械波,就可以视作超声波研究。通常用于医学诊断的超声波波长为 10～350 μm。

超声波是一种机械波,它必须依靠介质进行传播,无法存在于真空(如太空)中,因此人们无法在真空中使用超声波,但我们仍然可以使用和电磁波有关的设备(包括无线电波、微波、红外线、可见光、紫外线、X 射线、伽马射线等),对电磁波技术进行利用。

1. 检验

超声波的波长比一般声波要短,具有较好的各向异性,而且能透过不透明物质,这一特性已被用于超声波探伤和超声成像技术。超声成像利用超声波呈现不透明物内部形象的技术,把从换能器发出的超声波经声透镜聚焦在不透明试样上,从试样透出的超声波携带了被照部位的信息(如对机械波的反射、吸收和散射的能力),经声透镜汇聚在压电接收器上,所得电信号输入放大器,利用扫描系统可把不透明试样形象显示在荧光屏上。上述装置称为超声显微镜。超声成像技术已在医疗检查方面获得普遍应用,在微电子器件制造业中用来对大规模集成电路进行检查,在材料科学中用来显示合金中不同组分的区域和晶粒间界等。声全息术是利用超声波的干涉原理记录和重现不透明物的立体图像的成像技术,其原理与光波的全息术基本相同,只是记录手段不同而已。用同一短波信号源激励两个放置在液体中的换能器,它们分别发射两束相干的超声波:一束透过被研究的物体后成为物波,另一束作为参考波。物波和参考波在液面上相干叠加形成声全息图,用激光束照射声全息图,利用激光在声全息图上反射时产生的衍射效应而获得物的重现像,通常用摄像机和电视机作实时观察。

2. 清洗

清洗的超声波应用原理是由超声波发生器发出的短波信号,通过换能器转换成短波机械波而传播到介质,清洗溶剂中超声波在清洗液中疏密相间地向前辐射,使液体流动而产生数以万计的微小气泡,存在于液体中的微小气泡(空化核),当声强达到一定值时,气泡迅速增长,然后突然闭合,在气泡闭合时产生冲击波,在其周围产生上千个大气压力,破坏不溶性污物而使它们分散于清洗液中,当固体粒子被油污裹着而黏附在清洗件表面时,油被乳化,固体粒子即脱离,从而达到清洗件表面净化的目的。

3. 加湿器

在中国北方干燥的冬季,如果把超声波通入水罐中,那么机械波会使罐中的水破碎成许多小雾滴,再用小风扇把雾滴吹入室内,就可以增加室内空气湿度,这就是超声波加湿器的原理。如咽喉炎、气管炎等疾病,很难利用血流使药物到达患病的部位,利用加湿器的原理,把药液雾化,让病人吸入,能够提高疗效。在大功率情况下,利用超声波巨大的能量还可以使人体内的结石在机械波的作用下而破碎,从而减缓病痛,达到治愈的目的。超声波在医学方面,可以对物品进行杀菌消毒。

4. 基础研究

超声波作用于介质后,在介质中产生声弛豫过程,声弛豫过程伴随着能量在分子各自电度间的输运过程,并在宏观上表现出对机械波的吸收。通过物质对超声的吸收规律可探索物质的特性和结构,这方面的研究构成了分子声学这一声学分支。普通声波的波长远大于固体中的原子间距,在此条件下固体可当作连续介质。但对波长在 300 pm 以下的特超声波,波长可与固体中的原子间距相比拟,此时必须把固体当作是具有空间周期性的点阵结构。点阵的能量是量子化的,称为声子(见固体物理学)。特超声对固体的作用可归结为特超声与声子、电子、光子和各种准粒子的相互作用。对固体中特超声的产生、检测和传播规律的研究,以及量子液体——液态氦中声现象的研究构成了近代声学的新领域。

5. 除油

将黏附有油污的制件放在除油液中,并使除油过程处于一定波长的超声波场作用下的除油过程,称为超声波除油。引入超声波可以强化除油过程、缩短除油时间、提高除油质量、降低药品的消耗量。尤其对复杂外形零件、小型精密零件、表面有难除污物的零件及绝缘材料制成的零件有显著的除油效果,可以省去费时的手工劳动,防止零件的损伤。超声波除油的效果与零件的形状、尺寸、表面油污性质、溶液成分、零件的放置位置等有关,因此,最佳的超声波除油工艺要通过试验确定。超声波除油所用的波长一般为 1.1 cm 左右。零件小时,采用短一些的波长;零件大时,采用较长的波长。超声波波长短,几乎只能直线传播,而难以衍射,所以难以达到被遮蔽的部分,因此应该使零件在除油槽内旋转或翻动,以使其表面上各个部位都能得到超声波的辐射,受到较好的除油效果。另外超声波除油溶液的浓度和温度要比相应的除油低,以免影响超声波的传播,也可减少金属材料表面的腐蚀。

6. 医学检查

医学超声波检查的工作原理是将超声波发射到人体内,当它在体内遇到界面时会发生反射及折射,并且在人体组织中可能被吸收而衰减。由于人体各种组织的形态与结构是不相同的,因此其反射与折射以及吸收超声波的程度也就不同,医生们正是通过仪器所反映出的波形、曲线,或影像的特征来辨别它们。此外再结合解剖学知识、正常与病理的改变,便可诊断所检查的器官是否有病。

7. 工业自动化控制

利用机械波反射、衍射、多普勒效应,制造超声波物位计、超声波液位计、超声波流量计等。

8. 制药

注射用医药物质的分散——将磷脂类与胆固醇混合用适当方法与药物混合在水溶液中,经超声分散,可以得到更小粒子(0.1 μm 左右)供静脉注射。

草药提取——利用超声分散破坏植物组织,加速溶剂穿透组织作用,提高中草药有效成分提取率。如金鸡纳树皮中全部生物碱用一般方法浸出需 5 h 以上,采用超声分散只要半小时即可完成。

制备混悬剂——在超声空化和强烈搅拌下,将一种固体药物分散在含有表面活性剂的水溶液中,可以形成 1 μm 左右的口服或静脉注射混悬剂,例如静注喜树碱混悬剂、肝脏造影剂、硫酸钡混悬剂。

制备疫苗——将细胞或病毒借助于超声分散将其杀死以后,再用适当方法制成疫苗。

(二)次声波

频率小于 20 Hz 的声波叫作次声波。次声波不容易衰减,不易被水和空气吸收。而次声波的波长往往很长,因此能绕开某些大型障碍物发生衍射。某些次声波能绕地球 2 至 3 周。某些频率的次声波由于和人体器官的振动频率相近甚至相同,容易和人体器官产生共振,对人体有很强的伤害性,危险时可致人死亡。在自然界中,海上风暴、火山爆发、大陨石落地、海啸、电闪雷鸣、波浪击岸、水中漩涡、空中湍流、龙卷风、磁暴、极光、地震等都可能伴有次声波的发生。在人类活动中,诸如核爆炸、导弹飞行、火炮发射、轮船航行、汽车疾驰、高楼和大桥摇晃,甚至像鼓风机、搅拌机、扩音喇叭等在发声的同时也都能产生次声波。

次声波的特点是来源广、传播远、能够绕过障碍物传得很远。次声的声波频率很低,在 20 Hz 以下,波长却很长,传播距离也很远。它比一般的声波、光波和无线电波都要传得远。例如,频率低于 1 Hz 的次声波,可以传到几千米至上万千米以外的地方。次声波具有极强的穿透力,不仅可以穿透大气、海水、土壤,而且还能穿透坚固的钢筋水泥构成的建筑物,甚至连坦克、军舰、潜艇和飞机都不在话下。次声波的传播速度和可闻声波相同,由于次声波频率很低,大气对其吸收甚小,当次声波传播几千千米时,其吸收还不到万分之几,所以它传播的距离较远,能传到几千米至十几万千米以外。1883 年 8 月,南苏门答腊岛和爪哇岛之间的克拉卡托火山爆发,产生的次声波绕地球三圈,全长十多万公里,历时 108 h。1961 年,苏联在北极圈内新地岛进行核试验激起的次声波绕地球转了 5 圈。7 000 Hz 的声波用一张纸即可阻挡,而 7 Hz 的次声波可以穿透十几米厚的钢筋混凝土。地震或核爆炸所产生的次声波可将岸上的房屋摧毁。次声如果和周围物体发生共振,能放出相当大的能量。如 4～8 Hz 的次声能在人的腹腔里产生共振,可使心脏出现强烈共振和肺壁受损。次声波会干扰人的神经系统正常功能,危害人体健康。一定强度的次声波,能使人头晕、恶心、呕吐、丧失平衡感甚至精神沮丧。有人认为,晕车、晕船就是车、船在运行时伴生的次声波引起的。住在十几层高的楼房里的人,遇到大风天气,往往感到头晕、恶心,这也是因为大风使高楼摇晃产生次声波的缘故。更强的次声波还能使人耳聋、昏迷、精神失常甚至死亡。

1890 年,一艘名叫马尔波罗号的帆船在从新西兰驶往英国的途中,突然神秘地失踪了。20 年后,人们在火地岛海岸边发现了它。奇怪的是,船上的东西都原封未动,完好如初。船长航海日记的字迹仍然依稀可辨;就连那些死已多年的船员,也都各在其位,保持着当年在岗时的姿势。1948 年初,一艘荷兰货船在通过马六甲海峡时,一场风暴过后,全船海员莫名其妙地死光。在匈牙利鲍拉得利山洞入口,3 名旅游者齐刷刷地突然倒地,停止了呼吸……

上述惨案,引起了科学家们的普遍关注,其中不少人还对船员的遇难原因进行了长期的研究。就以上述那桩惨案来说,船员们是怎么死的？是死于天火或是雷击的吗？不是,因为船上没有丝毫燃烧的痕迹。是死于海盗的刀下的吗？不！遇难者遗骸上没有看到死前打斗的迹象。是死于饥饿干渴的吗？也不是,船上当时贮存着足够的食物和淡水。是自杀还是他杀？死因何在？凶手是谁？检验的结果是:在所有遇难者身上,都没有找到任何伤痕,也不存在中毒迹象。显然,谋杀或者自杀之说已不成立。那么,是以疾病一类心脑血管疾病的突然发作致死的吗？法医的解剖报告表明,死者生前个个都很健壮！

经过反复调查,终于弄清了制造上述惨案的凶手,是一种为人们所不很了解的次声声波。

原来,人体内脏固有的振动频率和次声频率相近似(0.01～20 Hz),倘若外来的次声频率与人体内脏的振动频率相似或相同,就会引起人体内脏的共振,从而使人产生上面提到的头晕、烦躁、耳鸣、恶心等等一系列症状。特别是当人的腹腔、胸腔等固有的振动频率与外来次声频率一致时,更易引起人体内脏的共振,使人体内脏受损而丧命。前面开头提到的发生在马六甲海峡的那桩惨案,就是因为这艘货船在驶近该海峡时,恰遇上海上起了风暴,风暴与海浪摩擦,产生了次声波。次声波使人的心脏及其他内脏剧烈抖动、狂跳,以致血管破裂,最后促使死亡。因此,科学家们发现,当次声波的振荡频率与人们的大脑节律相近,且引起共振时,能强烈刺激人的大脑,轻者恐惧,狂躁不安。重者突然晕厥或完全丧失自控能力,乃至死亡。当次声波振荡频率与人体内脏器官的振荡节律相当,而当人处在强度较高的次声波环境中,五脏六腑就会发生强烈的共振。刹那间,大小血管就会一齐破裂,导致死亡。

正因为次声波对人体能造成危害,世界上有许多国家已明确将其列为公害之一,并规定了最大允许次声波的标准,从声源、接受噪声、传播途径入手,实施了可行的防治方法。

从 20 世纪 50 年代起,核武器的发展对次声学的建立起了很大的推动作用,使得对次声接收、抗干扰方法、定位技术、信号处理和传播等方面的研究都有了很大的发展,次声的应用也逐渐受到人们的注意。其实,次声的应用前景十分广阔,大致有以下几个方面:

(1)研究自然次声的特性和产生机制,预测自然灾害性事件。例如,台风和海浪摩擦产生的次声波,由于它的传播速度远快于台风移动速度,人们利用一种叫水母耳的仪器,监测风暴发出的次声波,即可在风暴到来之前发出警报。利用类似方法,也可预报火山爆发、雷暴等自然灾害。

(2)通过测定自然或人工产生的次声在大气中传播的特性,可探测某些大规模气象过程的性质和规律。如沙尘暴、龙卷风及大气中电磁波的扰动等。

(3)通过测定人和其他生物的某些器官发出的微弱次声的特性,可以了解人体或其他生物相应器官的活动情况。例如,人们研制出的次声波诊疗仪可以检查人体器官工作是否正常。

(三)声波武器

当人没有任何保护的情况下处在存在 120 dB 以上的音量可听声音的环境里会感到不适或损伤听力系统,当音量上升到 150 dB 以上时,处在这种环境的人将出现鼓膜破裂出血,失去听力,甚至还会精神失常。经过研究发现次声波不容易衰减,不易被水和空气吸收,次声波的波长往往很长,因此能像电磁波一样绕开障碍物发生衍射,杀伤范围很大,但难以控制方向。大功率的次声波能令内脏产生强烈共振,使人感到恶心、头痛、呼吸困难甚至会导致血管破裂,内脏损伤。而大功率的超声波的作用效果与次声波差不多,但传递方向性比次声波好,几乎沿直线传播,容易控制,直线穿透能力强,但杀伤范围小。一般声波武器都不会使用人类可听频率范围内的声波,因为次声波与超声波隐蔽性强。

1.次声波武器

次声波武器可分为两类。一类是神经型次声波武器,其振荡频率同人类大脑的节律极为近似,产生共振时,会强烈刺激人的大脑,使人神经错乱,癫狂不止。另一类是内脏器官型次声波武器,其振荡频率与人体内脏器官的固有振荡频率相近,当产生共振时,会使人的五脏六腑剧痛无比,甚至导致人体异常,直至死亡。

2.强声波武器

强声波武器能发出足以威慑来犯者或使来犯者失去行动能力的强声波,而不会对人体造成长期的危害。它主要用于保护军事基地等重要设施。当有人靠近时,这种声学武器首先发出声音警告来人。如果来人继续靠近,声音就会变得令人胆战心惊。假如来人置之不理还继续逼近,这种声学武器就会使他们丧失行动能力。

3.超声波武器

超声波武器能利用高能超声波发生器产生高频声波,造成强大的空气压力,使人产生视觉模糊、恶心等生理反应,从而使人员战斗力减弱或完全丧失作战能力。这种武器甚至能使门窗玻璃破碎,而且躲进坦克与防空洞内也不能避免,他可以穿过 15 m 的混凝土墙与坦克钢板,严重的话使人直接死亡。

4.噪声波武器

噪声波武器也可以分为两种。一种是专门用来对准敌方指挥部的定向噪声波武器,它利用小型爆炸产生的噪声波来麻痹敌指挥人员的听觉和中枢神经,必要时可使人员在两分钟内昏迷。另一种是噪声波炸弹,它同样可以麻痹人的听觉和中枢神经,使人昏迷,主要用于对付劫机等恐怖分子活动,据称效果很好。

5.集束声波脉冲

集束声波脉冲利用流体压缩技术把高能声波加载在高速推进的流体上,令高速推进的流体像冲击波一样,而且又带有高能声波的特性。

第十节 电阻应变式传感器性能比较实验

传感器(Transducer/Sensor)是一种检测装置,能感受到被测量的信息,并能将感受到的信息,按照一定的规律变换成为电信号或其他所需形式的信息输出,以满足信息的传输、处理、存储、显示、记录和控制等要求,通常由敏感元件、转换元件和一些信号调节电路组成。

传感器的特点包括微型化、数字化、智能化、多功能化、系统化、网络化。它是实现自动检测和自动控制的首要环节。传感器的存在和发展,让物体有了触觉、味觉和嗅觉等感官,让物体慢慢活了起来。传感器的种类繁多,通常根据其基本感知功能分为热敏元件、光敏元件、气敏元件、力敏元件、磁敏元件、湿敏元件、声敏元件、放射线敏感元件、色敏元件和味敏元件等,被极其广泛地应用于科研、国防、工业、日常生活等各个领域。了解、研究和掌握传感器技术,是时代对广大科技工作者的要求。本实验的主要目的就是介绍典型传感器的结构以及工作原理,使实验者对传感器有一个初步的基本认知。

一、实验目的

基本要求:(1)了解金属箔式应变片的应变效应;

(2)掌握单臂、半桥、全桥电路的工作原理和性能;

(3)对比单臂电桥、半桥、全桥的性能及特点,了解全桥测量电路的优点。

拓展要求:课下尝试制作简易电子秤,并思考其和实际的电子秤之间还存在哪些差距。

二、预习要求

(1)能说出传感器的基本概念,知道什么是金属箔式应变片的应变效应;

(2)能够自行构建单臂电桥、半桥和全桥的基本电路。

三、仪器物品

CSY-2000D 型传感器检测技术实验台:包括主机箱、传感器、实验模板(实验电路)、转动源、振动源、温度源、数据采集卡以及处理软件等。

其中主机箱:提供高稳定的 ± 15 V、± 5 V、$+5$ V、$\pm 2 \sim \pm 10$ V(步进可调)、$+2 \sim +24$ V(连续可调)直流稳压电源;音频信号源(音频振荡器)$1 \sim 10$ kHz(连续可调);低频信号源(低频振荡器)$1 \sim 30$ Hz(连续可调);传感器信号调理电路;智能调节仪;计算机通信口;主机箱上装有电压、气压等相关数显表。其中,直流稳压电源、音频振荡器、低频振荡器都具有过载保护功能,在排除接线错误后重新开机恢复正常工作。主机箱右侧装有供电电源插板以及漏电保护开关。

其中实验模板为应变实验模板(见图 4-53):实验模板中的 R_1、R_2、R_3、R_4 为 4 个应变片,常态时阻值为 350 Ω,分别固定在了弹性体中。图 4-53(b)中没有文字标记的 5 个电阻符号下面是空的,其中 4 个规则放置是为了方便实验者组成电桥而设计的,有文字标记的 3 个电阻 R_5、R_6、R_7 为定值电阻,常温下阻值也都是 350 Ω,加热丝电阻值为 50 Ω 左右。

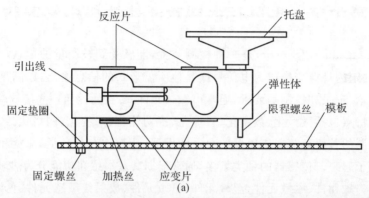

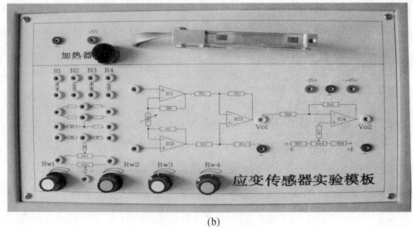

图 4 - 53 应变实验模板

(a)平视图;(b)俯视图

四、实验原理

(一)电阻的应变效应

电阻丝在外力作用下发生机械形变时,其电阻值发生变化,这就是电阻的应变效应,描述电阻应变效应的关系式为

$$S = \frac{\Delta U}{\Delta W}$$

式中:$S = \dfrac{\Delta U}{\Delta W}$ 为电阻丝电阻相对变化;K 为应变灵敏系数;$S = \dfrac{\Delta U}{\Delta W}$ 为电阻丝长度相对变化。

金属箔式应变片就是通过光刻、腐蚀等工艺制成的应变敏感元件,通过它转换被测部位受力状态的变化。

如图 4 - 52(a)所示,应变式传感器(电子秤传感器)已装于应变传感器模板上。传感器中的 4 个应变片和加热电阻已连接在实验模板左上方的 R_1、R_2、R_3、R_4 和加热器上。其中上面两个应变片为 R_1、R_3,下面两个应变片为 R_4、R_2,当传感器托盘支点受压时,R_1、R_3 阻值增大,R_4、R_2 阻值减小。而电桥的作用则是完成从电阻到电压的比例变化,最终电桥的输出电压反映了相应的受力状态。

(二)应变式电桥

应变式中桥如图 4-54 所示。

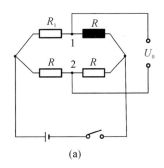 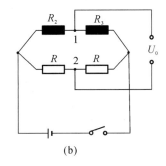 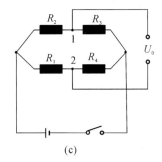

(a) (b) (c)

图 4-54 应变式电桥

1.单臂电桥

如图 4-54(a)图所示,R_1 为应变式电阻,1 和 2 点间的输出电压为 U_0,有

$$U_0 = U_1 - U_2$$
$$= \left(\frac{R_1 + \Delta R_1}{R_1 + \Delta R_1 + R} - \frac{R}{R + R}\right)E$$
$$= \left(\frac{R_1 + \Delta R_1}{R_1 + \Delta R_1 + R} - \frac{1}{2}\right)E$$

又因为 $\Delta R_1/R_1 \ll 1$,且 $R_1 = R_2 = R_3 = R_4$,有

$$U_0 \approx \frac{1}{4} \cdot \frac{\Delta R_1}{R_1} \cdot E = \frac{1}{4}K\varepsilon E$$

所以单臂电桥的电压灵敏度为

$$S = \frac{U_0}{\Delta R_1/R_1} \approx \frac{1}{4}E$$

2.半桥

如图 4-54(b)所示,R_2 和 R_3 为应变式电阻,同上有

$$U_0 \approx \frac{1}{2} \cdot \frac{\Delta R_1}{R_1}E$$
$$S \approx \frac{1}{2}E$$

3.全桥

如图 4-54(c)所示,R_1、R_2、R_3、R_4 为应变式电阻,同理有

$$U_0 \approx \frac{\Delta R_1}{R_1}E$$
$$S \approx E$$

因此对于单臂电桥,其输出电压 $U_0 \approx (1/4)K\varepsilon E$,而将不同受力方向的两只应变片接入

电桥作为邻边构成半桥,其桥路输出电压 $U_0 \approx (1/2)K\varepsilon E$,电桥输出的灵敏度提高,非线性误差也得到改善;全桥电路中,将受力方向相同的两个应变片接入电桥对边,相反的应变片接入电桥邻边。当 4 个应变片初始阻值相等时,其桥路输出电压 $U_0 \approx K\varepsilon E$,输出灵敏度比半桥又提高了一倍,非线性误差和温度误差均得到改善。

五、实验内容

1. 单臂电桥性能实验

(1)连线:按照图 4-55 所示连接线路,构成应变式单臂电桥。从主机箱上"直流稳压电源"部分 $\pm 2 \sim \pm 10$ V(步进可调)找到 ± 4 V 电压输出给直流电桥,找到 ± 15 V 电压输出给放大电路。注意:± 15 V 电压千万不能连错,否则容易烧坏电路模板。

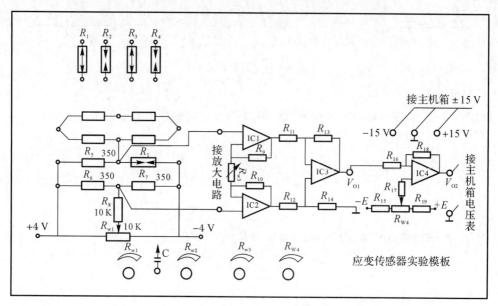

图 4-55　应变片单臂电桥性能实验接线示意图

(2)调零:①将图 4-55 中实验模板上放大器的两输入端的引线暂时脱开,再用导线将两输入端短接($V_i = 0$),调节放大器的增益电位器 R_{w3} 大约到中间位置(先逆时针旋到底,再顺时针旋转 2 圈,注意 R_{w3} 的位置一旦确定,不能改变);将主机箱电压表的量程切换开关打到 2 V 挡,合上主机箱电源开关;调节实验模板放大器的调零电位器 R_{w4},使电压表显示为零。②拆去放大器输入端口的短接线,调节实验模板上的桥路平衡电位器 R_{w1},使主机箱电压表显示为零。

(3)单臂电桥实验:在应变传感器的托盘上放置一只砝码,读取数显表数值,依次增加砝码和读取相应的数显表值,直到 200 g 砝码加完。记下实验数据填入表 4-15 画出实验曲线,计算灵敏度 S 和非线性误差 δ。实验完毕,关闭电源。

表 4-15　单臂电桥实验数据记录

质量/g								
电压/mV								

2.半桥性能实验

(1)按照图4-56连接线路,放大器部分连线不变。

(2)确认主机箱上电压表量程为2 V挡,合上主机箱电源开关,调节实验模板上桥路平衡电位器R_{w1},使主机箱电压表显示为零(R_{w3}和R_{w4}位置不再进行调节)。

(3)在应变传感器的托盘上依次增加砝码,读取数显表数值,直到200 g砝码加完。按照表4-15格式记录相应的实验数据,并形成表格。

3.全桥性能实验

(1)按照图4-57连接线路,放大器部分连线不变。

(2)确认主机箱上电压表量程为2 V挡,合上主机箱电源开关,调节实验模板上桥路平衡电位器R_{w1},使主机箱电压表显示为零(R_{w3}和R_{w4}位置不再进行调节)。

(3)在应变传感器的托盘上依次增加砝码,读取数显表数值,直到200 g砝码加完。按照表4-15记录相应的实验数据形成表格。

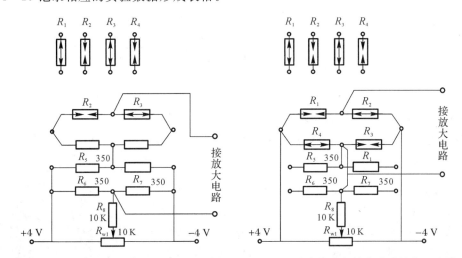

图4-56 应变片半桥性能实验接线示意图 图4-57 应变片全桥性能实验接线示意图

六、数据记录与处理

(1)在同一坐标系中描出三个系统的$W-U$曲线,比较三种接法的灵敏度。

(2)根据表格中的数据分别计算单臂、半桥和全桥电路系统的灵敏度S和非线性误差δ,即

$$S = \frac{\Delta U}{\Delta W}$$

$$\delta = \frac{\Delta m}{y_{FS}} \times 100\%$$

式中:ΔU为输出电压变化量;ΔW为质量变化量;Δm(多次测量时为平均值)为输出值与拟合直线的最大偏差;y_{FS}满量程输出平均值,此处为200 g。

七、注意事项

(1)应变片防止撞击和磕碰,不要在砝码盘上放置超过 1 kg 的重物,否则容易损坏。
(2)电桥的电压为±4 V,接线一定要看清,绝不可接错成±15 V。
(3)放大电路右上角的±15 V 接线时一定要注意正负极性,且切不可将电源短接。

八、拓展训练

(1)思考并总结:单臂电桥,作为桥臂电阻应变片应选用的电阻有什么要求没有?
(2)半桥电路,两片受力状态不同的应变片接入电路时应放在什么位置?
(3)全桥电路,当两组对边电阻值相同,而相邻电阻不同时,能否构成全桥?

九、思考与讨论

引起半桥测量非线性误差的原因是什么?

十、课堂延伸

称重传感器

图 4-58 所示为一种称重传感器,是称衡器上使用的一种力传感器。电阻应变式称重传感器,它能将作用在被测物体上的重力按一定比例转换成可计量的输出信号。不同使用地点的重力加速度和空气浮力对转换的影响,称重传感器的性能指标主要有线性误差、滞后误差、重复性误差、蠕变、零点温度特性和灵敏度温度特性等。

(一)简要介绍

传统概念上,负荷传感器是称重传感器、测力传感器的统称,用单项参数评价它的计量特性。旧国标将应用对象和使用环境条件完全不同的"称重"和"测力"两种传感器合二为一来考虑,对试验和评价方法未给予区分。旧国标共有 21 项指标,均在常温下进行试验,并用非线性、滞后误差、重复性误差、蠕变、零点温度附加误差以及额定输出温度附加误差 6 项指标中的最大误差,来确定称重传感器准确度等级,分别用0.02、0.03、0.05 表示。

图 4-58 一种称重传感器

考虑到不同使用地点的重力加速度和空气浮力对转换的影响,称重传感器的性能指标主要有线性误差、滞后误差、重复性误差、蠕变、零点温度特性和灵敏度温度特性等。在各种衡器和质量计量系统中,通常用综合误差带来综合控制传感器准确度,并将综合误差带与衡器误差带联系起来,以便选用对应于某一准确度衡器的称重传感器。国际法制计量组织(OIML)规定,传感器的误差带 δ 占衡器误差带 Δ 的 70%,称重传感器的线性误差、滞后误差以及在规定温度范围内由于温度对灵敏度的影响所引起的误差等的总和不能超过误差带δ。这就允许制造厂对构成计量总误差的各个分量进行调整,从而获得期望的准确度。

(二)种类划分

称重传感器按转换方法不同分为光电式传感器、液压式传感器、电磁力式传感器、电容式传感器、磁极变形式传感器、振动式传感器、陀螺仪式传感器、电阻应变式传感器等 8 类,以电阻应变式传感器使用最广。

(1)光电式传感器:包括光栅式传感器和码盘式传感器两种。光栅式传感器利用光栅形成的莫尔条纹把角位移转换成光电信号。光栅有两块,一为固定光栅,另一为装在表盘轴上的移动光栅。加在承重台上的被测物通过传力杠杆系统使表盘轴旋转,带动移动光栅转动,使莫尔条纹也随之移动。利用光电管、转换电路和显示仪表,即可计算出移过的莫尔条纹数量,测出光栅转动角的大小,从而确定和读出被测物质量。

码盘式传感器的码盘(符号板)是一块装在表盘轴上的透明玻璃,上面带有按一定编码方法编定的黑白相间的代码。加在承重台上的被测物通过传力杠杆使表盘轴旋转时,码盘也随之转过一定角度。光电池将透过码盘接收光信号并转换成电信号,然后由电路进行数字处理,最后在显示器上显示出代表被测质量的数字。光电式传感器曾主要用在机电结合秤上。

(2)液压式传感器。在受被测物重力 P 作用时,液压油的压力增大,增大的程度与 P 成正比。测出压力的增大值,即可确定被测物的质量。液压式传感器结构简单而牢固,测量范围大,但准确度一般不超过 1/100。

(3)电磁力式传感器。利用承重台上的负荷与电磁力相平衡的原理工作。当承重台上放有被测物时,杠杆的一端向上倾斜;光电件检测出倾斜度信号,经放大后流入线圈,产生电磁力,使杠杆恢复至平衡状态。对产生电磁平衡力的电流进行数字转换,即可确定被测物质量。电磁力式传感器准确度高,可达 1/2 000～1/60 000,但称量范围仅在几十毫克至 10 kg。

(4)电容式传感器。利用电容器振荡电路的振荡频率 f 与极板间距 d 的正比例关系工作。极板有两块,一块固定不动,另一块可移动。在承重台加载被测物时,板簧挠曲,两极板之间的距离发生变化,电路的振荡频率也随之变化。测出频率的变化即可求出承重台上被测物的质量。电容式传感器耗电量少,造价低,准确度为 1/200～1/500。

(5)磁极变形式传感器。铁磁元件在被测物重力作用下发生机械变形时,内部产生应力并引起导磁率变化,使绕在铁磁元件(磁极)两侧的次级线圈的感应电压也随之变化。测量出电压的变化量即可求出加到磁极上的力,进而确定被测物的质量。磁极变形式传感器的准确度不高,一般为 1/100,适用于大吨位称量工作,称量范围为几十至几万千克。

(6)振动式传感器。弹性元件受力后,固有振动频率与作用力的平方根成正比。测出固有频率的变化,即可求出被测物作用在弹性元件上的力,进而求出其质量。振动式传感器有振弦式传感器和音叉式传感器两种。

振弦式传感器的弹性元件是弦丝。当承重台上加有被测物时,V 形弦丝的交点被拉向下,且左弦的拉力增大,右弦的拉力减小。两根弦的固有频率发生不同的变化。求出两根弦的频率之差,即可求出被测物的质量。振弦式传感器的准确度较高,可达 1/1 000～1/10 000,称量范围为 100 g 至几百千克,但结构复杂,加工难度大,造价高。

音叉式传感器的弹性元件是音叉。音叉端部固定有压电元件,它以音叉的固有频率振荡,并可测出振荡频率。当承重台上加有被测物时,音叉拉伸方向受力而固有频率增加,增加的程度与施加力的平方根成正比。测出固有频率的变化,即可求出重物施加于音叉上的力,进而求出重物质量。音叉式传感器耗电量小,计量准确度高达 1/10 000～1/200 000,称量范围为 0.5～10 kg。

(7)陀螺仪式。转子装在内框架中,以角速度 ω 绕 X 轴稳定旋转。内框架经轴承与外框架连接,并可绕水平轴 Y 倾斜转动。外框架经万向联轴节与机座连接,并可绕垂直轴 Z 旋转。转子轴(X 轴)在未受外力作用时保持水平状态。转子轴的一端在受到外力($P/2$)作用时,产生倾斜而绕垂直轴 Z 转动(进动)。进动角速度 ω 与外力 $P/2$ 成正比,通过检测频率的方法测出 ω,即可求出外力大小,进而求出产生此外力的被测物的质量。

陀螺仪式传感器响应时间快(5 s),无滞后现象,温度特性好(3 ppm),振动影响小,频率测量准确精度高,故可得到高的分辨率(1/100 000)和高的计量准确度(1/30 000～1/60 000)。

(8)电阻应变式:利用电阻应变片变形时其电阻也随之改变的原理工作,主要由弹性元件、电阻应变片、测量电路和传输电缆部分组成。电阻应变片贴在弹性元件上,弹性元件受力变形时,其上的应变片随之变形,并导致电阻改变。测量电路测出应变片电阻的变化并变换为与外力大小成比例的电信号输出。电信号经处理后以数字形式显示出被测物的质量。

电阻应变式传感器的称量范围为几十克至数百吨,计量准确度达 1/1 000～1/10 000,结构较简单,可靠性较好。大部分电子衡器均使用此传感器。

第十一节　转速测量

转速是性能测试中的一个重要的特性参量,动力机械许多特性参数的确定都离不开与转速相关的函数关系,所以转速测量是工业生产各个领域的要点。

转速测量的方法分为两大类:直接法和间接法。直接法即直接观测机械或电机的机械运动,测量待定时间内机械旋转的圈数,从而测出机械运动的转速。间接法即测量由于机械或电机的转动而导致的其他物理量的变化,再通过该物理量和转速之间的关系来间接确定转速。因为机械或电机的机械运动而产生的变化并与转速有关的物理量有很多,所以间接测量转速的方法有很多。

一、实验目的

(1)掌握霍尔转速传感器、磁电式转速传感器、光电式转速传感器、电涡流式转速传感器的工作原理和使用方法;

(2)使用上述转速传感器测量转速。

二、预习要求

(1)了解传感器的概念,知道什么是转速传感器;

(2)掌握霍尔转速传感器、磁电式转速传感器、光电式转速传感器、电涡流式转速传感器的工作原理;

（3）了解实验的基本内容和步骤。

三、仪器物品

主机箱、转动源、霍尔转速传感器、磁电式转速传感器、光电式转速传感器、电涡流传感器测转速转动源、电涡流传感器实验模板等。

四、实验原理

霍尔转速传感器测速实验：利用霍尔效应 $U_H = K_H IB$，当被测圆盘上装上 N 只磁性体时，圆盘每转一周磁场就变化 N 次。每转一周霍尔电动势就同频率相应变化，输出的电动势通过放大、整形和计数电路就可以测量被测旋转物的转速。

磁电式转速传感器测速实验：基于电磁感应原理，N 匝线圈所在磁场的磁通变化时，线圈中感应电势发生变化，因此当转盘上嵌入 N 个磁棒时，每转一周线圈感应电势产生 N 次的变化，通过放大、整形和计数等电路即可以测量转速。

光电式转速传感器测速实验：光电式转速传感器有反射型和透射型两种，本实验装置是透射型的（光电断续器），传感器端部内侧分别装有发光管和光电管，发光管发出的光源透过转盘上通孔后由光电管接收转换成电信号，由于转盘上有均匀间隔的 6 个孔，转动时将获得与转速有关的脉冲数，将脉冲计数处理即可得到转速值。

电涡流式转速传感器测速实验：通过交变电流的线圈产生交变磁场，当金属体处在交变磁场时，根据电磁感应原理，金属体内产生电流，该电流在金属体内自行闭合，并呈旋涡状，故称为涡流。涡流的大小与金属导体的电阻率、导磁率、厚度、线圈激磁电流频率及线圈与金属体表面的距离 x 等参数有关。电涡流的产生必然要消耗一部分磁场能量，从而改变激磁线圈阻抗，涡流传感器就是基于这种涡流效应制成的。

五、实验内容

1. 霍尔转速传感器测速实验

（1）安装：将霍尔转速传感器安装于霍尔架上，传感器的端面对准转盘上的磁钢并调节升降杆使传感器端面与磁钢之间的间隙大约为 2～3 mm（见图 4-59）。

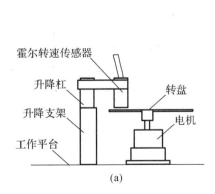
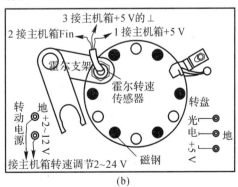

图 4-59　霍尔转速传感器测量安装、接线示意图

（2）接线：合上主机箱电源开关，将主机箱中的转速调节电压2～24 V旋钮调到最小（逆时针旋转到底），接入电压表（显示选择打到20 V挡）；然后关闭主机箱电源，将霍尔转速传感器、转动电源按图4-59(b)所示接到主机箱相应的电源接口、频率/转速表（转速挡）的Fin上。

（3）测量：合上主机箱电源开关，在小于12 V范围内（电压表监测）调节主机箱的转速调节电源（调节电压改变电机电枢电压），观察电机转动及转速表的显示情况。

（4）记录数据：从2 V开始记录每增加1 V相应电机转速的数据（待电机转速比较稳定后读取数据）；画出电机的$V-n$（电机电枢电压与电机转速的关系）特性曲线。

（5）仪器归位：实验完毕，先将转速调节电压缓缓调回到最小，然后再关闭电源。

2.磁电式转速传感器测速实验

（1）安装：如图4-60所示。将磁电式转速传感器安装于磁电支架上，传感器的端面对准转盘上的磁钢并调节升降杆使传感器端面与磁钢之间的间隙大约为2～3 mm。

（2）接线：确认主机箱中的转速调节电压2～24 V旋钮在最小位置，检查电压表量程是否为20 V挡位，频率/转速表切换开关是否在转速处，按照图4-60(b)所示连接线路。注意：磁电式转速传感器为无源传感器，传感器不用接电源，其他完全和霍尔式转速传感器相同。

（3）测量：合上主机箱电源开关，在小于12 V范围内（电压表监测）调节主机箱的转速调节电源（调节电压改变电机电枢电压），观察电机转动及转速表的显示情况。

（4）记录数据：从2 V开始记录每增加1 V相应电机转速的数据（待电机转速比较稳定后读取数据）；画出电机的$V-n$（电机电枢电压与电机转速的关系）特性曲线。

（5）仪器归位：实验完毕，先将转速调节电压缓缓调回到最小，然后再关闭电源。

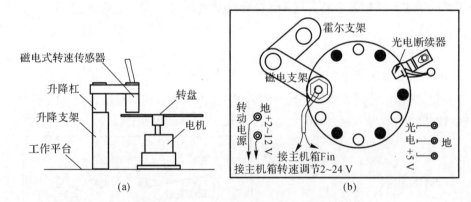

图4-60 磁电式转速传感器测量安装、接线示意图

3.光电式转速传感器测速实验

（1）安装、接线：如图4-61所示。

（2）其他步骤同上磁电式转速传感器。

4.电涡流式转速传感器测速实验

（1）安装：将电涡流式转速传感器安装于支架上，传感器的端面对准转盘上的磁钢并调节升降杆使传感器端面与磁钢之间的间隙大约为 2～3 mm。

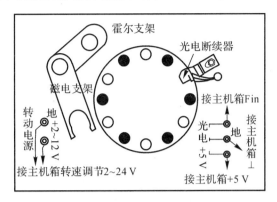

图 4-61　光电式转速传感器测量接线示意图

（2）连线：如图 4-62 所示。

（3）测量：确保主机箱中的转速调节电压 2～24 V 旋钮在最小位置，电压表量程为 20 V 挡位，频率/转速表切换开关在转速处。检查连线无误后，合上主机箱电源开关，在小于 12 V 范围内（电压表监测）调节主机箱的转速调节电源（调节电压改变电机电枢电压），观察电机转动及转速表的显示情况。

（4）记录数据：从 2 V 开始记录每增加 1 V 相应电机转速的数据（待电机转速比较稳定后读取数据，数据乘 2 可得转速）；画出电机的 $V-n$（电机电枢电压与电机转速的关系）特性曲线。

（5）仪器归位：实验完毕，先将转速调节电压缓缓调回到最小，然后再关闭电源。

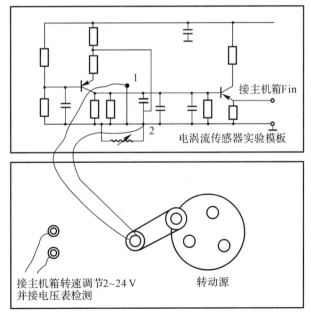

图 4-62　电涡流式转速传感器测速实验接线示意图

六、数据记录与处理

（1）画出每种转速传感器测速时的 $V-n$ 特性曲线；
（2）对 $V-n$ 特性曲线进行分析。

七、注意事项

（1）防止各种转速传感器磕碰摔坏。不用时放在安全位置，防止掉落摔坏。
（2）传感器安装时和转盘距离要合适，防止实验过程中传感器损坏、转盘飞出。
（3）接好线好一定要先检查，确保连线无误后方可打开电源开关。
（4）实验完毕，先将转速调节电压缓慢调回到最小位置，然后再关闭电源。
（5）注意各种传感器连线时的电压，防止烧坏。

八、拓展训练

对比分析几种转速传感器的性能。

九、思考与讨论

电机切断电压后仍会转动？方向是什么样的？为什么？

十、课堂延伸

激光测速传感器

激光测速传感器是通过激光能测量被测物运行速度的仪器。而单位时间内位移的增量就是速度。速度是矢量，有大小和方向，速度的大小称为速率。

（一）概述

激光测速传感器是通过激光对被测物的运行速度进行测量并转化成可输出信号的传感器。随着现今精密制造业的崛起和节省成本的需求，非接触激光测速传感器会慢慢取代现在市场上的接触式测速传感器，激光测速传感器已被广泛使用，而现在市场上最常用的非接触激光测速传感器就是 ZLS-Px 激光测速传感器。同时可以通过计算机技术与测量技术相结合，对被测物进行自动化、智能化的测量控制，这也是测量技术的一种发展趋势。

（二）结构

ZLS-Px 激光测速传感器有两个端口：一个发射端口，发出 LED 光源；一个是高速拍照端口，实现 CCD 面积高速成像对比，通过在极短时间内的两个时间的图像对比，分辨被测物体移动的距离，结合传感器内部的算法，实时输出被测物体的速度。如图 4-63 所示，LED 光发射口对着被测物发射出激光，经反射到摄像接收口，接收到信号后传给信号处理器，通过算法计算出它的速度。激光测速传感器能同时测量两个方向的速度、长度，不但能觉察被测体是否停止，而且能觉察被测体的运动方向。将传感器固定在稳定的支架上，确保转动物体转动过程不会产生过大的振动，从而能测出转动被测体的转角和转速。

（三）应用

激光测速传感器是一种新型的测量传感器，同时在检测领域中应用很广泛，它可应用在板材、管材在线切割,电缆或砂纸速度测量等,由于它们是无接触测量,测量敏感或无法触摸的物体非常适合,如绒布、毛皮等纺织品、涂层或粘胶表面、泡沫橡胶表面物体的测速,还有金属加工业如测量钢铁的速度、双轴速度测量、涂装工艺的控制等。

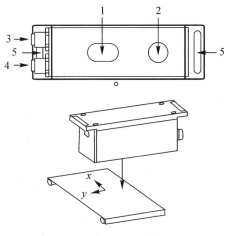

图 4-63 一种称重传感器

1—LED 光发射口;2—摄像接收口;3、4—接线端;5—固定螺孔

采用激光的数字转速仪与其他非接触式转速相比具有三个独特的优点。一是非接触式工作距离可远达 10 m。二是只有激光转速仪才能测量那些除了旋转以外还在振动或回转进动物体的转速,而且操作简单,读数可靠。三是抗干扰能力强。

(四)原理

激光转速仪中的激光传感器,获取旋转物体转速信息的原理,如图 4-64 所示。

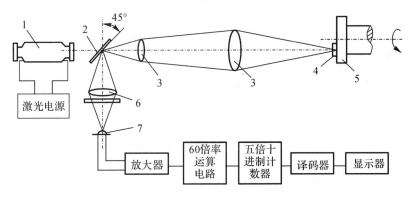

图 4-64 激光转速仪中的激光传感器原理

1—激光器;2—半透镜;3—透镜;4—反射镜;5—旋转体;6—透镜;7—光电

氦-氖激光器 1 发出的激光束穿过半透半反镜 2 后,一半光强的透射光束经过由透镜 3 组成的发射光学系统后,聚焦在旋转物体 5 的表面。旋转物体表面贴有一小块定向反射材料 4(简称反射纸)。物体旋转时,在激光束照射到没有贴反射纸的表面后,大部分激光沿空间各个方向散射,能够沿发射光轴返回的光束极其微弱。因此,光电管没有感受到任何信

息。一旦反射纸在旋转中被激光束照射,由于反射纸的定向反射回归特性,有一部分激光束沿发射光勒原路返回到半远半反镜上,并且经过反射和透镜 6 会聚在光电 7 上。于岛物体旋转一周,反射纸就被激光照射一次,一个激光脉冲返回到光电管,经接收、转换后产生一个电脉冲。物体不停地旋转,光电管就输出一系列电脉冲,这就是激光传感器所拣取的旋转物体的转速信号。

第十二节　万用表原理及简易万用表装配

万用表(Resistor)又称为复用表、多用表、三用表、繁用表等,是电力电子等部门不可缺少的测量仪表,熟练掌握万用表的使用方法是电子技术的最基本技能之一。

万用表是共用一个表头,集电压表、电流表和欧姆表于一体的仪表。它不仅可以用来测量被测物体的电阻、交直流电压、电流,甚至有的万用表还可以测量晶体管的主要参数和电容器的电容量。常见的万用表有指针式万用表和数字式万用表。指针式万用表是以表头为核心部件的多功能测量仪表,测量值由表头指针指示读取。数字式万用表的测量值由液晶显示屏直接以数字形式显示,读取方便,有些还带有语音提示功能。数字式万用表已逐渐成为主流,与指针式万用表相比,数字万用表灵敏度高、精确度高,显示清晰,过载能力强,便于携带,使用也更方便、简单。

一、实验目的

(1)掌握万用表的基本原理,了解它的电路与结构;

(2)通过自制简易万用表,初步掌握焊接技术。

二、预习要求

(1)会分析万用表的电路;

(2)能理解计算电路中的元件参数的方法;

(3)知道辨认电阻的方法,了解焊接技术。

三、仪器物品

物品:万用表表头一台;电烙铁一把,配套烙铁架、松香、焊丝一套;斜口钳、尖嘴钳各一把;镊子一个;五号电池一块;导线若干;电阻若干。

四、实验原理

(一)表头满刻度电流和内阻的测量方法

万用表表头的满刻度电流值(也叫表头灵敏度)与表头内阻是表头的两项主要技术指标。在设计或检修时,必须知道表头的这两项技术指标。下面介绍一种简单的测量方法。

1.表头满刻度电流的测量

其测量方法如图 4-65 所示。A_1 是被测的电流表头;A_2 是一个标准的电流表;R_2 是一个较大的降压电阻；R_1 是一个可变电阻。一般选择的电阻 R_1 $+R_2$ 的值,应使流过电路的电流小于表头的最大电流值以防止表头损坏。电源通常用 1.5 V 的干电池。接通电源后,调节可变电阻 R_1,使其阻值逐渐减小,直到使被测电流表的表针指到满刻度为止,再看标准电流表的指示,此时,标准电流表的读数就是被测电流表的满刻度值。

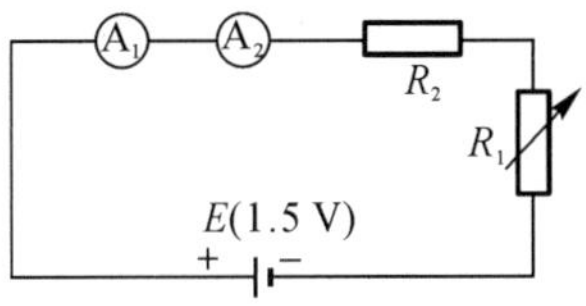

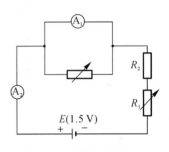

图 4 - 65　满度电流测量
原理图

2.表头内阻的测量方法

在被测电流表的两端,并联一可变电阻箱,如图 4 - 66 所示。反复调整可变电阻箱和 R_1,直到被测电流表的指针指在正中间,而标准电流表指针指示的仍然是被测电流表的满刻度值为止。此时,被测电流表通过的电流和电阻箱上通过的电流,均为被测电流表满刻度值的一半,因此阻值相等,即电阻箱的阻值读数为被测电流表的内阻。

注意:表头内阻不能用一般欧姆表来测量。原因主要有两个:第一,表头的灵敏度比较高,而一般欧姆表的电流又较大,如果用一般欧姆表来测量表头内阻,就会烧坏表头,或者将指针打弯或打断;第二,即使能用欧姆表来测量的话,其准确度也达不到要求。

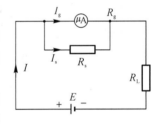

图 4 - 66　测表头内阻
原理图

(二)电流表的扩程

磁电式仪表能测电流,但是它们的量程都较小。只用表头的满刻度电流值,不能满足实际工作测量电流的需要,必须扩大它的量程。

电流表的扩程原理是根据并联电路的原理。在电流表的两端并联一个较小阻值的电阻 R_S。如图 4 - 67 所示,使电路中大部分电流从这个电阻上流过,并使表头中流过的电流不超过满刻度值。R_S 叫分流电阻。由并联电路知

图 4 - 67　电表扩程原理图

$$I_g R_g = (I - I_g) R_S$$

整理后,并令 $\dfrac{I}{I_g} = n$,得

$$R_S = \frac{1}{n-1} R_g$$

式中:n 为电流扩大倍数。

1.电流表扩程步骤

(1)首先要知道表头的内阻和满刻度电流(R_g、I_g)。

(2)画出要扩程的线路图。

(3)由式 $R_S = \dfrac{1}{n-1} R_g$,求出 R_S。

(4)将 R_S 牢固地焊接在表头的两端,并将表头的满刻度值按扩程的范围改过来。通过以上扩程的方法可看出,扩程的范围越大加的分流电阻数值越小。

2.多量程直流电流表的一般计算方法

直流电流表的线路形式通常有两种:第一种是并联分流式,如图4-68所示。其计算公式可完全套用 $R_S = \dfrac{1}{n-1}R_g$。

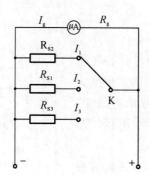
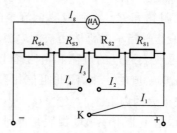

图 4-68　并联分流式　　　　图 4-69　环形分流式

并联分流式的优点是每个量程互不影响。其缺点是转换开关 K 的接触电阻大时,要影响测量的准确性;当 K 未接上或在测量中换挡时会烧坏电表。因此一般采用第二种环形分流式的线路,如图4-69所示。

设 $R_S = R_{S1} + R_{S2} + R_{S3} + R_{S4}$,且 $I_1 < I_2 < I_3 < I_4$。由扩程公式:

I_1 挡:$R_S = \dfrac{1}{n-1}R_g$,$n_1 = \dfrac{I_1}{I_g}$。

I_2 挡:表头满刻度值仍为 I_g,内阻为 $R_g + R_{S1}$,因此有

$$I_g(R_S + R_{S1}) = (I_2 - I_g)(R_S - R_{S1})$$

I_3 挡:$I_g(R_S + R_{S1} + R_{S2}) = (I_3 - I_g)(R_{S3} + R_{S4})$。

I_4 挡:$I_g(R_g + R_{S1} + R_{S2} + R_{S3}) = (I_4 - I_g)R_{S4}$。

由 I_4 挡入手,因为 $I_g(R_g + R_{S1} + R_{S2} + R_{S3}) = I_4 R_{S4} = I_g R_{S4}$,移项后,有

$$I_g(R_g + R_{S1} + + R_{S2} + R_{S3} + R_{S4}) = I_4 R_{S4}$$

所以 $R_{S4} = \dfrac{1}{n_4}(R_g + R_S)$。

式中:$R_S = R_{S1} + R_{S2} + R_{S3} + R_{S4}$;$n_4 = \dfrac{I_4}{I_g}$。

同理得

$$R_{S3} = \dfrac{1}{n_3}(R_g + R_S) - R_{S4}$$

$$R_{S2} = \dfrac{1}{n_2}(R_g + R_S) - (R_{S4} + R_{S3})$$

$$R_{S1} = R_S - (R_{S4} + R_{S3} + R_{S2})$$

(三)直流电压表的扩程

根据欧姆定律,电流乘电阻等于电压,因此表头就是一个量程很小的电压表。但不适用测一般电压,需要将其扩程。电压表的扩程是利用串联电路的原理。在表头一端串一阻值较大的电阻,使其降去很大的电压。

如图 4 - 70 所示,串联的电阻 R_m 叫分压电阻(或倍压器)。当 R_m 取不同值里,可得到不同的量程。设表头参数 I'_g、R'_g 已知,量程扩大到 V 保持,则由欧姆定律

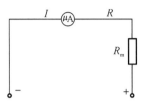

$$I'_g(R'_g + R_m) = V$$
$$I'_g R'_g + I'_g R_m = V$$
$$R_m = \frac{V - I'_g R'_g}{I'_g}$$

图 4 - 70　串联原理

令 $V_g = I'_g R'_g$ 为原表头满刻度偏转电压,$\dfrac{n = V}{V_g}$ 为电压扩大倍数,得 $R_m = (n-1)R'_g$。

通常直流电压表是在直流电流表的基础上设计的,因此,I'_g 为电流表最小量程 I_1,R'_g 为 R_g 和 R_S 的并联。

多量程电压表 R_m 的计算问题要根据所设计的实际线路而定。如果两挡的分压电阻是独立的,可重复使用公式 $R_m = (n-1)R'_g$。

若每挡的分压电阻不独立,则计算每挡的分压电阻时,表头所具有的内阻是不同的。

(四)交流电压表

磁电式电表只能测量直流电压,或者说它所指示的数据是所测电信号的平均值。要想测量交流电压,须附加整流元件,如图 4 - 71 所示。氧化铜整流器(或硅、锗二极管)D_1、D_2 组成半波并串式整流电路,在被测交流电压的正半周时 D_1 导通,表头正向偏转,负半周时 D_2 导通,电流并不通过表头。因此通过表头的只是单相脉冲电压。

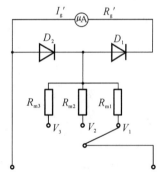

图 4 - 71　交流电压表原理图

D_1、D_2 相互地起着反向保护作用,使双方都不受反向电压的冲击。D_1、D_2 还起着反向泄流作用,使某些串有电容的被测电路,不会由于电容的单向充电而形成测量上的堵塞。在这种并串式整流的电路中,流经表头的直流平均电流只是输入交流(有效值)的 0.45 倍。

因此交流挡的满刻度电流不是 I'_g,而是 $\dfrac{I'_g}{0.45}$,且电路中还要考虑 D_1(或 D_2)的正向降压。

氧化铜整流器和锗二极管的正向降压为 0.15～0.25 V 左右(硅二极管约为 0.5～0.7 V),这个压降在低量程中有一定影响。从原理上来说任何类型的二极管都可起到整流作用,但在具体应用时应选择:

(1)正向压降小(通过相同电流进行比较),或正向电阻低(同一仪表同一量程进行比较);

(2)反向电流小(在相同的反向电压作用下进行比较)或反向电阻大(同一仪表同一量程进行比较)。

在具体计算 R_m 时,可按下式进行:

$$R_m = \frac{V - V_{D_1}}{\frac{I'_g}{0.45}} - R'_g$$

式中:V 是该量程的交流电压满刻度有效值;V_{D_1} 是整流元件 D_1 的正向压降近似值,氧化铜取 0.15 V,锗二极管取 0.25 V,硅二极管取 0.7 V。

(五)欧姆表

1.原理

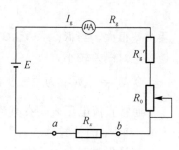

图 4 – 72 欧姆表原理图

用欧姆表测量电阻时,是利用串联电路的工作原理而制成的。一个欧姆表通常由四部分组成:表头(满刻度电流为 I_g,内阻为 R_g)、限流电阻 R'、电池 E 和调零电阻 R_0。欧姆表测量电阻时的原理电路如图 4 – 72 所示。其中 R_x 为被测电阻。当待测电阻接在表笔 a、b 之间时,电路中将有电流 I_x 流过。

$$I_x = \frac{E}{R_g + R' + R_0 + R_x} \tag{4 – 67}$$

即 $R_x = \frac{E}{I_x} - (R_g + R' + R_0)$。

式中:E、R_g、R'、R_0 是已知的,因此从对应的电流表的刻度,就可知道此时待测电阻的阻值。只要将电流刻度改成相应的电阻刻度,就是一个欧姆表。

2.量程和刻度

为了正确使用欧姆表,有必要研究一下欧姆表的量程和刻度的特点。

先看三个特殊情况:

(1)当 $R_x = 0$ 时,即 a、b 之间短路。此时回路电流最大,$I_x = \frac{E}{R_g + R' + R_0}$。

通常选择适当的 R' 和 R_0,使此最大电流恰为表头的满刻度电流 I_g,即

$$I_x = I_g = \frac{E}{R_g + R' + R_0} \tag{4 – 68}$$

此时表头指针指在满刻度。

(2)当 $R_x = \infty$ 时,即 a、b 间开路,回路电流为 0,此时指示无偏转。

(3)当 $R_x = R_g + R' + R_0$ 时,欧姆表的外电阻等于内电阻,即

$$I_x = \frac{E}{R_g + R' + R_0 + R_x} = \frac{E}{2(R_g + R' + R_0)} = \frac{I_g}{2} \tag{4 – 69}$$

此时指针指在表头正中间。因此通常将此时的 R_0 值,也就是欧姆表的内阻值叫作中值电阻,即

$$R_{中} = R_g + R' + R_0 \tag{4 – 70}$$

将式(4-70)代入式(4-68)和式(4-67)得

$$I_g = \frac{E}{R_{中}} \tag{4-71}$$

$$I_x = \frac{E}{R + R_x} \tag{4-72}$$

由式(4-72)看出,欧姆表的刻度是非线性的。表头正中间的刻度尺就是 R 中。由于 $R_x = 0$ 时,$I_x = I_g$,因此欧姆表的零点应该在表头的满刻度处,电阻的无穷大值却对应着表头指针的零位,这与电流表和电压表刻度的大小顺序是相反的。

由此可知,任何欧姆表的零点都在表头的满刻度处,而无穷大都在指针零位,似乎只要有一个欧姆表就可以测量从零到无穷大的电阻了。实际上使用欧姆表两端的刻度去测量电阻误差很大。当 $R_x \gg R_{中}$ 时,$I_x \approx 0$,刻度很密,测量的绝对误差很大;当 $R_x \ll R_{中}$ 时,测量的绝对误差较小,但因 R_x 很小,相对误差却很大。只有当 R_x 接近 R 中时,测量误差才较小。因此,通常将 $\frac{1}{5}R_{中} \sim 5R_{中}$ 定为有效测量范围。为了测量各种阻值的电阻,需要有多挡的欧姆表。各挡的区别仅在于中值电阻值不同,因而也就有各自不同的有效测量范围。

(3)多量程的设计。设计多量程欧姆表时,通常以 $\times 1\ k\Omega$ 挡为基本量程,$\times 1\ \Omega$、$\times 10\ \Omega$、$\times 100\ \Omega$ 三挡是通过并联不同的分流电阻使表头的满刻度电流分别为原来的 $1/1\ 000$、$1/100$、$1/10$。

有的欧姆表还有 $\times 10\ k\Omega$ 挡,是加接了高电压的电池,使电压为 $\times 1\ k\Omega$ 挡的 10 倍。另外,$R_{中}$ 的选择要与表面刻度中心位置的 Ω 值相等,如中心位置的阻值为 12 Ω,则 $\times 1\ k\Omega$ 挡的内阻应为 $12 \times 1\ 000\ \Omega = 12\ 000\ \Omega$,具体的计算原则简述如下。

如图 4-73 所示,首先确定分流器 R' 和 R_0,其原则一般如下:

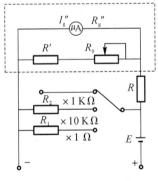

1)使通过分流器的电流为表头满刻度值的 $\frac{1}{4}$,则 $R' + R_0 = 4R_g$。

2)取 $4R_g$ 的 $2/3$ 为固定电阻 R',R_0 取 R' 的 $2 \sim 3$ 倍,由此可求得

$$I_g'' = \frac{5}{4}I_g$$

$$R_g'' = \frac{R_g \cdot 4R_g}{5R_g} = \frac{4}{5}R_g$$

图 4-73　多量程欧姆表

3)$\times 1\ k\Omega$ 挡,"+""-"表笔短接,电路中的电流应为 I_g'',即

$$I_g'' = \frac{E}{R_g' + R}$$

或

$$R = \frac{E}{I_g''} - R_g''$$

$R + R_g''$,实际上是此时欧姆表的等效内阻,可验证是否为 12 000 Ω。

4) ×1 Ω 挡的等效内阻应为 12 Ω,即

$$\frac{R_1(R+R''_g)}{R_1+R+R''_g}=12\ \Omega$$

求出 R_1。

5) ×10 Ω 挡的等效内阻为 12×10 Ω＝120 Ω,即

$$\frac{R_2(R+R_g)}{R_2+R+R_g}=120\ \Omega$$

求出 R_2。

但低挡时,如×1 Ω 挡,应考虑电池的内阻约为 0.5 Ω,因此 R_1 的值应减去 0.5 Ω。

(4)调零装置。由上述可知,欧姆表的刻度是在 E 和 $R_中$ 一定的情况下刻出来的,但在电池用久之后,内阻变大,会使其端电压逐渐下降。此时再短路表笔,回路的最大电流将不能达到满刻度,即欧姆表零点不准,就不能进行测量。此时可改变电位器 R_0,在 E 变化的情况下,使回的最大电流仍能达到满刻度。同时 R_0 的改变对 $R_中$ 的影响很小,使 $I_g=\dfrac{E}{R}$ 中仍然成立。欧姆表零点调准了,$R_中$ 又不改变,原刻度就可继续使用。因此,我们在使用欧姆表测电阻时,每换一挡都必须先调零点,然后再进行测量。

五、实验内容

(一)准备工作

1. 电阻计算

通过预习,将 4 个图(图 4-74～图 4-77)中的每个电阻的阻值计算出来,并列一清单。
提示:

(1)图中 R_1 是归一电阻,用来将表头内阻调到 $R_g=1\ 600\ \Omega,I_g=100\ \mu A,R_g=1\ 600\ \Omega$,$I'_g=0.5\ mA,R'_g=320\ \Omega$。

(2)计算的顺序是:直流电流表、直流电压表、欧姆表。

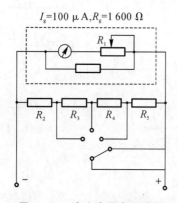

图 4-74 直充电流表线路图

$I_1=0.5\ mA,I_2=5\ mA,I_3=50\ mA,I_4=500\ mA$,

$I_g''=125\ \mu A,R_g''=1\ 280\ \Omega$

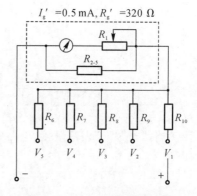

图 4-75 直充电压表线路图

$V_1=25\ V,V_2=10\ V,V_3=50\ V$,

$V_4=250\ V,V_5=500\ V$

注意:可根据学生情况设置计算任务。

2. 色环电阻识别方法

色环电阻识别方法是指电阻上面用3～6道色环来表示电阻值。色环识别对照表见表4-16。

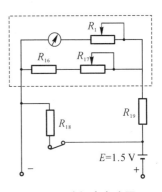

图4-76　欧姆表电路图

可以从任意角度一次性地读取代表电阻值的颜色信息。用色环标示法来表示电阻的阻值、公差、规格,主要分两部分。

第一部分:靠近电阻前端的一组是用来表示阻值。

两位有效数的电阻值,用前三个色环来代表其阻值,如39 Ω、39 kΩ、39 MΩ。

三位有效数的电阻值,用前四个色环来代表其阻值,如69.8 Ω、698 Ω、69.8 kΩ,一般用于精密电阻的表示。

第二部分:靠近电阻后端的一条色环用来代表公差精度。

第一部分的每一条色环都是等距,自成一组,容易和第二部分的色环区分。

具体颜色所代表的数字见表4-16。

(1)三色环电阻。第一色环是十位数,第二色环是个位数,第三色环代表倍率。用前三个色环来代表其阻值,如39 Ω、39 kΩ、39 MΩ。

(2)四色环电阻。四个色环电阻的识别:第一、二环分别代表两位有效数的阻值;第三环代表倍率;第四环代表误差。

例如:棕 红 红 金

其阻值为 12×10^2 kΩ＝1.2 kΩ 误差为±5%。

误差表示电阻数值,在标准值1 200上下波动(5%×1200)都表示此电阻是可以接受的,即在1 140～1 260之间都是好的电阻。

带有四个色环的其中第一、二环分别代表阻值的前两位数;第三环代表倍率;第四环代表误差。

快速识别的关键在于根据第三环的颜色把阻值确定在某一数量级范围内,例如是几点几 kΩ,还是几十几 kΩ 的,再将前两环读出的数代进去,这样就可很快读出数来。

(3)五色环电阻。五个色环电阻的识别:第一、二、三环分别代表三位有效数的阻值;第四环代表倍率;第五环代表误差。如果第五条色环为黑色,一般用来表示为绕线电阻器,如果第五条色环为白色,一般用来表示为保险丝电阻器。若电阻体只有中间一条黑色的色环,则代表此电阻为零欧姆电阻。

例:红 红 黑 棕 金

其电阻为 220×10^1 kΩ ＝2.2 kΩ 误差为±5%。

第一色环是百位数,第二色环是十位数,第三色环是个位数,第四色环是应乘颜色次幂颜色次,第五色环是误差率。

首先,从电阻的底端,找出代表公差精度的色环,金色的代表5%,银色的代表10%。上例中,最末端色环为金色,故误差率为5%。再从电阻的另一端,找出第一条、第二条色环,读取其相对应的数字,上例中,前三条色环都为红红黑,故其对应数字为红2、红2、黑0,其有效数是 220。再读取第四条倍数色环,棕 1。因此,得到的阻值是 $20\times10^1=2.2$ kΩ。即阻值在 2 090~2 310 之间都是好的电阻。若第四条倍数色环为金色,则将有效数乘以 0.1。若第四条倍数色环为银色,则乘以 0.01。

(4)六色环电阻。六个色环电阻的识别:六色环电阻前五色环与五色环电阻表示方法一样,第六色环表示该电阻的温度系数。

表 4－16　色环电阻色环识别对照表

颜　　色	黑	棕	红	橙	黄	绿	蓝	紫	灰	白	金	银
数　　字	0	1	2	3	4	5	6	7	8	9		
数量级	10^0	10^1	10^2	10^3	10^4	10^5	10^6	10^7	10^8	10^9	10^{-1}	10^{-2}

3.电烙铁使用

焊接技术是电子焊接人员必须掌握的,需要多加练习熟练掌握焊接技巧。

注意事项:

(1)选用合适的优质焊锡,应选用焊接电子元件用的低熔点焊锡丝。

(2)适量的助焊剂,用 25% 的松香溶解在 75% 的酒精(质量比)中作为助焊剂,适量的焊剂是必不可缺的,但过量的松香也会加大焊点周围需要清洗的工作量。

(3)电烙铁使用前要上锡,具体方法是:将电烙铁烧热,待刚刚能熔化焊锡时,涂上助焊剂,再用焊锡均匀地涂在烙铁头上,使烙铁头均匀地粘上一层锡。

(4)焊接方法,把焊盘和元件的引脚用细砂纸打磨干净,涂上助焊剂。用烙铁头沾取适量焊锡,接触焊点,待焊点上的焊锡全部熔化并浸没元件引线头后,电烙铁头沿着元器件的引脚轻轻往上一提离开焊点。

(5)焊接时间不宜过长,否则容易烫坏元件,必要时可用镊子夹住管脚帮助散热。

(6)焊点应呈正弦波峰形状,表面应光亮圆滑,无锡刺。

(7)焊锡量要合适,过量的焊锡不但消耗较多的锡,还会增加焊接时间,降低工作速度。特别是在高密度的电路中,过量的锡还容易造成不易察觉的短路。

(8)焊接完成后,用酒精把线路板上残余的助焊剂清洗干净,防止炭化后的助焊剂影响电路正常工作。

(9)集成电路应最后焊接,电烙铁要可靠接地,或断电后利用余热焊接。或者使用集成电路专用插座,焊好插座后再把集成电路插上去。

(10)电烙铁不用时应放在烙铁架上。

(二)实验步骤

(1)明确电阻阻值,并挑选合适的色环电阻。

(2)按照图 4－77 所示的装配图焊接电路。

(3)焊接完毕后检测电路。

(4)拆解电路并整理实验台。

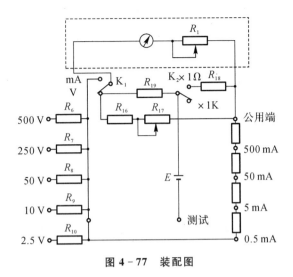

图 4 - 77 装配图

六、注意事项

(1)K_1、K_2,为钮子开关。

(2)R_{17} 为调零电位器。

(3)R_1 用来调节表头内阻归一化的,已由教师调好,实验时不要动。

(4)线路连接要正确。

(5)各焊点要光滑、牢固。

七、拓展训练

尝试在万用板上焊接电路。

八、思考与讨论

(1)你还知道哪些电阻?

(2)电烙铁使用前为什么要上锡?

九、课堂延伸

指针万用表与数字万用表

常见的万用表有指针式万用表和数字式万用表。指针式多用表是以表头为核心部件的多功能测量仪表,测量值由表头指针指示读取。数字式万用表的测量值由液晶显示屏直接以数字的形式显示,读取方便,有些还带有语音提示功能。

(一)普通万用表与数字万用表的优缺点对比

指针式与数字式万用表各有优缺点。指针万用表是一种平均值式仪表,它具有直观、形象的读数指示(一般读数值与指针摆动角度密切相关,所以很直观)。数字万用表是瞬时取样式仪表。它采用 0.3 s 取一次样来显示测量结果,有时每次取样结果只是十分相近,并不完全相同,这对于读取结果就不如指针式方便。指针式万用表一般内部没有放大器,所以内阻较小。数字式万用表由于内部采用了运放电路,内阻可以做得很大,往往在 1 MΩ 或更大,即可以得到更高的灵敏度,这使得对被测电路的影响可以更小,测量精度较高。指针式万用表由于内阻较小,且多采用分立元件构成分流分压电路。因此频率特性是不均匀的(相对数字式来说),而数字式万用表的频率特性相对好一点。指针式万用表内部结构简单,因此成本较低,功能较少,维护简单,过流过压能力较强。数字式万用表内部采用了多种振荡、放大、分频保护等电路,所以功能较多,比如可以测量温度、频率(在一个较低的范围)、电容、电感,做信号发生器等。数字式万用表由于内部结构多用集成电路所以过载能力较差,损坏后一般也不易修复。数字式万用表输出电压较低(通常不超过 1 V)。对于一些电压特性特殊的元件的测试不便(如可控硅、发光二极管等)。指针式万用表输出电压较高。电流也大,可以方便地测试可控硅、发光二极管等。对于初学者应当使用指针式万用表,对于非初学者应当使用两种仪表。

(二)选用原则

(1)指针表读取精度较差,但指针摆动的过程比较直观,其摆动速度幅度有时也能比较客观地反映了被测量的大小[比如测电视机数据总线(SDL)在传送数据时的轻微抖动];数字表读数直观,但数字变化的过程看起来很杂乱,不太容易观看。

(2)指针表内一般有两块电池,一块低电压的 1.5 V,一块是高电压的 9 V 或 15 V,其黑表笔相对红表笔来说是正端。数字表则常用一块 6 V 或 9 V 的电池。在电阻挡,指针表的表笔输出电流相对数字表来说要大很多,用 $R\times 1$ Ω 挡可以使扬声器发出响亮的"哒"声,用 $R\times 10$ kΩ 挡甚至可以点亮发光二极管(LED)。

(3)在电压挡,指针表内阻相对数字表来说比较小,测量精度相比较差。某些高电压微电流的场合甚至无法测准,因为其内阻会对被测电路造成影响(比如在测电视机显像管的加速级电压时测量值会比实际值低很多)。数字表电压挡的内阻很大,至少在兆欧级,对被测电路影响很小。但极高的输出阻抗使其易受感应电压的影响,在一些电磁干扰比较强的场合测出的数据可能是虚的。

总之,在相对来说大电流高电压的模拟电路测量中适用指针表,比如电视机、音响功放。在低电压小电流的数字电路测量中适用数字表,比如 BP 机、手机等。使用中可根据情况选用指针表和数字表。

第十三节 热敏电阻温度计线性化实验

NTC 热敏电阻具有负的电阻温度系数,它们的电阻值随温度的升高而急剧减小。由于这一特性,NTC 热敏电阻被广泛用于温度测量、温度控制以及电路中的温度补偿、时间延迟等方面。在第三章第五节"热敏电阻的温度特性研究"实验中,利用非平衡桥式电路进行了热敏电阻温度计设计,将温度信号转化为电压信号,但所得到的电压与温度之间的关系是非线性的。本实验将在此基础上,采用桥式电路及差分运放电路,进行热敏电阻温度计的线性化设计。

一、实验目的

在第三章第五节"热敏电阻的温度特性研究"实验的基础上,利用热敏电阻作为感温元件,采用桥式电路及差分运放电路,在一定温度范围内,使运放电路的输出电压随热敏电阻环境温度变化的关系线性化。

二、预习要求

(1)了解热敏电阻温度计线性化设计的原理;
(2)能简述电路参数选择和温度计调试的方法。

三、仪器物品

仪器:TS－B3 型温度传感综合技术实验仪、恒温磁力搅拌器、数字万用表。
物品:热敏电阻、导线等。

四、实验原理

在第三章第五节"热敏电阻的温度特性研究"实验中,利用非平衡桥式电路进行了热敏电阻温度计设计。根据结果可知,热敏电阻的电压-温度特性是非线性的。本实验将在此基础上利用运算放大电路,通过选择适当的电路参数,使得这一关系和一直线关系近似。这一近似引起的误差与热敏电阻的测温范围有关。

(一)电路结构及工作原理

本实验采用如图 4－78 所示的电路图,它是由含热敏电阻 R_t 的桥式电路及差分运算放大电路两个主要部分组成。当热敏电阻 R_t 所在环境温度变化时,差分放大器的输出电压 U 将发生变化。

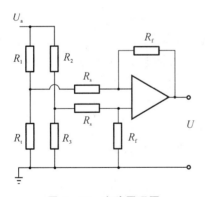
图 4－78　实验原理图

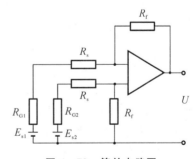
图 4－79　等效电路图

为了定量分析这一特征,可利用电路理论中的戴维南定理把图 4－78 等效变换成图 4－79 所示的电路,在图 4－79 中,有

$$R_{G1} = \frac{R_1 R_t}{R_1 + R_t} \left.\begin{matrix} \\ \\ \\ \\ \end{matrix}\right\} \tag{4-73}$$

$$E_{s1} = \frac{R_t}{R_1 + R_t} U_a$$

$$R_{G2} = \frac{R_2 R_3}{R_2 + R_3} \left.\begin{matrix} \\ \\ \\ \\ \end{matrix}\right\} \tag{4-74}$$

$$E_{s2} = \frac{R_3}{R_2 + R_3} U_a$$

由式(4-73)和式(4-74)可知,R_{G1} 和 E_{s1} 均与温度有关,而 R_{G2} 和 E_{s2} 与温度无关。根据电路理论中的叠加原理,经过计算和整理,差分运算放大器输出电压 U 可表示为

$$U = \frac{R_f}{R_{G1} + R_s} \left(\frac{R_{G1} + R_s + R_f}{R_{G2} + R_s + R_f} E_{s2} - E_{s1} \right) \tag{4-75}$$

该式就是热敏电阻温度计的电压-温度特性的数学表达式,只要热敏电阻 R_t 的电阻-温度特性及电路参数的值已知,式(4-75)所表达的输出电压 U 与温度 t 的函数关系就完全确定。

(二)电压-温度特性的线性化和电路参数的选择

设热敏电阻温度计的测温范围为 $t_1 \sim t_3$,则 $t_2 = (t_2 + t_3)/2$ 是测温范围的中值温度。所谓电压-温度特性的线性化,就是选择适当的电路参数,使得这三个测量点在电压-温度坐标系中落在通过原点的同一条直线上。设 t_1、t_2 和 t_3 三个温度值所对应的放大电路输出电压分别为 U_1、U_2 和 U_3,放大电路的最大输出电压为 U_{max},即要求

$$\left.\begin{matrix} U_1 = 0 \\ U_2 = \dfrac{U_3}{2} \\ U_3 = U_{max} \end{matrix}\right\} \tag{4-76}$$

在图4-78所示的电路中需要确定的参数有七个,即 R_1、R_2、R_3、R_f 和 R_s 的阻值、电桥的电源电压 U_a 和放大电路的最大输出电压 U_{max},这些参数的选择和计算可按以下原则进行:

(1)当温度为 t_1 时,电路参数应使得 $U_1 = 0$,这时电桥应工作在平衡状态和差分运放电路参数应处于对称状态,即要求 $R_1 = R_2 = R_3 = R_{t1}$(热敏电阻在 t_1 温度时的阻值)。

(2)为了尽量减小热敏电阻中流过的电流所引起的发热对测量结果带来的影响,U_a 的大小不应使 R_t 中流过的电流超过 1 mA。

(3)传感器的最大输出电压 U_{max} 的值应与后面连接的显示仪表相匹配,应根据以下关系确定:

$$U_{max} = (t_3 - t_1) \times 50 \text{ mV} \cdot \text{℃}^{-1}$$

因此若测温范围为 25~65 ℃时,$U_{max} = 2\,000$ mV。

(4)最后两个电路参数 R_s 和 R_f 的值可按式(4-76)所表示的线性化条件的后两个关系式确定,即

$$U_3 = U_{max} = \frac{R_f}{R_{G13} + R_s} \left(\frac{R_{G13} + R_s + R_f}{R_{G2} + R_s + R_f} E_{s2} - E_{s13} \right) \tag{4-77}$$

$$U_2 = \frac{U_3}{2} = \frac{R_f}{R_{G12} + R_s} \left(\frac{R_{G12} + R_s + R_f}{R_{G2} + R_s + R_f} E_{s2} - E_{s12} \right) \tag{4-78}$$

其中 R_{G1i}、$E_{s1i}(i=1,2,3)$ 是热敏电阻 R_t 所处环境温度为 t_i 时按式(4-73)计算得到的 R_{G1} 和 E_{s1} 值。当各桥臂阻值、电源电压 U_a、热敏电阻的电阻-温度特性,以及放大电路的最大输出电压 U_{max} 已知后,在式(4-77)、式(4-78)中除 R_s、R_f 外,其余各量均具有确定的数值,这样只要联立求解式(4-77)、式(4-78)两式即可求出 R_s 和 R_f 的值。

(三)确定 R_s 和 R_f 的数值计算技术

如前所述,方程式(4-77)、式(4-78)是以 R_s 和 R_f 的为未知数的二元二次方程组,每个方程式在(R_s,R_f)直角坐标系中对应着一条二次曲线,两条二次曲线交点的坐标值即为这个联立方程组的解,这个解可以利用迭代法求得。由于在 $R_s=0$ 处与式(4-78)对应的曲线对 R_f 轴的截距较式(4-77)对应的曲线的截距大(由数值计算结果可以证明),因此为了使迭代运算收敛,首先令 $R_s=0$ 代入式(4-78),由式(4-78)求出一个 R_f 的值,然后把这一 R_f 值代入式(4-77),并由式(4-77)求出一个新的 R_s 值,再代入式(4-78)⋯,如此反复迭代,直到在一定的精度范围内可以认为相邻两次算出的 R_s 和 R_f 值相等为止。

五、实验内容

(一)选择和计算电路参数

首先根据第三章第五节"热敏电阻的温度特性研究"实验中测得的热敏电阻的电阻—温度特性和测温范围,确定电路参数。如选择测温范围为 $25 \sim 65$ ℃,所测不同温度下热敏电阻的阻值见表4-17。

表4-17　热敏电阻的电阻-温度特性数据表

t/℃	25	30	35	40	45	50	55	60	65
R_t/Ω	2 400	2 055	1 769	1 529	1 329	1 159	1 016	893	789

根据参数选择的原则,需要确定七个参数,即 R_1、R_2、R_3、R_f 和 R_s 的阻值、电桥的电源电压 U_a 和传感器的最大输出电压 U_{max},选择值如下:

(1)$R_1 = R_2 = R_3 = R_{t1} = 2.400 \ \text{k}\Omega$;

(2)$U_a = 3 \ \text{V}$;

(3)$U_{max} = (t_3 - t_1) \times 50 \ \text{mV} \cdot \text{℃}^{-1} = 2\ 000 \ \text{mV}$;

(4)根据以上数据,计算出 $R_s = 1.323 \ \text{k}\Omega$,$R_f = 5.899 \ \text{k}\Omega$。

(二)温度传感器的组装与调试

(1)调节 TS-型温度传感综合技术实验仪前面板上的 R_1、R_2、R_3、R_s 和 R_f 的值为计算结果值;将实验仪上的电压输出插孔和电压表输入插孔相连,调节电压调节旋钮,使电压表 U_a 显示为设计时的选定值。

(2)按照实验原理图连线,用电阻箱代替热敏电阻接入桥式电路,用数字万用表测量输出电压。

(3)零点调节。把电阻箱的阻值调至 R_{t1}（即热敏电阻在 25 ℃时的阻值），观察数字万用表的显示值是否为零，若不为零，微调 R_3 的大小，使输出电压为零。

(4)量程校准。把代替热敏电阻的电阻箱阻值调至 R_{t3}（即热敏电阻在 65 ℃的阻值），观察输出电压的值是否为设计时所要求的 U_{max} 的值。若不是，微调 U_a，使输出电压等于 U_{max}。

(三)电压-温度特性的测定

将电阻箱调至热敏电阻在不同温度时所对应的值，记录输出电压的值。

六、数据记录与处理

在直角坐标系中绘出热敏电阻温度计电压-温度特性的实验测定曲线。

七、注意事项

(1)各参数设定完成以后，再进行其他操作时注意不要碰到已设定好的选钮。
(2)使用数字万用表时，要根据待测量的大小选择合适的挡位进行测量。

八、拓展训练

改变温度范围，测定热敏电阻温度计的电压-温度特性曲线。

九、思考与讨论

(1)选择不同的测温范围时，热敏电阻温度计电压-温度的线性化误差有何不同？
(2)除了桥式电路法，思考热敏电阻温度计线性化的其他方法。

十、课堂延伸

温度测量技术及其发展前景

温度测量方法通常分为接触法和非接触法两类。根据热平衡原理，两个物体接触后，经过足够长的时间达到热平衡，则它们的温度必然相等。如果其中之一为温度计，就可以用它对另一个物体实现温度测量，这种测温方式称为接触法。接触法测温要求感温元件与被测物体有良好的热接触，往往会破坏被测物体的平衡状态，并受被测介质的腐蚀作用，因此对感温元件的结构、性能要求苛刻。非接触法是利用物体的热辐射能量随温度变化的原理测定温度的方法。测量时温度计不与被测物体接触，不改变被测物体的温度分布，适合测定移动、旋转或者反应迅速的物体表面温度。

当前在生活和工业生产中常用的温度计有膨胀式温度计、热敏电阻温度计、热电偶温度计、辐射温度计等。虽然这些温度计在技术上已经成熟，但是尚不能满足很多领域的要求，尤其是高科技领域，因此各种新型温度传感器得到开发，如采用光纤、激光、遥感或存储等技术的新型温度计。

测温技术的新进展体现在以下几个方面。①由点到线、由线到面温度分布的测温技术，如采用光纤式温度计测量油井从地面到地下深度方向的温度分布。②从有线到无线的测温技术，如带有遥感仪或温度存储器的测温系统，采用了无线传输方式，便于监测旋转或移动的物体的温度。③从普通传感器向智能传感器发展,智能传感器除了具备一般传感器的基本功能外,还可以实现信号检测、变换,逻辑判断、计算,自动检查、矫正、补偿,双向通信和数据存储输出等功能。④从传统传感器向微型传感器发展,微型传感器具有体积小、质量轻、低功耗、低成本等优点,便于集成化和多功能化。⑤从无线传感器到无线传感器网络发展,无线传感器网络是将传感器节点广泛分布,每个节点均同时具有传感、数据处理和无线通信功能,使节点之间实现无线通信。

第十四节　太阳能电池特性测量

随着煤、石油、天然气等化石能源的大量消耗,能源短缺和环境污染已成为人类面临的重要危机。太阳能作为一种取之不尽用之不竭的洁净再生能源,其特性和应用研究是 21 世纪新型能源开发的重点课题,人们对于太阳能的收集、转换、储存及输送等技术的研究已经取得了显著进展,这对人类的文明具有重大意义。

太阳能光电转换技术简称太阳能电池,它是利用某些材料受到光照时产生的光伏效应,将太阳能转换为电能的器件。太阳能电池最初应用在人造卫星、宇宙飞船及军事通信等方面,随着应用范围的扩大,目前也应用于汽车、计算机、乡村电站等许多民用领域。太阳能电池种类繁多,有晶体硅电池、硅基薄膜电池、多元化合物电池、染料敏化电池,以及近年来出现的量子点电池和钙钛矿电池等。

本实验研究单晶硅太阳能电池的基本特性,对学生掌握太阳能电池相关知识,激发学习兴趣,以及环保节能的人文思想熏陶都大有裨益。

一、实验目的

(1)掌握测量太阳能电池在无光照条件下的伏安特性曲线的方法;
(2)掌握测量太阳能电池在有光照下的输出特性的方法。

二、预习要求

(1)能简述太阳能电池的原理;
(2)能说出太阳能电池的评价参数;
(3)能阐述实验的主要步骤和注意事项。

三、仪器物品

仪器:太阳能电池特性测试仪、数字式光功率计。
物品:电阻箱、光源、太阳能电池盒、光具座及滑块座、导线等。

四、实验原理

(一)太阳能电池的原理

太阳能电池能够吸收光的能量,并将所吸收光子的能量转化为电能,这一能量转换过程是利用半导体 PN 结的光伏效应(Photovoltaic Effect)进行的。在没有光照时太阳能电池可

视为一个二极管,其正向偏压 U 与通过电流 I 的关系为

$$I=I_0\left(\mathrm{e}^{\frac{qU}{nkT}}-1\right)=I_0(\mathrm{e}^{\beta U}-1) \tag{4-79}$$

$$\beta=\frac{q}{nkT}$$

式中:I_0 为二极管的反向饱和电流;n 为二极管的理想因子;k 为波尔兹曼常数;q 为电子的电量;T 为热力学温度。

不同的光谱中光子所携带的能量不一样,并非所有光子都能顺利地通过太阳能电池将光能转换为电能。当光子所携带的能量大于禁带能量时,光子照射入半导体内,把电子从价电带激发到导电带,从而在半导体内部产生了许多"电子-空穴"对,在内建电场的作用下,电子向 N 型区移动,空穴向 P 型区移动,这样,N 区有很多电子,P 区有很多空穴,在 PN 结附近就形成了与内建电场方向相反的光生电场,它的一部分抵消了内建电场,其余部分则使 P 区带正电,N 区带负电,于是在 N 区与 P 区之间产生了光生电动势,这就是所谓的"光伏效应"。在太阳光照射到太阳能电池产生"电子-空穴"对的同时,也会有部分的能量以热能形式散逸掉而不能被有效利用。

(二)太阳能电池的基本技术参数

1. 短路电流(I_{SC})和开路电压(U_{OC})

根据以上所述,可以建立一个等效理论模型来分析太阳能电池的工作特性。假设太阳能电池为一个理想电流源(光照产生光电流的电流源)、一个理想二极管和一个电阻 R_{sh} 并联,并串有一个电阻 R_{s} 的等效电路,如图 4-80 所示。

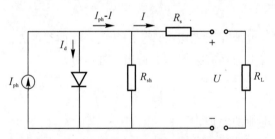

图 4-80 太阳能电池的理论模型等效电路

图 4-80 中,I_{ph} 为光生电流,I_{d} 为二极管的电流,I 为太阳能电池的输出电流,U 为输出电压。由基尔霍夫定律得

$$IR_{\mathrm{s}}+U-(I_{\mathrm{ph}}-I_{\mathrm{d}}-I)R_{\mathrm{sh}}=0 \tag{4-80}$$

将式(4-80)变形为

$$I\left(1+\frac{R_{\mathrm{s}}}{R_{\mathrm{sh}}}\right)=I_{\mathrm{ph}}-\frac{U}{R_{\mathrm{sh}}}-I_{\mathrm{d}} \tag{4-81}$$

在简化的模型中,式(4-81)中的 R_{sh} 和 R_{s} 可以忽略,即认为 $R_{\mathrm{sh}}=\infty$ 和 $R_{\mathrm{s}}=0$,则太阳能电池可简化为图 4-81 所示的电路,这时有

$$I=I_{\mathrm{ph}}-I_{\mathrm{d}}=I_{\mathrm{ph}}-I_0(\mathrm{e}^{\beta U}-1)$$

若将太阳能电池短路，即 $R_L=0$，此时太阳能电池的输出电流即为短路电流（I_{SC}），这时有

$$U=0, I_{SC}=I_{ph}$$

若 $R_L=\infty$，即太阳能电池开路，此时太阳能电池的端电压即为开路电压（U_{OC}），这时有

$$I=0, I_{ph}-I_0(e^{\beta U_{oc}}-1)=0$$

得到开路电压为

$$U_{OC}=\frac{1}{\beta}\ln\left(\frac{I_{ph}}{I_0}+1\right)$$

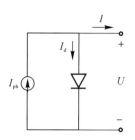

图 4-81　太阳能电池理论模型的简化等效电路

2. 最大输出功率（P_m）、填充因子（FF）和转换效率（η）

当太阳能电池接上负载时，电池输出功率随着负载电阻的不同而不同。太阳能电池的最大输出功率 P_m 为

$$P_m=I_m U_m$$

式中：I_m 为最佳工作电流；U_m 为最佳工作电压。

将 P_m 与 U_{OC} 和 I_{SC} 乘积之比定义为填充因子 FF，则有

$$FF=\frac{P_m}{U_{OC}I_{SC}}$$

填充因子是太阳能电池的重要表征参数，它的值越大则输出的功率越高。填充因子取决于入射光强、材料的禁带宽度、理想因子、串联电阻和并联电阻等。

太阳能电池的转换效率为

$$\eta=\frac{P_m}{A_t P_{in}}\times 100\% \tag{4-82}$$

式中：P_m 为最大输出功率；P_{in} 为单位面积的太阳能强度；A_t 为电池面积。太阳能电池的效率主要取决于电池的材料和结构。

五、实验内容

（1）在全暗情况下，测量太阳能电池正向伏安特性曲线。按照图 4-82 所示的方法安排实验仪器，盖上遮光盖，依次改变电源电压，记录电流表的示数。

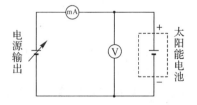

图 4-82　I-U 特性测量示意图

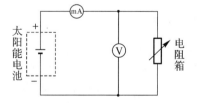

图 4-83　输出特性测量示意图

（2）在光照条件下，测量太阳能电池在光照时的输出特性。按照图 4-83 所示的方法安排实验仪器，打开遮光盖。保持一定距离（例如用光功率计测量光功率 5 mW 处），用白炽

灯照射,改变电阻箱阻值,测量电池在不同负载电阻下,I 对 U 变化关系。

六、数据记录与处理

(1)在全暗的情况下,测量太阳能电池的正向伏安特性曲线。数据记录表格见表4-18,根据所测数据画出 I-U 曲线,并进行曲线拟合,求得常数 β 和 I_0 值。由 $I=I_0(e^{\beta U}-1)$ 可知,当 U 较大时,$e^{\beta U}\gg 1$,可近似认为 $I=I_0 e^{\beta U}$,即 $\ln I=\beta U+\ln I_0$,经数据拟合可以得到 β 和 I_0。

表 4-18 全暗情况下太阳能电池在外加偏压时伏安特性

U/V	0	0.05	0.10	0.15	0.20	0.25	0.30	0.35	0.40	0.45	0.50
I/mA											

(2)在光照条件下,测量太阳能电池的输出特性。数据记录表格见表 4-19,根据所测数据画出 I-U 曲线图,并进行曲线拟合,求出在此光照条件下太阳能电池的短路电流 I_{SC}、开路电压 U_{OC}。

绘制输出功率 $P=I\times U$ 与负载电阻 R 的关系曲线图,求出最大输出功率 P_m,并计算填充因子和转换效率。

表 4-19 在不同负载电阻下的 I、U

R/Ω	0	50	100	150	200	250	300	350	400	450
U/V										
I/mA										
R/Ω	500	550	600	650	700	750	800	850	900	950
U/V										
I/mA										
R/Ω	1.0 k	2.0 k	3.0 k	4.0 k	5.0 k	6.0 k	7.0 k	8.0 k	9.0 k	10.0 k
U/V										
I/mA										

七、注意事项

(1)白炽灯应与太阳能电池特性测试仪后面板上的香蕉插头座对接;注意该插座为220 V 输出,必须关闭电源开关后方可操作,以免发生触电事故。

(2)实验测试结果会受到实验室杂散光的影响,使用中尽量保持较暗的测试环境。

(3)如果实验室电网电压波动较大,请加稳压电源后使用测试仪。

八、拓展训练

测量不同入射光功率下,太阳能电池的特性参数。

九、思考与讨论

(1)分析入射光功率不同对实验结果的影响。

(2)试分析实验误差来源及其修正方法。

(3)列举太阳能电池在军事和生活中的应用案例。

十、课堂延伸

太阳能技术在军事中的应用

未来智能化作战装备的广泛应用,以及未来战场作战区域的不断扩展,作战部队分散部署,不同作战力量异地联动,使得以石油为主的传统能源、以后方前送为主的供能方式难以满足作战需求,能源保障供应必须向就地取能发展。太阳能作为新型能源在军事能源保障中将发挥更为重要的作用。太阳能供电可以为分布广泛、灵活机动的作战装备进行能源补给,为实现高效、及时的军事能源保障奠定基础。太阳能发电技术在军事中的应用主要集中在野外基地供电、太阳能无人机、高空通信中继、太空发电、太阳能水下自主航行器等领域。

太阳能移动电源是利用太阳能给移动蓄电池充电的设备,是一种具有可移动性的新型电源,可为部队外出作业所携带的电子设备供电使用。太阳能发电装置还可以为野外驻训、临时指挥站、哨所等提供电能,电池模块化设计便于随时随地安装,方便快捷。而电网难以覆盖的边防部队、驻岛部队等军事基地可采用固定式太阳能发电站,为官兵日常生活和工作用电提供动力支持。

无人智能化作战装备的发展需要更为持久的动力。太阳能电池的应用为无人作战装备提供了能源保障。如太阳能无人机,采用超薄砷化镓太阳能电池设备,电池重量可以忽略不计,且可以产生足够的发电量供无人机远距离飞行,续航能力强,可用于侦察、监视、情报作战、通信中继等。还有太阳能海上自主航行器,采用太阳能作为动力执行海洋探测、侦察监视、通信中继等任务。

除了地面太阳能供电设备,太空太阳能发电通过太阳能卫星系统吸收地球大气层外的太阳能,将其转换成微波传输到地面接收天线,进而转化为电能,可直接为战场提供电能,拓展了地面能源供应渠道,为军事行动提供强有力的能源支持。

太阳能电池在军事中的应用前景广阔。当前主要研究方向有两个:一方面是增强电池的便携性。提高太阳能电池便携性的途径在于实现装备与电池的一体化,将太阳能电池与基本装备整合,如与军装或军用背囊等整合为一体装备,减少单兵装具的数量,缩短士兵行动前的准备时间。另一方面是提高电池转换效率。效率的提高使电池能以更大的输出功率满足军事武器装备的需求,同时可以大幅度减少太阳能电池的体积和重量,提高了电池的便携性。

第十五节　音频信号光纤传输技术

光纤(Optical Fiber):是光导纤维的简写,是一种由玻璃或塑料制成的纤维,可作为光传导工具。光导纤维是由两层折射率不同的玻璃组成,内层为光内芯,直径在几微米到几十微米,外层的直径为 $0.1\sim0.2$ mm,一般内芯玻璃的折射率比外层玻璃大 1%,根据光的折射和全反射原理,当光线射到内芯和外层界面的角度大于产生全反射的临界角时,光线透不过界面,全部反射。光纤可以按照不同的方式进行分类,按照光纤的材料,可将光纤分为石英光纤和全塑光纤。石英光纤一般是指由掺杂石英芯和掺杂石英包层组成的光纤。这种光纤有很低的损耗和中等程度的色散。全塑光纤是一种通信用新型光纤,尚在研制、试用阶段。全塑光纤具有损耗大、纤芯粗、数值孔径大及制造成本较低等特点,适用于较短长度的通信传输,如室内计算机联网和船舶内的通信等。按照光纤剖面折射率分布的不同可以分为阶跃型光纤盒、渐变型光纤,按照光纤传输的模式数量可以将光纤的种类分为多模光纤和单模光纤。此外国际上制定了统一的光纤标准(G 标准)。前香港中文大学校长高锟和George A. Hockham 首先提出光纤可以用来通信传输的设想,高锟因此获得了 2009 年诺贝尔物理学奖。目前通信中所用的光纤一般是石英光纤,但是普通的石英材料制成的光纤是不能用于通信的,通信光纤必须由纯度极高的材料组成。光纤通信具有宽频带、高速、不受电磁干扰影响等一系列优点,正在得到不断发展。音频信号光纤传输实验就是让学生熟悉了解信号光纤传输的基本原理。

一、实验目的

(1)了解音频信号光纤传输系统的结构;
(2)熟悉半导体电光/光电器件的基本性能及主要特性的测试方法;
(3)了解音频信号光纤传输系统的调试技能。

二、预习要求

(1)了解 LED、SPD 的工作原理;
(2)明确实验中的测试数据;
(3)知道数据处理的注意事项。

三、仪器物品

仪器:YOF‐C 型音频信号光纤传输技术实验仪、数字万用表、示波器。
物品:导线。

四、实验原理

(一)光纤信息传输系统

图 4‐84 是一个光纤传输系统的结构原理图,它由发送部分、传输部分和接收部分组成。其中,发送部分主要作用是通过发光二极管(LED)将电信号转换为光信号进行发送;传输部分是通过光纤进行极低损耗的光信号传输;接收部分主要作用是通过光电二极管(PD)将接收到的光信号转换为电信号。

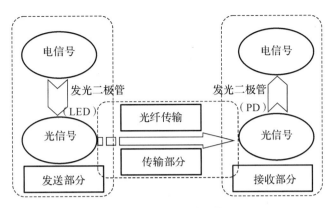

图 4 - 84　光纤传输系统结构原理图

(二)光纤信息传输系统的发送部分

　　光纤信息传输系统的发送部分主要是由 LED 及其调制、驱动电路组成的光信号发送器,主要目的是通过发光元器件将接收到的电信号转换为光信号。光纤通信系统中对光源器件在发光波长、电光效率、工作寿命、光谱宽度和调制性能等许多方面均有特殊要求。所以不是随便哪种光源器件都能胜任光纤通信任务,目前在以上各个方面都能较好满足要求的光源器件主要有半导体发光二极管(LED)和半导体激光二极管(LD)。本实验采用 LED 作光源器件。光源器件 LED 的发光中心波长必须在传输光纤呈现低损耗的 $0.85~\mu\mathrm{m}$、$1.3~\mu\mathrm{m}$ 或 $1.5~\mu\mathrm{m}$ 附近,本实验采用中心波长 $0.85~\mu\mathrm{m}$ 附近的 GaAs 半导体发光二极管作光源、峰值响应波长为 $0.8\sim0.9~\mu\mathrm{m}$ 的硅光二极管(SPD)作光电检测元件。

　　本实验采用的 HFBR - 1424 型半导体发光二极管的正向伏安特性如图 4 - 85 所示,与普通的二极管相比,在正向电压大于 1 V 以后,才开始导通,在正常使用情况下,正向压降为 1.5 V 左右。半导体发光二极管输出的光功率与其驱动电流的关系称 LED 的电光特性。为了使传输系统的发送端能够产生一个无非线性失真、而峰—峰值又最大的光信号,使用 LED 时应先给它一个适当的偏置电流,其值等于这一特性曲线线性部分中点对应的电流值,而调制电流的峰-峰值应尽可能大地处于这一电光特性的线性范围内。

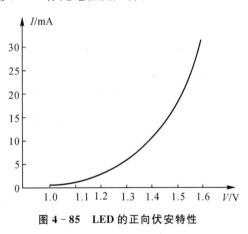

图 4 - 85　LED 的正向伏安特性

　　音频信号光纤传输系统发送端 LED 的驱动和调制电路如图 4 - 86 所示,以 BG1 为主构成的电路是 LED 的驱动电路,调节这一电路中的 W_2 可使 LED 的偏置电流在 $0\sim20$ mA 的范围内变化。被传音频信号由 IC_1 为主构成的音频放大电路放大后经电容器 C_4 耦合到 BG1 基极,对 LED 的工作电流进行调制,从而使 LED 发送出光强随音频信号变化的光信号,并经光导纤维把这一信号传至接收端。

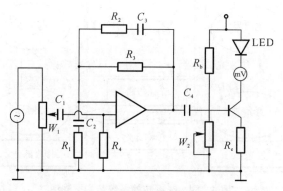

图 4 - 86 LED 的驱动和调制电路

(三)光纤信息传输系统的传输部分

光纤信息传输系统的传输部分就是光导纤维。衡量光导纤维性能好坏有两个重要指标:一是看它传输信息的距离有多远,二是看它携带信息的容量有多大,前者决定于光纤的损耗特性,后者决定于光纤的脉冲响应或基带频率特性。

经过人们对光纤材料的提纯,目前已使光纤的损耗容易做到 $1\ dB \cdot km^{-1}$ 以下。光纤的损耗与工作波长有关,因此在工作波长的选用上,应尽量选用低损耗的工作波长,光纤通信最早是用短波长 $0.85\ \mu m$,近来发展至用 $1.3 \sim 1.55\ \mu m$ 范围的波长,因为在这一波长范围内光纤不仅损耗低,而且色散也小。

光纤的脉冲响应或它的基带频率特性又主要决定于光纤的模式性质。光纤按其模式性质通常可以分成两大类:单模光纤、多模光纤。无论单模或多模光纤,其结构均由纤芯和包层两部分组成。纤芯的折射率较包层折射率大,对于单模光纤,纤芯直径只有 $5 \sim 10\ \mu m$,在一定条件下,只允许一种电磁场形态的光波在纤芯内传播,多模光纤的纤芯直径为 $50\ \mu m$ 或 $62.5\ \mu m$,允许多种电磁场形态的光波传播;以上两种光纤的包层直径均为 $125\ \mu m$。对于阶跃型光纤,在纤芯和包层中折射率均为常数,但纤芯折射率 n_1 略大于包层折射率 n_2。因此对于阶跃型多模光纤,可用几何光学的全反射理论解释它的导光原理。

当一光束投射到光纤端面时,进入光纤内部的光射线在光纤入射端面处的入射面包含光纤轴线的称为子午射线,这类射线在光纤内部的行径,是一条与光纤轴线相交、呈"Z"字形前进的平面折线,如图 4 - 87 所示。

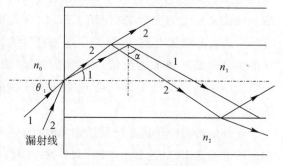

图 4 - 87 光纤内部光路

(四)光纤信息传输系统的接收部分

1. 电路构成

光纤信息传输系统的接收部分主要是

由光电转换、I-V变换及功放电路组成的光信号接收器,主要目的是通过光电效应器件将接收到的光信号转换为电信号。半导体光电二极管与普通的半导体二极管一样,都具有一个 PN 结,光电二极管在外形结构方面有它自身的特点,这主要表现在光电二极管的管壳上有一个能让光射入其光敏区的窗口,此外,与普通二极管不同,它经常工作在反向偏置电压状态或无偏压状态。由图 4-88、图 4-89 可看出:

(1)光电二极管即使在无偏压的工作状态下,也有反向电流流过,这与普通二极管只具有单向导电性相比有着本质的差别,认识和熟悉光电二极管的这一特点对于在光电转换技术中正确使用光电器件具有十分重要的意义。

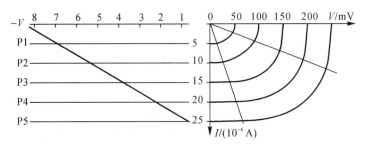

图 4-88　光电二级管的伏安特性曲线及工作点的确定

(2)反向偏压工作状态下,在外加电压 E 和负载电阻 R_L 的很大变化范围内,光电流与入照的光功率均具有较好的线性关系;无偏压工作状态下,只有 R_L 较小时光电流才与入照光功率成正比,R_L 增大时,光电流光功率呈非线性关系;无偏压短路状态下,短路电流与入照光功率具有很好的线性关系,这一关系称为光电二极管的光电特性,这一特性表现在 I-P 坐标系中的斜率为

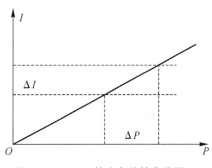

图 4-89　SPD 的光电特性曲线图

$$R = \frac{\Delta I}{\Delta P}$$

该斜率定义为光电二极管的响应度,单位是 $mA \cdot mW^{-1}$,它是表征光电二极管光电转换效率的重要参数。

2.电路

由 IC1 为主构成的电路是一个电流-电压变换电路,它的作用是把流过光电二极管的光电流 I 转换成由 IC1 输出端 C 点的输出电压 V_0,它与光电流成正比。整个测试电路的工作原理如图 4-90 所示,具体依据如下:

由于 IC1 的反相输入端具有很大的输入阻抗,光电二极管受光照时产生的光电流几乎全部流过 R_f 并在其上产生电压降 $V_{cb} = R_f I$。另外,又因 IC1 具有很高的开环电压增益,反相输入端具有与同相输入端相同的地电位,故 IC1 的输出电压:$V_0 = R_f I$。已知 R_f 后,就可根据上式由 V_0 计算出相应的光电流 I。

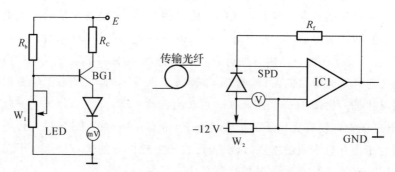

图 4-90　SPD 反向伏安特性的测定原理图

五、实验内容

(一)LED 伏安特性及电光特性的测定

1. LED 伏安特性的测定

LED 伏安特性的测定连线图如图 4-91 所示,测定流程如图 4-92 所示。

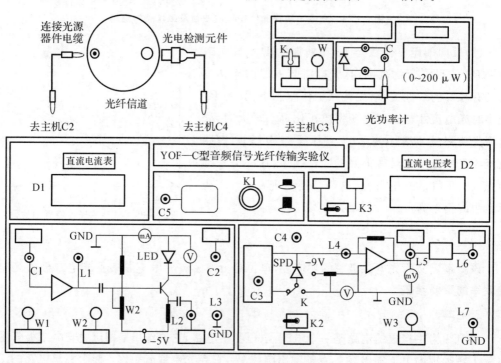

图 4-91　LED 伏安特性的测定流程图

2. LED 电光特性的测定

LED 电光特性的测定流程如图 4-93 所示。

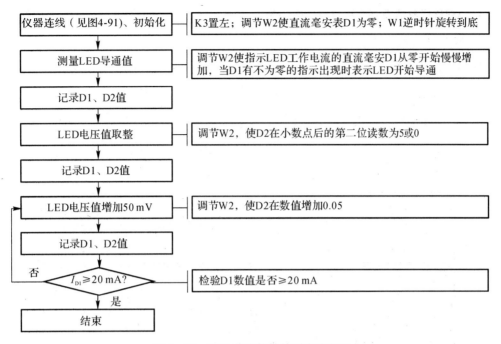

图 4-92 LED伏安特性的测定流程图

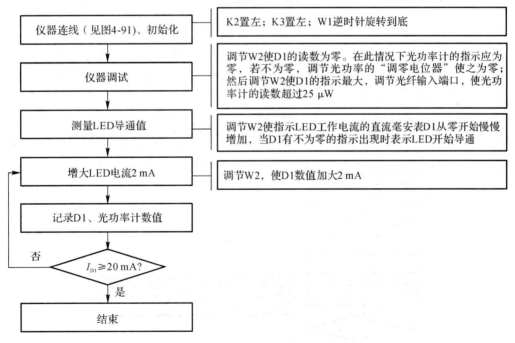

图 4-93 LED电光特性的测定流程图

(二)SPD 反向伏安特性和光电特性的测定

1. SPD 反向伏安特性

SPD 反向伏安特性的测定连接图如图 4 - 94 所示,测定流程如图 4 - 95 所示。

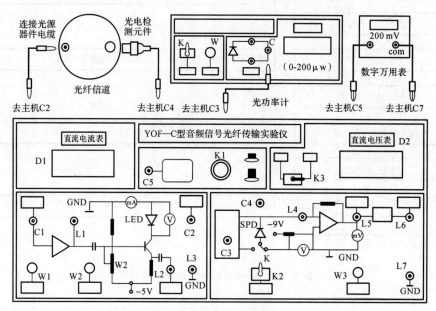

图 4 - 94   SPD 反向伏安特性测定流程图

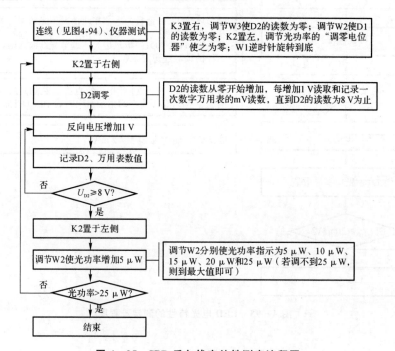

图 4 - 95   SPD 反向伏安特性测定流程图

2. SPD 光电特性

SPD 光电特性测定连接图如图 4-96 所示,测定流程如图 4-97 所示。

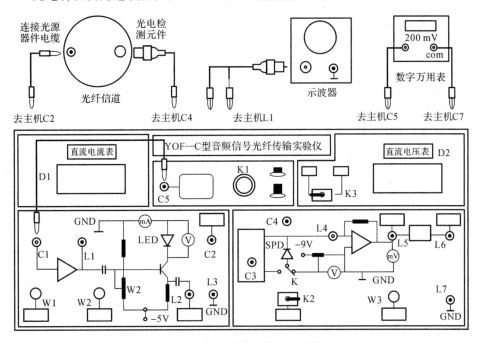

图 4-96　SPD 光电特性测定连接图

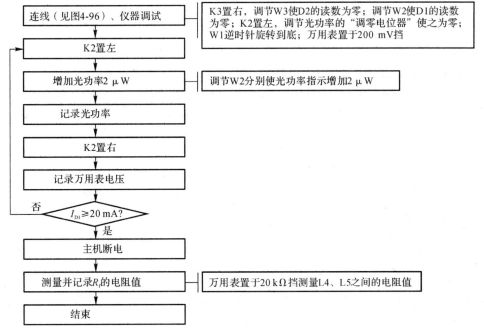

图 4-97　SPD 光电特性测定流程图

＊(三)音频信号光纤传输系统无非线性失真的最大调制幅度与 LED 偏置电流的关系的测定

输系统光信号无非线性失真的判断方法如图 4‐98 所示。

在 LED 工作电流某一特定偏置状态下(如 5 mA、10 mA、15 mA 和 20 mA),调节主机面板上的 W1 电位器,使调制信号的幅度从 0 慢慢增加,与此同时并注意观测图 4‐90 的测试系统中万用表的读数及其变化情况,当调制信号的幅度增大到使数字万用表读数对其初始值偏离±(0.1～0.2)mV 时,表明光信号已开始出现非线性失真,这时需停止增加调制信号的幅度,并用示波器观测、记录下 L1 插孔输出的调制信号幅度的峰‐峰值(也就是传输系统在 LED 这一特定偏置状态下无非线性失真所允许的最大调制幅度)。

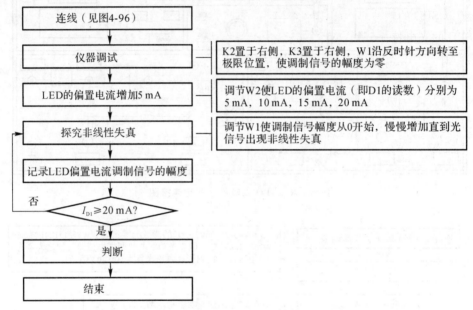

图 4‐98　音频信号光纤传输系统无非线性失真的最大调制幅度与 LED
偏置电流的关系的测定流程图

(四)语言信号的传输

(1)连接。在图 4‐94 连接的基础上,去掉连接主机面板 C5 插口和 C1 插口的电缆线,并用另一条电缆连接线(一头为双声道插头,另一头为单声道插头)把外接语音信号源(单放机或其他音源设备)接入实验系统,电缆线双声道一头接单放机,单声道一头接主机前面板的 C1 插口,随本实验仪配备的小音箱接入主机后面板上喇叭图标上方的插口中。

(2)考察整个传输系统的音响效果。实验时把示波器和数字万用表(200 mV 挡)接到主机前面板 I‐V 变换电路输出端 L5 插孔处,调节 W2 使 LED 处于各种偏置状态,在 LED 各种偏置状态下,再调节 W1 改变语音调制信号幅度,使传输系统工作在无非线性失真、光信号幅度为最大,考察听觉效果。

六、数据记录与处理

(一)实验数据记录表格

自行拟制记录。

(二)实验数据处理要求

(1)以 LED 的电压为自变量,电流为因变量,绘制 LED 的伏安特性曲线。

(2)以 LED 的电流为自变量,光功率为因变量,绘制 LED 的电光特性曲线。

(3)以 SPD 的反向电压为自变量,光电流为因变量(做数据处理表格求光电流的值),绘制 SPD 的反向伏安特性曲线(SPD 光电流在不同光功率下随反向偏压的变化特性)。

(4)以 SPD 的输入光功率为自变量,光电流为因变量(做数据处理表格求光电流的值),绘制 SPD 的光电特性(SPD 光电流随光功率的变化特性),并求出表征 SPD 光电转换效率的参数(响应度)(SPD 在零偏压情况下)的大小。

(5)确定由本实验仪组成的音频信号光纤传输系统中 LED 的最佳偏置电流及相应的调制信号幅度。

七、注意事项

(1) R_{17} 为调零电位器;

(2) R_1 用来调节表头内阻归一化的,已由教师调好,实验时不要动;

(3)线路连接要正确;

(4)各焊点要光滑、牢固。

八、拓展训练

尝试语言信号的传输。

九、思考与讨论

(1)光纤传输的特点有哪些?

(2)光纤和电缆的区别?

十、课堂延伸

光纤的应用

(一)光纤通信技术

1.光纤到户接入技术。

针对现代宽带业务领域的研究逐渐深入,基于更好地适应用户的通信要求,所采用的通信技术一要具备宽带主干传输网络,还要具备光纤到户接入技术,后者是保证信息传送得以进入千家万户的重要保障之一,鉴于此,大部分业内人士认为,信息接入网是信息高速公路发展的临门一脚,在肯定光纤到户接入技术的重要性的同时,也指出信息通信领域的瓶颈所在。

2.单纤双向传输技术

在应用双纤传输技术之时,信号处于分散传输的状态,即是信号在两根光纤当中进行传输。而应用单纤传输技术,全部的信号均在一根光纤当中完成传输。根据现代光纤传输理论可得知,光纤传输的容量是不存在上限的,但是在传输设备的制约之下,导致光纤传输的容量一直无法达到理想的水平。

目前,我国的通信领域采用的基本上都是双纤传输技术,导致宝贵的光纤资源被严重浪费。现阶段,单纤双向传输技术的主要应用方向是光纤末端接入设备方面,包括 PON 无源光网络、单纤光收发器等,应用程度有待深化。光纤通信传输技术未来的主要发展趋势集中体现在集成光器件、全光网络、光网络智能化、多波长通道四个方面。

(二)光纤技术在医学内窥镜领域中的应用

内窥镜技术已成为促进医学科学发展的一种强有力的工具。用光纤制成的医用内窥镜,因光纤束柔软,可以弯曲灵活地插入人的体腔,实现导光、传像,在医学上具有广泛应用。把光纤束经过合适的途径插入人体体腔:一方面把外部光源发出的光通过光纤束导入体内,照亮人体内需要检查的部位;另一方面,再由光纤束把观察到的体内器官的病变图像传出体外,供医生观看或作照相、摄像记录。

目前已研制出各种用途的医用光纤内窥镜,除胃镜外,还有膀胱镜、直肠镜、食道镜、支气管镜、腹腔镜、结肠镜、小儿专用内窥镜等。检查时,把光纤束经过合适的途径插入体腔,外部高强度冷光源发出的光通过导光束传至内窥镜的先端部,经导光窗口射出,照亮体腔内部需要观察的部位,观察到的图像通过观察窗棱镜改变方向后,由物镜成像在传像束的端面上,再经传像束传至目镜,供医生观看或作照相、摄像。内窥镜的光纤束具有细软、弯曲灵活等优点,即使是插入人体体腔的复杂部位,操作起来也比较方便。内窥镜的应用范围很广,其附件也在不断完善。例如:作胃镜检查时,如需取活检,可使用活体取样钳,在直视下钳取组织标本。有的还配有 pH 计,可直接测出食道或胃黏膜的 pH 值。内窥镜上还可安装放射线探测器,可对某些早期癌症做出诊断。另外,内镜也可用于治疗,对于在以往必须通过手术才能治疗的病症,如用内窥镜,则可减轻手术给病人造成的痛苦。在内窥镜下对局部止血,可避免手术下止血的复杂过程,这对减轻病人痛苦具有明显效果。配有大功率激光传输的内窥镜,可进行内腔激光治疗。如对肠腔组织增生的肠息肉,使用激光内窥镜可以方便地将其切除。

(三)光纤技术的在军事领域的应用

1.光纤技术的军事通信应用

光纤技术在陆上的军事通信应用主要包括三个方面:

(1)战略和战术通信的远程系统;

(2)基地间通信的局域网;

(3)卫星地球站、雷达等设施间的链路。

2.光纤技术在雷达和微波系统的应用

由于光纤传输损耗低、频带宽等固有的优点,光纤在雷达系统的应用首先用于连接雷达天线和雷达控制中心,从而可使两者的距离从原来用同轴电缆时的 300 m 以内扩大到 2～5 km。用光纤作传输媒体,其频带可覆盖 X 波段(8～12.4 GHz)或 Ku 波段(12.4～18 GHZ)。

光纤在微波信号处理方面的应用主要是光纤延迟线信号处理。先进的高分辨率雷达要求损耗低、时间带宽积大的延迟器件进行信号处理。传统的同轴延迟线、声表面波(SAW)延迟线、电荷耦合器件(CCD)等均已不能满足要求。静磁波器件和超导延迟线虽能满足技术要求,但离实用化尚很遥远。光纤延迟线具有损耗低(在 1～10 GHz 频段内,单位延迟时间的损耗仅 0.4～0.1 dB·ps^{-1}),时间带宽积大(达 10^4～10^6),带宽宽(>10 GHz)等优点,且动态范围大,三次渡越信号小,实现彼此跟踪的延迟线相当容易,而且能封装进一个小型的封装盒。光纤技术在相控阵雷达的应用还包括用光纤延迟线在光控相控阵雷达波束形成所需的相移。在电光相控阵发射机中采用集成光学进行波束形成,用光纤技术进行天线的灵活遥控。利用光纤色散棱镜技术的宽带光纤实时延迟相控阵接收机等。其中,除光纤延迟线外,光纤耦合器、波分复用/解复用器、集成光学、偏振保持光纤、高色散光纤、光纤放大器、光纤光栅等先进的光纤元器件技术得到了应用。

3. 光纤制导导弹

美国陆军的光纤制导导弹项目主要用于反坦克和反武装直升飞机。早期设计的射程仅为 10 km。美国海军的项目则主要用于空对空、空对地及舰对舰作战。光纤制导导弹不仅受到美国军方的重视,德国也进行了开发研究,并得到了法国的合作,意大利也加入其中,三国共同制定了三边光纤导弹计划。其中 Polypheme 20 型用于对付师级装甲车、直升机,可装在轻型或高机动车辆上,射程为 15 km;Polypheme 60 型用于杀伤纵深特定的固定或低机动性的目标,射程为 60 km;Polypheme SM 型用于潜艇水下数百米深处发射,反直升机或飞机,射程为 10 km。

4. 光纤系绳武器

光纤遥控战车是用一根光缆系留到基地站拖车上的高机动性多用途轮式车辆,可将各种侦察装置、传感器及武器送到危险战区,执行诸如侦察、探雷、排雷、清除障碍和弹药补给等任务。光纤遥控水下深潜器也称水下机器人或无人潜艇,有拖曳式和系留式两种。通过装备不同的设备可进行地形测绘、调查打捞沉船和坠海飞机、营救潜艇、反潜监听装置布设、探测和排除水雷、自主布雷和水下诱饵等。

5. 光纤水听器系统

光纤水听器是利用光纤技术探测水下声波的器件,它与传统的压电水听器相比,具有极高的灵敏度、足够大的动态范围、本质的抗电磁干扰能力、无阻抗匹配要求、系统"湿端"质量轻和结构的任意性等优势,因此足以应对来自潜艇静噪技术不断提高的挑战,适应了各发达国家反潜战略的要求,被视为国防技术重点开发项目之一。

6. 光控飞行

由于电磁干扰、电磁脉冲、高强度无线电频率以及新的威胁(如直接能量武器)会严重威胁配备电控飞行的飞行器的飞行安全,所以人们不得不采取适当的屏蔽措施,但这样将造成重量的增加,而光控飞行可起到一箭双雕的作用。

对于战术飞机来说,如用光控飞行替代电控飞行,重量约可节省 90～317 kg,而且,光纤系统不仅可进行飞行控制,还可用来控制和监测飞行器的子系统,机载光纤系统在"隐形"飞机中也很重要,因为机内长达数公里的电缆的噪声辐射将成为辐射源而易被雷达所发现,采用光纤系统则不存在这个问题。

(四)光纤技术在安防监控领域的应用

进入 21 世纪以来,伴随着数字信号处理(DSP)技术和光纤传感技术的发展,一种全新的安防技术——光纤监控技术,在全球得到关注,并在欧美等国迅速得到推广应用。这种技术和现有的各种基于传统电磁效应,以点状布设为特点的监控技术不同,它采用了光纤作为侵入信号传感监测和信号传输合一的外部布设器件,通过光纤打造全方位传感网络,实现多区域、多形态(线形、面形、空间区域形)的振动探测以及语音拾取。该类监控技术具备的突出特点包括:

(1)具有隐蔽性,易于布设。光纤自身是线性的柔性介质,布设方式灵活自由,可以隐蔽地非破坏性地布设于多种环境与区域,可以全面补充安防系统的周界报警、通道报警与空间报警三道复核防线。其隐蔽性也大大降低了入侵人员对安防设备的警惕性。

(2)具有突出的防破坏性。正是由于光纤采用了隐蔽布设的方式,同时技术原理也具有保密性,不像摄像头和红外拦阻线等传统技术为人熟知,易识别、回避和破坏;同时,光纤探头无电磁辐射,更抗电磁干扰,基于电磁和金属效应进行探测的普通检测装置难以发现光纤探头,所以,光纤监控技术被规避和损毁的可能性极低,防破坏性极强。

(3)光纤具有无中继传输距离长的优点,对能源依赖小,整个监控区域布设的传感网络均无需要电力供应,因此大大降低了电子设备可能会对木质或其他材料结构建筑构成安全隐患的风险。而且现场不需电力供给的系统也不必担心拉闸断电会造成的安防系统瘫痪。

光纤传感系统不同于一般的线形或实物阻挡型探测系统易被避过的缺隙,光纤传感网络通过三维立体的协同感知功能,就像一张庞大的神经网络,从地上、地下以及空间进行语音拾取,能够准确地感知整个布设区域的异动以及声响,全方位地进行环境异动的入侵探测,并通过智能行为分析与模式识别,准确地进行分析判断,将可能产生误报的环境影响排除,保证系统作出高准确度的告知和报警。

阅读材料——十大著名实验物理学家

(一)伽利略·伽利雷(Galileo Galilei)(1564—1642)

伽利略是意大利天文学家、物理学家和工程师,欧洲近代自然科学的创始人。伽利略于 1564 年 2 月 15 日出生于意大利比萨。17 岁时,伽利略在比萨大学就读医学,但他很快意识到自己对数学、物理学等自然科学的向往,进而转为学习数学专业。1589 年,伽利略进入比萨大学任教,后来又得到帕多瓦大学一个薪酬更高的职位,并在这里待了 18 年,他在力学方面的重要研究都是在这个时期进行的。1610 年,伽利略前往佛罗伦萨,就任美第奇宫廷的数学官,并在这里用望远镜进行天文观测和研究。1633 年,伽利略由于出版《关于两大世界体系的对话》一书,被罗马宗教裁判所判处软禁,并于 1642 年病逝。

伽利略在力学、天文学等方面都有重要的贡献。力学方面,伽利略是第一个把实验引进力学的科学家,也是最早对动力学作出定量研究的人,并利用实验和数学相结合的方法确定了一些重要的力学定律,为牛顿正式提出第一、第二定律奠定了基础,可以说伽利略是牛顿的先驱。除了动力学外,他还有不少关于材料力学的研究,进行了梁的弯曲试验和理论研究。在天文学方面,伽利略利用望远镜观测天体取得了大量成果,并创制了天文望远镜(伽利略望远镜)。通过对天体的观察和研究,他从实验中总结出了自由落体定律、惯性定律和伽利略相对性原理,从而推翻了亚里士多德的许多臆断,奠定了经典力学的基础,反驳了托勒密的地心体系,有力地支持了哥白尼的日心学说。伽利略的主要著作有《星际使者》《关于太阳黑子的书信》《关于两大世界体系的对话》和《关于两门新科学的谈话和数学证明》等。

无论是在力学还是天文学的研究中,伽利略都十分重视观察和实验的作用。他倡导数学与实验相结合的研究方法,在观测结果的基础上提出假设,并运用数学工具进行演绎推理。这种研究方法是他在科学上取得伟大成就的源泉,也是他对近代科学的最重要贡献。伽利略是科学革命的先驱,是近代科学之父,他在人类思想解放和文明发展的过程中做出了划时代的贡献。他敢于向传统的权威思想挑战,为追求真理进行了坚持不懈的斗争,他的科学精神永远为后人所景仰。

(二)欧内斯特·卢瑟福(Ernest Rutherford)(1871—1937)

卢瑟福是英国著名物理学家,原子核物理学之父,是 20 世纪最伟大的实验物理学家之一。他在放射性和原子结构等方面做出了巨大贡献。1871 年 8 月 30 日,卢瑟福出生于新西兰斯普林格罗夫。15 岁时,他参加了纳尔逊学院的入学奖学金考试,以有史以来的最高分获得奖学金。23 岁时,卢瑟福以新西兰大学坎特伯雷学院的物理学、科学、数学和数学物理学的硕士学位毕业。1895 年,他进入英国剑桥大学的卡文迪许实验室进行研究生学习。1898 年,他在加拿大的麦吉尔大学就任物理学教授。1907 年,他返回英国接受了曼彻斯特维多利亚大学的职位。1919 年,卢瑟福得到卡文迪许实验室主任一职,在那里他一直进行核反应的研究。1931 年,他获得男爵爵位,1937 年,因病在剑桥逝世。

卢瑟福关于放射性的研究,使人们对物质结构的探索进入到了原子内部的层次,为开辟原子物理学这一新的科学领域做了开创性的工作。1908 年,卢瑟福获得了诺贝尔化学奖。1911 年,卢瑟福根据 α 粒子散射实验现象,创建了原子核模型,提出原子在其中心具有高密度的带正电荷的核。α 粒子散射实验被评为物理最美实验之一。质子的发现也是卢瑟福为物理学做出的伟大贡献之一,他用 α 粒子轰击氮核,发现了一种和氢原子核一模一样的粒子,他将这种粒子命名为质子。卢瑟福通过 α 粒子为物质所散射的研究,将原子核结构的研究引上了正确的轨道,为玻尔的量子理论奠定了基础。卢瑟福的另一项重要贡献是人工核反应,他找到了元素人工衰变的正确方法,即用粒子或 γ 射线轰击原子核引起核反应的方法,成为人们研究核反应和应用核技术的重要手段。卢瑟福还是一位杰出的学科带头人,他的助手和学生中有多人荣获诺贝尔奖,可谓桃李满天下。

(三)迈克尔·法拉第(Michael Faraday)(1791—1867)

法拉第是英国物理学家、化学家,是一位自学成才的科学家。法拉第有着强烈的求知欲,他重视科学实验,对实验的敏锐眼光和细致观察使他成为历史上最伟大的实验物理学家之一。1791 年 9 月 22 日,法拉第出生于英国萨里郡纽因顿,由于家境贫困,他只读了两年小学,13 岁便在书店和文具店做书籍装订工作。同时,他如饥似渴地阅读各类书籍,汲取了许多自然科学方面的知识,并将书本知识付诸实践,利用废旧物品进物理和化学实验。1812年,法拉第有幸聆听了皇家研究所著名化学家汉弗莱·戴维演讲的课程,并在 22 岁时,当上了戴维的实验助手,之后随戴维到欧洲大陆考察,大大开阔了眼界。1815 年 5 月,法拉第回到皇家研究所,1824 年当选为皇家学会会员。1867 年 8 月 25 日,法拉第因病去世。

法拉第在电磁学方面贡献显著,被称为交流电之父。他提出了电场和磁场的概念,打破了牛顿力学超距作用的传统观念。他还引入电力线和磁力线来解释电磁现象。法拉第在电磁学方面的成就为经典电磁学理论奠定了基础,是麦克斯韦电磁场理论的先导。1831 年,法拉第首次发现电磁感应现象,进而得到产生交流电的方法,之后发明了人类第一个发电机——圆盘发电机。在化学方面,1834 年法拉第总结出电解定律,这条定律成为联系物理学和化学的桥梁。法拉第还在 1825 年首先发现了苯。1845 年,法拉第发现了磁光效应,用实验证实了光和磁的相互作用,为电、磁和光的统一理论奠定了基础。

法拉第专心从事科学研究,不图名利,拒绝贵族称号,热心科学普及等公众事业,可以说是一位伟大的平民科学家。

(四)恩利克·费米(Enrico Fermi)(1901—1954)

费米是美籍意大利著名物理学家,出生于 1901 年 9 月 29 日,1922 年获比萨大学博士学位,1923 年前往德国,在量子力学大师马克斯·波恩的指导下从事研究工作,1926 年任罗马大学物理学教授,1929 年任意大利皇家科学院院士,1944 年加入美国国籍。1954 年,费米在芝加哥去世。

费米被誉为中子物理学之父,由于他在中子轰击方面年的成就,于 1938 年获得诺贝尔物理学奖。之后因反对法西斯主义,接受了哥伦比亚大学的职位,随后又到芝加哥大学担任教授和美国第一个国家实验室阿贡国家实验室主任。1942 年,费米领导小组在芝加哥大学建立了人类第一台可控核反应堆,命名为芝加哥一号堆,为第一颗原子弹的成功爆炸奠定了基础,使曼哈顿计划得以顺利推进。人类从此迈入了原子能时代,费米也被誉为原子能之父。1949 年,费米解释了宇宙线中原粒子的加速机制,研究了 π 介子、μ 子和核子的相互作用,提出宇宙线起源理论。并与杨振宁合作,提出基本粒子的第一个复合模型。1952 年,费米发现了第一个强子共振——同位旋四重态。

费米是 20 世纪最伟大的科学家之一,他在理论和实验方面都有建树,这在近代物理学家中是屈指可数的,费米尤其是在推动核物理学的发展上发挥了重要作用。费米先后获得德国普朗克奖章、美国哲学会刘易斯奖学金和美国费米奖。1953 年,费米被选为美国物理学会主席,还被德国海森堡大学、荷兰乌特勒支大学、美国华盛顿大学、哥伦比亚大学、耶鲁大学、哈佛大学、罗切斯特大学和拉克福德大学授予荣誉博士。费米子、100 号化学元素镄、费米单位、美国著名费米实验室、芝加哥大学的费米研究院都是为纪念他而命名的。美国原子能委员会建立了费米奖,以表彰为和平利用核能作出贡献的各国科学家。

(五)海因里希·鲁道夫·赫兹(Heinrich Rudolf Hertz)(1857—1894)

赫兹是德国物理学家,1857 年 2 月 22 日出生于德国汉堡一个犹太家庭。赫兹很早就表现出良好的科学天赋和语言天赋,曾经在德国德累斯顿、慕尼黑和柏林等地学习自然科学和工程学,是基尔霍夫和亥姆霍兹的学生。1880 年,赫兹获得博士学位,1883 年出任基尔大学理论物理学讲师。1885 年,赫兹转到卡尔斯鲁厄大学担任物理系教授,在缺乏实验经费的情况下,他却通过一点点积累造出一间精密的电磁实验室。1894 年,37 岁的赫兹因疾病英年早逝。

赫兹说过:"我不相信一个人只有理论,就可以知道实际"。赫兹对物理学最大的贡献是通过实验证实了电磁波的存在,人们为了纪念他,以他的名字作为频率的国际单位制单位赫兹。在证实电磁波的实验研究中,赫兹首先通过实验验证了麦克斯韦的理论,证明了无线电辐射具有波的所有特性,他用偏微分方程表达的波动方程,完善了麦克斯韦方程组。赫兹还通过实验确认了电磁波是横波,具有聚焦、直进、反射、折射和偏振的特性,证实了光也是一种电磁波,并通过实验测出了电磁波直线传播的速度与光速相同,验证了麦克斯韦电磁理论的正确性,得出了麦克斯韦方程组的现代形式。赫兹的实验不仅证实了麦克斯韦的电磁理论,更为无线电、电视和雷达的发展找到了途径。1887 年,赫兹发现了光电效应,这一发现,成为爱因斯坦建立光量子理论的基础。1882 年,赫兹通过实验研究了外力如何导致材料光学性质的改变,并发表了关于接触力学的著名文章。由赫兹开创性工作,加上后人的完善而得出的接触理论,是相关工程研究中不可缺少的工具之一,因此,赫兹在接触力学领域所做出的贡献不应该因他在电磁学领域的杰出成就而被忽视。

(六)詹姆斯·弗兰克(James Franck)(1882—1964)

弗兰克是德国著名实验物理学家,1882 年 8 月 26 日出生于德国汉堡。1901 年,弗兰克在海德堡大学学习了两个学期的化学,后转到柏林大学学习物理学。1906 年,弗兰克获得柏林大学哲学博士学位,短暂在法兰克福大学任物理学助教之后,回到母校柏林大学任教。希特勒执政后,作为犹太人的弗兰克辞掉了职位离开德国前往美国。从 1938 年起,弗兰克一直担任世界顶级学府美国芝加哥大学物理系教授,直至 1964 年 5 月 21 日,突发心脏病逝世。

在柏林大学任职期间,弗兰克发现了电子与惰性气体原子的碰撞主要是弹性碰撞,并在赫兹的参与下发现了非弹性碰撞中电子与原子间能量量子化转移。著名的弗兰克-赫兹实验是能量转变量子化特征的第一个证明,是波尔所假设的量子化能级的第一个决定性证据。弗兰克与赫兹因发现支配电子与原子相互碰撞的定律,于 1925 年共同获得了诺贝尔物理学奖。美国曼哈顿计划期间,弗兰克与同在芝加哥大学的著名物理学家费米、阿瑟·康普顿等人一起建立了人类第一台核反应堆,从此人类迈入了原子能时代。为了纪念弗兰克,芝加哥大学成立了著名的詹姆斯·弗兰克研究院,与恩利·费米研究院并列为物理系两个研究院。

弗兰克虽然是一个物理学家,但他关于太阳能量转变为维持地球生命基本过程的研究,对于化学和生物学分支具有深远的影响。弗兰克用振动能级的外推法引到决定分子的分离能量的方法,并使这个方法在康登的波动力学公式之后成为了著名的"弗兰克-康登原理"。

除了诺贝尔奖外,弗兰克还获得很多荣誉,包括当选伦敦皇家学会会员,获得德国物理学会的普朗克奖章、拉姆福德奖、哥廷根荣誉市民等。

(七)亨利·卡文迪许(Henry Cavendish)(1731—1810)

卡文迪许是英国化学家、物理学家,1731 年 10 月 10 日出生于撒丁王国尼斯。1749 年至 1753 年,他在剑桥大学彼得学院读书,定居伦敦后,进入父亲的实验室当助手,做了大量的电学、化学研究工作。1760 年,卡文迪许入选伦敦皇家学会成员,1803 年被选为法国研究院的 18 名外籍会员之一。1810 年 2 月 24 日,卡文迪许在伦敦逝世。卡文迪许是一位极具才华但性格孤僻、不善交际的科学家,他的一生几乎都是在实验室和图书馆度过,参与实验研究持续 50 年之久,是一位伟大的实验物理学家。

在化学领域:卡文迪许确定了空气中氧、氮的含量;证明了水不是元素而是化合物,他是分离氢的第一人,也是把氢和氧化合成水的第一人;卡文迪许还对二氧化碳的密度和性质进行了实验研究;他被称为化学中的牛顿。在物理领域:卡文迪许发现了电荷间的作用力与它们距离平方成反比,提出带电体周围有"电气",与电场理论很接近;证实了电容器的电容与电容器平板间物质有关,提出了介电常数的概念,推导出平板电容器的公式;他还提出了电势的概念,以及导体上电势与电流的正比关系。卡文迪许在物理上最主要的成就是采用自己设计的扭秤为工具,通过实验验证了牛顿的万有引力定律,确定了引力常量,测算出地球平均密度和质量,被誉为第一个称量地球的人。该实验被后人称为著名的卡文迪许实验。

卡文迪许毕生致力于科学研究,在化学、热学、电学等方面进行过许多实验探索。他不看重荣誉,使得他在电学方面的研究基本未公开发表。直到 1871 年,麦克斯韦阅读并整理了卡文迪许的手稿,出版了《卡文迪许的电学研究》一书,卡文迪许在电学方面的伟大成果才被人知晓。

(八)詹姆斯·普雷斯科特·焦耳(James Prescott Joule)(1818—1889)

焦耳是英国物理学家,1818 年 12 月 24 日出生于英格兰北部曼彻斯特近郊的沙弗特。由于父亲是一个酿酒师,焦耳自幼跟随父亲酿酒,没有受过正规的教育。直到青年时期,焦耳受到了著名化学家道尔顿的教导,并于 1835 年进入曼彻斯特大学就读。道尔顿教授的数学、哲学和化学方面的知识为焦耳奠定了理论基础,并教会了他理论和实践相结合的科研方法。焦耳后来又受到约翰·戴维斯的指导,激发了他从事化学和物理科学研究工作的兴趣。1850 年,焦耳凭借在物理学上的杰出贡献成为英国皇家学会会员,两年后接受了皇家勋章。1889 年 10 月 11 日,焦耳在索福特逝世,葬于布鲁克兰公墓,在他的墓碑上刻有数字"772.55",是他测量得到的热功当量值。

1837 年,焦耳在大学毕业后经营自家酒厂期间,为了提高酿酒效率发明了电磁机,并从实验中发现了电流可以做功的现象,进而探索电流热效应的规律。1840 年,焦耳发现了导体所发出的热量与电流强度、导体电阻和通电时间的关系,即焦耳定律。1844 年,焦耳研究了空气在膨胀和压缩时的温度变化,通过对气体分子运动速度与温度关系的研究,计算出了气体分子的热运动速度值,从理论上为波义耳-马略特和盖-吕萨克定律奠定了基础,并解释了气体对器壁压力的实质。1849 年,焦耳提出能量守恒与转化定律,为热力学第一定律奠定了基础。1852 年,焦耳和 W·汤姆孙(开尔文)发现气体自由膨胀时温度下降的现象,被称为焦耳-汤姆孙效应,该效应在低温和气体液化方面有着广泛的应用。焦耳的另一个重要贡献是研究热和功的转化,从 1840 年到 1878 年,在近 40 年的时间里,焦耳用各种方法进行了大量的实验,测定了热和功之间的当量关系。由于焦耳在热学、热力学和电学方面的贡献,英国皇家学会授予他最高荣誉的科普利奖章。后人为了纪念他,用他的名字来命名能量的单位"焦耳"。

(九)安德烈·玛丽·安培(André Marie Ampère)(1775—1836)

安培是法国物理学家、化学家和数学家,1775 年 1 月 20 日出生于里昂。他才智出众,自幼在父亲的教导下学习了拉丁文,但很快表现出数学方面的天赋,他兴趣广泛,对历史、旅游、诗歌、哲学及自然科学等方面都有涉猎。1801 年开始,安培分别在博各学院、布尔格中央学校、巴黎科技工艺学校任物理学、化学和数学教授。1808 年,安培被任命为法国帝国大学总学监。1824 年,安培担任法兰西学院实验物理学教授。1836 年 6 月 10 日,安培于法国逝世。

安培的主要成就是对电磁作用的研究。在奥斯特发现电流磁效应之后,安培对电和磁的关系产生了极大关注,并投入全部精力进行研究,很快便提出了判断电流激发磁场方向的右手螺旋定则,也被称为安培定则。接着他又提出了两条平行载流导体之间相互作用的规律,即同向电流互相吸引,反向电流互相排斥,并对两个线圈之间的作用也作了讨论。在此基础上,安培还发明了探测和量度电流的电流计。关于电流的相互作用,安培在实验的基础上,运用数学技巧总结出电流元之间作用力大小的定律,即安培定律。安培根据磁是由运动电荷产生这一观点说明了地磁的成因和物质的磁性本质,提出了著名的安培分子电流假说,成为认识物质磁性的重要依据。1827 年,安培将他关于电磁现象的研究综合在《电动力学现象的数学理论》一书中,这是电磁学史上一部重要的经典论著。

在安培的一生中,虽然从事物理工作的时间很短,但他却为电磁学的发展做出了重要贡献,可以说是电动力学的先驱者。安培被麦克斯韦称为电学中的牛顿。为了纪念他在电磁学方面的杰出贡献,电流的国际单位"安培"以其姓氏命名。除了电磁学,安培在数学和化学方面也有很多贡献。他研究过概率论和积分偏微方程,与戴维同时认识元素氯和碘,导出过阿伏伽德罗定律,论证过恒温下体积和压强的关系等等。

(十)乔治·西蒙·欧姆(Georg Simon Ohm)(1787—1854)

欧姆是德国物理学家。1787 年 5 月 16 日,欧姆出生于德国埃尔朗根城。父亲用自学的数学和物理知识教授欧姆,使其在学习过程中激发了对科学的兴趣。欧姆在 11 岁至 15 岁就读于埃尔朗根高级中学,16 岁进入埃尔朗根大学学习数学、物理与哲学。由于经济困难,中途辍学,直到 1813 年才完成博士学业。之后欧姆长期担任中学教师,在繁重的工作之余,他仍然坚持科学研究,而且由于图书资料和仪器都很缺乏,他只能自己动手设计和制造仪器来进行有关的实验。1833 年,欧姆成为纽伦堡皇家综合技术学校的教授,1839 年担任该校校长。1845 年,欧姆被接纳为巴伐利亚科学院院士。1849 年,欧姆任教于慕尼黑大学。1852 年,欧姆成为实验物理学教授。1854 年 7 月 6 日,欧姆与世长辞。

1826 年,欧姆发现了电学上的一个重要定律——欧姆定律,这是他最大的贡献。这个定律在我们今天看来很简单,然而欧姆为此付出了十分艰巨的劳动。欧姆独创地运用库仑的方法制造了电流扭力秤,用来测量电流强度,引入和定义了电动势、电流强度和电阻的精确概念。欧姆定律及其公式的发现,给电学的计算带来了很大的方便。欧姆还研究了金属的相对电导率,确定了金、银、锌等金属的相对电导率;证明了导体的电阻与其长度成正比,与其横截面积和传导系数成反比。1841 年,英国皇家学会授予他科普利奖章。为了纪念他,电阻的国际单位"欧姆"以他的名字命名。欧姆的名字也被用于其他物理及相关技术中,如欧姆接触、欧姆杀菌、欧姆表等。每当人们使用这些术语时,总会想起这位勤奋顽强、卓有才能的中学教师。

第五章　设计性实验

第一节　规则形状固体密度的测量

一、任务要求

(1)熟练使用物理天平和游标卡尺；

(2)测定金属圆柱体的密度；

(3)为减小误差,所有测量均要求 3 次。

二、给定仪器

(1)物理天平；

(2)游标卡尺。

三、设计提示

物理天平以及游标卡尺的使用参阅第二章第四节内容。

第二节　凹透镜焦距的测量

一、任务要求

(1)利用物距像距法原理,自主设计测量凹透镜焦距的实验步骤。

(2)调节光路同轴等高,用左右逼近法记录数据,共需记录 5 组数据。

(3)正确处理数据,并计算出待测凹透镜的焦距。

二、给定仪器

(1)光具座 1 台；

(2)白光源 1 个；

(3)物屏 1 个；

(4)像屏 1 个；

(5)凸透镜 1 个；

(6)待测凹透镜 1 个。

三、设计提示

(1)相关实验仪器介绍参阅第三章第十三节；

(2)遵守光学实验室相关要求。

第三节　速度、加速度测量

一、任务要求

(1)在给定倾斜度的气垫导轨上组装一个滑行运动系统；

(2)利用气垫导轨和光电计时装置,自主设计运动物体速度、加速度测量实验的步骤；

(3)测量气垫导轨上的运动物体相关数据,至少记录 3 组原始数据；

(4)正确处理数据,并计算出运动物体的加速度。

二、给定仪器

(1)气垫导轨 1 台(带气源)；

(2)电脑通用计时器 1 台；

(3)游标卡尺 1 个；

(4)滑行器 1 个(含遮光片 1 个)；

(5)钩码 1 个；

(6)砝码片 4 个；

(7)细线 1 条；

(8)垫片 4 个。

三、设计提示

(1)气垫导轨、电脑通用计时器、游标卡尺的使用方法参阅第二章第四节内容；

(2)遵守力学实验室的相关要求。

第四节　霍尔效应法测双线圈磁场

一、任务要求

用霍尔效应法测量双线圈径向磁场分布。

二、给定仪器

霍尔效应测试仪,双线圈实验架。

三、设计提示

若在一条直线上有两个完全相同共轴密绕的圆形短线圈,两线圈的平均半径均为 $\overline{R}$,线圈匝数均为 N,两个双线圈间距为 d,通有大小和方向都相同的电流 I,则双线圈中心点 O 处的磁感应强度大小为

$$B = \mu_0 N I \overline{R}^2 \left[\overline{R}^2 + \left(\frac{d}{2} \right)^2 \right]$$

本实验所用双线圈的匝数 $N = 1\,400$ 匝(单个),平均半径 $\overline{R} = 26$ mm,两线圈的中心间距 $d = 52$ mm。

实验所用双线圈实验架的结构与螺线管实验架类似,可参考第四章第二节实验"霍尔效应法测螺线管磁场"的方法进行测量。

第五节 简易电路设计及焊接实验

一、任务要求

(1)根据实验室给出色环表识别所给色环电阻的阻值;

(2)按照实验要求设计串联、并联或者混联电路,并在实验报告数据处理部分画出设计电路图,作出必要的设计思路说明;

(3)按照设计的电路图,挑选合适的色环电阻在万用板上进行焊接(可采用飞线法或者走锡法)。

二、给定仪器

(1)五环电阻 6 个(5 Ω、10 Ω、20 Ω 电阻);

(2)导线若干;

(3)虎口钳 1 把;

(4)镊子 1 把;

(5)电烙铁,松香、焊锡、烙铁架 1 套;

(6)万用板(洞洞板)1 块。

三、设计提示

(1)色环电阻识别及电烙铁使用介绍参阅实验第四章第十二节;

(2)设计电路阻值为 15 Ω;

(3)电路焊接完成需要检测电路是否通畅(教师提供检测设备);

(4)遵守电学实验室相关要求。

第六节　光照强度对太阳能电池参数的影响研究

一、任务要求

(1)测量不同光照强度下太阳能电池的参数;

(2)分析光照强度对太阳能电池参数的影响。

二、给定仪器

(1)太阳能电池特性测量仪;

(2)太阳能电池盒;

(3)光源;

(4)电阻箱;

(5)导线。

三、设计提示

(1)改变入射光的光照强度,测量不同光照强度下太阳能电池的参数;

(2)参考教材第四章第十四节实验"太阳能电池特性测量"。

第七节　贝塞尔法测量透镜焦距

一、任务要求

(1)利用贝塞尔法原理,自主设计测量凸透镜焦距的实验步骤。

(2)调节光路同轴等高,用左右逼近法记录数据,共需记录 5 组数据。

(3)正确处理数据,并计算出待测凸透镜的焦距。

二、给定仪器

(1)光具座 1 台;

(2)白光源 1 个;

(3)物屏 1 个;

(4)像屏 1 个;

(5)待测凸透镜 1 个。

三、设计提示

(1)相关实验仪器介绍参阅实验第三章十三节;

(2)遵守光学实验室相关要求。

阅读材料——十大著名的思想实验

在物理学中,有一类特殊的实验,它们不需要购置昂贵的仪器,不需要大量的人力物力,需要只是有逻辑的大脑。而这种实验却可以挑战前人的结论,建立新的理论,甚至引发人们对世界认识的重新思考,这种实验就是传说中的思想实验。历史上许多伟大的物理学家,都曾设计过发人深思的思想实验,伽利略、牛顿、爱因斯坦便是其中的代表,这些思想实验不仅对物理学的发展有着不可磨灭的作用,更是颠覆了人们对世界、对宇宙的认识。这里将介绍十个物理学史上具有代表性的著名思想实验。

(一)惯性原理

自从亚里士多德时代以来,人们一直以为力是运动的原因,没有力的作用物体的运动都会静止。直到伽利略提出了下面这一个家喻户晓的思想实验,人们才知道了惯性原理——一个不受任何外力(或者合外力为 0)的物体将保持静止或匀速直线运动。

实验设想了一个竖直放置的 V 字形光滑导轨,一个小球可以在上面无摩擦的滚动。让小球从左端往下滚动,小球将滚到右端的同样高度。如果降低右侧导轨的斜率,那么小球仍然将滚动到同样高度,此时小球在水平方向将滚得更远。斜率越小小球为了到达相同高度就必须滚得越远。此时再设想右侧导轨斜率不断降低以至于降为水平,则根据前面的经验,如果无摩擦力阻碍,小球将会一直滚动下去,保持匀速直线运动。

在任何实际的实验当中,摩擦力总是无法忽略,因此任何真实的实验都无法严格地证明惯性原理,这也正是古人没有得出惯性原理的原因。然而思想实验就可以做到,仅仅通过日常经验的延伸就可以让任何一个理性的人相信惯性原理的正确性,这充分体现了思想实验的锋芒。

(二)两个小球同时落地

受亚里士多德的影响,伽利略之前的人们以为越重的物体下落越快,而越轻的物体下落越慢。伽利略在比萨斜塔上的著名实验人尽皆知,可是很多人不知道的是,其实在这之前伽利略已经通过一个思想实验证明了两个小球必须同时落地。

如果亚里士多德的论断是对的话,那么不妨设想这样一个实验:把一个重球和一个轻球绑在一起下落。由于重的落得快而轻的落得慢,轻球会拖曳住重球给它一个阻力让它减速,因此两球的下落速度应该会介于重球和轻球下落速度之间。然而若把两个球看成一个整体,则总重量大于重球,它应当下落地比重球单独下落时更快。于是这两个推论之间自相矛盾,亚里士多德的论断错误,两个小球必须同时落地。

有了上述思想实验,实际上两个小球同时落地就已经不仅是一个物理上成立的定律了,而是逻辑上就必须如此。在这个例子中,思想实验起到了真实实验无法达到的作用:即使在牛顿引力理论不适用的情形,两个小球同时落地依然是成立的!这个思想实验在逻辑上的必然成立是爱因斯坦总结出等效原理的关键因素。

(三)牛顿的大炮

实验:一门架在高山上的大炮(见图 5-1)以很高的速度向外水平地发射炮弹,炮弹速度越快,就会落到越远的地方。一旦速度足够快,则炮弹就永远不会落地,而是会绕着地球做周期性的运动。

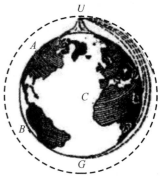

牛顿的这一简单的思想实验,第一次让人们认识到,原来月球不会掉到地上来的原因,正是导致苹果落地的引力!牛顿的引力理论促成了人们认识上的一个飞跃:天上的东西并不神圣,它们遵循的规律和地球上的普通物体完全一样。

图 5-1　牛顿大炮

(四)水桶实验

实验:用长绳吊一水桶,如图 5-2 所示,让它旋转至绳扭紧,然后将水注入,水与桶暂时都处于静止中,这时显然液面水平。再突然使桶反方向旋转,刚开始的时候水面并未跟随着运动,此时水面依旧水平。但是后来桶逐渐把运动传递给水,使水也开始旋转,就可以看到水渐渐离开其中心而沿桶壁上升形成凹面。运动越快,水升得越高。倘若此时突然让桶静止,水由于惯性仍

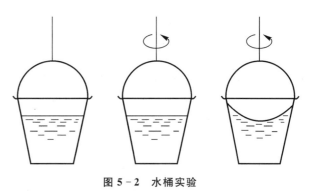

图 5-2　水桶实验

将旋转,此时的液面仍为凹面。牛顿认为,水面的下凹,不是由水对周围的相对运动造成的,而是由水的绝对的、真正的圆周运动造成的,因此由水面的下凹就可以判断绝对运动的存在。

这一思想实验是牛顿为了论证绝对空间的存在而设计出来的。然而众所周知,牛顿的绝对时空观其实是错误的,也就是这一思想实验其实是个失败的例子。这一谬误在 100 多年之后才被哲学家兼物理学家马赫所指出。马赫认为,水面的凹陷,并不是由于水相对于绝对空间的运动,而是由于相对于宇宙间的所有其他物体的运动,这些其他所有物体通过引力对水施加了作用,其中起决定性作用的物体则是遥远的天体,正是遥远的天体的参考系拖曳作用使得相对于它们旋转的液面发生了凹陷。马赫认为并不存在绝对空间,所有参考系等价。倘若能够使水面保持静止,而让所有遥远天体一起旋转,按照马赫的观点,静止水面将产生凹液面。我们显然无法做这样的实验,但是如果用几公里厚的水桶做上面的水桶实验,那么人们便不能肯定牛顿对液面的平凹判断了。后来马赫的观点对爱因斯坦发明广义相对论产生了绝对的影响,马赫原理本身也随着广义相对论的逐渐证实而得到了广泛认可。

(五)奥伯斯佯谬

在 20 世纪的宇宙大爆炸理论提出之前,人们对于宇宙的认识是朴素的:宇宙无限大,存

在的时间无限长,宇宙处于稳恒态,宇宙的星体分布在大尺度上均匀。然而那时的人们不知道的是,从这四条基本假设却可以逻辑地推出与事实明显相悖的结论——奥伯斯佯谬。

如果宇宙是稳恒、无限大、时空平直的,其中均匀分布着同样的发光体,由于发光体的照度与距离的平方成反比,而一定距离上球壳内的发光体数目和距离的平方成正比,这样就使得对全部发光体的照度的积分不收敛,黑夜的天空应当是无限亮的。

然而每天的黑夜总是如期降临,天空并不是一直无限亮着。这就说明以前我们对宇宙的认识存在问题。奥伯斯本人给出了一个解释,他认为宇宙中存在着尘埃、不发光的星体吸收了一部分光线。然而这个解释是错误的,因为根据热力学第一定律,能量必定守恒,因此中间的阻隔物会变热而开始放出辐射,导致天上有均匀的辐射,温度应当等于发光体表面的温度,即天空和星体一样亮,然而事实上没有观察到这种现象。直到宇宙大爆炸理论的提出,奥伯斯佯谬才迎刃而解。根据大爆炸理论,宇宙诞生于150亿年前的一次大爆炸,到现在宇宙仍处在膨胀的过程当中,因此,宇宙的存在时间便是有限的,并且并非处在稳恒态。四条基本假设的两条已经不再成立,因此奥伯斯佯谬也自然被瓦解。

(六)拉普拉斯妖

牛顿之后的年代,经典力学在描述世界上产生了巨大的成功,人们逐渐相信世界是可以用物理学定律机械地描述的。比较极端的,拉普拉斯就相信机械决定论,认为世间万物(包括人类、社会)都逃不过物理定律的掌控。

实验:我们可以把宇宙现在的状态视为其"过去的果"以及"未来的因"。如果一个智能直到某一时刻所有自然运动的力和所有自然构成的物件的位置,假如它也能够对这些数据进行分析,那么宇宙里最大的物体到最小的粒子的运动都会包含在一条简单公式中,对于这智者来说没有事物会是含糊的,而未来只会像过去般出现在他面前。拉普拉斯提到的"智能",便是后人所称的"拉普拉斯妖",如图5-3

图5-3 拉普拉斯妖

所示。倘若拉普拉斯妖是存在的,那这个世界也太可怕了:你我的行为全可以通过计算得出,我们的命运也全都被物理定律+初始条件严格地定出了,没有什么会是计算之外的,那生活还有什么乐趣可言? 幸运的是,混沌理论和量子力学的发展,让拉普拉斯妖永远也不可能存在了。量子力学告诉我们,物理量都是有不确定性的,不可能无误差地精确测量。而混沌理论则表明,只要涉及三个及更多的物体,初始条件的极其微小的差别将导致结果的千差万别。从另一个角度来说,拉普拉斯妖是基于经典力学可逆过程的,然而真实的系统却是满足热力学第二定律(熵增原理)的不可逆过程。因此世界仍是充满不确定性充满了惊喜的,人也可以通过自己的主观努力去改变自己的命运。

(七)麦克斯韦妖

热力学第二定律告诉我们:孤立系统的不可逆过程熵总是在增加。"落叶永离,覆水难收;欲死灰之复燃,难乎其力;愿破镜之重圆,冀也无端;人生易老,返老还童只是幻想;生米煮成熟饭,无可挽回……"这些都是熵增原理在实际生活中的反应,它现在已经成为了物理学中最牢不可破的原理之一。然而当年麦克斯韦却曾提出过一个对熵增原理的诘难,非常令人困惑。

实验:一个绝热容器被分成相等的两格,如图5-4所示,中间是由"麦克斯韦妖"控制的一扇小"门",容器中的空气分子做无规则热运动时会向门上撞击,门可以选择性地将速度较快的分子放入一格,而较慢的分子放入另一格。这样,其中的一格就会比另外一格温度高,系统的熵降低了。可以利用此温差,驱动热机做功,而这是与热力学第二定律相矛盾的。

对于这个诘难的反驳,可并不是一件轻松的事情。有人可能以为麦克斯韦妖在打开、关闭门的时候需要消耗能量,这里产生的熵增会抵消掉系统熵的降低。然而开门消耗的能量却不是本质的,它可以任意降低到足够小。对于麦克斯韦妖的真正解

图 5 - 4　麦克斯韦妖

释,直到 20 世纪才被揭开。关于熵的问题向来比较难懂,因此我们直接引用赵凯华先生在《新概念力学·热学》中的话:"麦克斯韦妖有获得和存储分子运动信息的能力,它靠信息来干预系统,使它逆着自然界的方向进行。"按现代的观点,信息就是负熵,麦克斯韦妖将负熵输入给系统,降低了它的熵。那么麦克斯韦妖怎样才能获得所需的信息呢? 它必须有一个温度与环境不同的微型光源去照亮分子,这就需要消耗一定的能量,产生额外的熵。麦克斯韦妖正是以此为代价才获得所需的信息(即负熵)的这额外熵的产生补偿了系统里熵的减少。总体来说,即使真有麦克斯韦妖存在,它的工作方式也不违反热力学第二定律。

(八)双生子佯谬

爱因斯坦的狭义相对论建立了全新的时空观,对于当时的人们来说难以接受。因此自从提出以来,狭义相对论就受到了各种诘难,其中最著名的当属双生子佯谬。但是无论如何诘难,狭义相对论都可以很完美地给出解释,所有的佯谬都被一一化解。研究这些佯谬可以更加深刻理解狭义相对论的时空观。

实验:在狭义相对论中,运动的参考系时间会变缓,即所谓的动钟变慢效应。现在设想这样一个场景:有一对双胞胎 A 和 B,A 留在地球上,B 乘坐接近光速的飞船向宇宙深处飞去。飞船在飞出一段距离之后掉头往回飞,最终降落回地球,两兄弟见面。现在问题来了:A 认为 B 在运动的时候时间变慢,B 应当比 A 年轻;而同样的,在 B 看来是 A 一直在运动,

是 A 的时间变慢了,A 应当比 B 年轻才是。那么兄弟俩究竟谁更年轻呢? 狭义相对论是否自相矛盾了?

事实上,理解双生子佯谬的关键,是要清楚 A 和 B 的地位并不对等,两人中只有 B 经历了加速过程,B 在飞船掉头的时候不可避免地要经历一次加速。因此只有 A 才是处于狭义相对论成立的惯性系中,只有 A 的看法是正确的,当兄弟两个见面时,B 比 A 更年轻。类似的效应已经被精密实验所证实了。其实只要用狭义相对论做详尽的计算,也能够从 B 的角度理解为什么 B 比 A 更年轻,但是计算非常繁琐,在本书中就不再给出了。至此,我们可以放心地说,狭义相对论在这个问题上是没有包含矛盾的。但是出去旅游一圈的双胞胎兄弟居然回来就比较年轻了,这一点可是颠覆了大多数人的世界观,但这就是事实!

(九)等效原理

大家都学了质量的概念,然而事实上是有两种不同的质量的:惯性质量和引力质量。惯性质量是 $F=ma$ 中的 m,它是惯性大小的量度;引力质量是 $F=\dfrac{GMm}{r^2}$ 中的 m,它是引力大小的量度。我们在学习中一般并不对这两者进行区分,但这并不是理所当然的。爱因斯坦通过一个神奇的实验,归纳出了广义相对论的一个基本假设:等效原理。

实验:设想一个处于自由空间(没有引力作用)中的宇宙飞船,它以 $a=9.8\ \text{m}\cdot\text{s}^{-2}$ 的加速度做加速直线运动,倘若里面的人扔出一个小球,小球由于惯性,将以 $a=9.8\ \text{m}\cdot\text{s}^{-2}$ 的加速度落地,这正如一个处于引力场中的惯性系所表现的那样。非惯性系中的惯性力正比于惯性质量,而引力则正比于引力质量,惯性质量和引力质量相等这一事实,导致了惯性力与引力这两种效应无法区分,这就是弱等效原理。爱因斯坦进一步推广,对于一切物理过程(不仅仅是力学过程),自由空间中的加速运动参考系,与引力作用下的惯性系,这两者在原则上完全不可区分,这就是强等效原理。

(十)薛定谔的猫

薛定谔猫(见图 5-5)恐怕是物理学最著名的一只虚构小动物了,它是量子力学的创始人之一——薛定谔为了说明量子力学并不完备而提出的。

实验:把一只猫放在一个封闭的盒子里,然后把这个盒子连接到一个包含一个放射性原子核和一个装有毒气体的容器的实验装置。设想这个放射性原子核在一个小时内有 50% 的可能性发生衰变,如果发生衰变,它将会发射出一个粒子,而发射出的这个粒子将会触发这个实验装置,打开装有毒气的容器,从而杀死这只猫。根据量子力学,未进行观察

图 5-5　薛定谔猫

时,这个原子核处于已衰变和未衰变的叠加态,猫则处于死和活的叠加态,即"既死又活"(而不是很多人误解的半死不活,要么死要么活)。但是,在一个小时后把盒子打开,实验者只能看到"衰变的原子核和死猫"或者"未衰变的原子核和活猫"两种情况。现在的问题是:这个系统从什么时候开始不再处于两种不同状态的叠加态而成为其中的一种? 在打开盒子观察以前,这只猫是死了还是活着抑或既死又活? 这个实验的原意是想说明,如果不能对波函数塌缩以及对这只猫所处的状态给出一个合理的解释,量子力学本身是不完备的。

薛定谔的猫是物理学家的一个噩梦,它把微观的量子力学效应放大了宏观的日常生活,使得一切都变得十分诡异。对于薛定谔猫的解释,涉及到了多种对量子力学的深刻哲学理解,本书不再详述。

参 考 文 献

[1]   沈韩. 基础物理实验[M]. 北京:科学出版社,2015.

[2]   卢佃清,李新华,王勇. 基础物理实验[M]. 南京:南京大学出版社,2009.

[3]   张昌莘,王德明,方运良. 三级物理实验教程[M]. 北京:化学工业出版社,2020.

[4]   张山彪,桂维玲,孟祥省. 基础物理实验[M]. 北京:科学出版社,2009.

[5]   刘培姣. 物理实验数据处理的常用方法[J]. 大学物理实验,2007,20(2):70-73.

[6]   姜王欣,颜淑雯,夏雪琴. 逐差法和 Origin7.0 软件在大学物理实验数据处理中的比较
      [J]. 大学物理实验,2012,25(2):83-87.

[7]   饶益花,唐益群. 大学物理实验数据处理可视化研究[J]. 广西物理,2014,35(3):13-16.

[8]   黄立平. 大学物理实验[M]. 北京:电子工业出版社,2018.

[9]   徐建强,韩广兵. 大学物理实验[M]. 北京:科学出版社,2020.

[10]   张献图. 大学物理实验[M]. 北京:电子工业出版社,2017.

[11]   蔡斌. 莱顿瓶:最原始的电容器[J]. 供用电,2014(7):74-76.

[12]   斯奈登. 格物致理:改变世界的物理学突破[M]. 何佳茗,何万青,译. 北京:电子工业出
       版社,2021.

[13]   罗平. 赫兹对光电效应的发现及其影响[J]. 巢湖学院学报,2003,5(3):32-34.

[14]   张春兰. 谈伦琴与 X 射线[J]. 赤峰学院学报(自然科学版),2005,21(2):104-105.

[15]   尹晓冬,金亮,刘战存. 贝克勒尔对放射性的发现及研究[J]. 物理与工程,2013,23
       (6):38-44.

[16]   尹学爱,刘妮. 智能化单摆测重力加速度实验仪[J]. 实验科学与技术,2016,14(6):
       82-84.

[17]   谭家杰,陆魁春,邓敏. 气垫导轨拓展实验[J]. 物理实验,2006,26(5):32-34.

[18]   姜源,徐菁华. 在气垫导轨上开发研究性创新性实验课题[J]. 实验室研究与探索,
       2013,32(9):128-131.

[19]   王魁汉,等. 温度测量实用技术[M]. 北京:机械工业出版社,2020.

[20]   李钰,李云宝. 大学物理实验教程[M]. 北京:科学出版社,2009.

[21]   李东晶. 传感器技术及应用[M]. 北京:北京理工大学出版社,2020.

[22]   罗晓琴,罗浩. 新编大学物理实验[M]. 北京:科学出版社,2019.

[23]   徐春广,李卫彬. 超声波检测基础[M]. 北京:北京理工大学出版社,2021.

[24]   曹则贤. 军事物理学[M]. 上海:上海科技教育出版社,2022.

[25]   王恒. 传感器与测试技术[M]. 西安:西安电子科技大学出版社,2016.

[26]   付华,徐耀松,王雨虹. 传感器技术及应用[M]. 北京:电子工业出版社,2017.

[27]   翟秀静,刘奎仁,韩庆. 新能源技术[M]. 北京:化学工业出版社,2017.